黄河流域易盐渍区高效生态农业技术创新丛书

干旱区农田水盐运移模拟与调控

GANHANQU NONGTIAN SHUIYAN YUNYI MONI YU TIAOKONG

陈帅　毛晓敏　尚松浩　王春颖　著

山东科学技术出版社
·济南·

图书在版编目（CIP）数据

干旱区农田水盐运移模拟与调控 / 陈帅等著.
济南 : 山东科学技术出版社, 2025. 7. -- (黄河流域易盐渍区高效生态农业技术创新丛书). -- ISBN 978-7-5723-2623-3

Ⅰ. S156.92

中国国家版本馆 CIP 数据核字第 2025NN4005 号

干旱区农田水盐运移模拟与调控

GANHANQU NONGTIAN SHUIYAN YUNYI
MONI YU TIAOKONG

责任编辑：于　军　周　沫
装帧设计：孙　佳

主管单位：山东出版传媒股份有限公司
出 版 者：山东科学技术出版社
地址：济南市市中区舜耕路 517 号
邮编：250003　电话：（0531）82098088
网址：www.lkj.com.cn
电子邮件：sdkj@sdcbcm.com
发 行 者：山东科学技术出版社
地址：济南市市中区舜耕路 517 号
邮编：250003　电话：（0531）82098067
印 刷 者：山东联志智能印刷有限公司
地址：山东省济南市历城区郭店街道相公庄村文化产业园 2 号厂房
邮编：250100　电话：（0531）88812798

规格：16 开(184 mm×260 mm)
印张：12　**字数：**193 千　**彩插：**20
版次：2025 年 7 月第 1 版　**印次：**2025 年 7 月第 1 次印刷
定价：128.00 元

丛书编委会

参 编 单 位 中国科学院南京土壤研究所

中国科学院烟台海岸带研究所

中国科学院东北地理与农业生态研究所

中国农业科学院农业资源与农业区划研究所

中国水产科学研究院东海水产研究所

中国水利水电科学研究院

山东省农业科学院

山东省水利科学研究院

内蒙古自治区农牧业科学院

水利部牧区水利科学研究所

“一带一路” 国际功能农业科技创新院

清华苏州环境创新研究院

黄河水利委员会西峰水土保持科学试验站

清华大学

中国农业大学

武汉大学

河海大学

山东农业大学

鲁东大学

吉林大学

长安大学

宁夏大学

中建八局环保科技有限公司

序一

目前，全球有80多个国家存在土壤盐渍化问题，盐碱地面积超过8.3亿公顷，土壤盐渍化对农业生产力和可持续性发展产生了不利影响。土壤盐渍化在任何气候条件下都会发生，是由自然因素和人为活动造成的。例如，在干旱区、半干旱区、半湿润区大面积长期推行节水灌溉技术后，土壤盐渍化呈加剧趋势。对盐碱地不当垦殖，也会导致生态风险和经济风险。我们必须强化多时空尺度意识和风险意识，强化土壤盐渍化科学研究的先进性，进行盐渍化治理与改良的绩效评估，探求易盐渍区农业高质量发展和生态保护相协同的成功治理之道。

在全球气候变暖、水资源日益减少与人口激增的大背景下，全球粮食安全形势日趋严峻，这对持续提高耕地的产能提出了更大挑战。我国人口众多、土地资源稀缺，干旱区、半干旱区、半湿润区耕地易发生盐渍化，这是导致耕地生产力下降的关键障碍性因素。我国还有760万公顷①盐碱障碍耕地可以开发利用。通过盐碱障碍耕地的产能提升与部分盐碱荒地的耕地化改造来减缓粮食危机，逐渐成为科学界、政府和行业部门的共识。近年来，我国将盐碱地开发利用提升到战略高度，提出要充分挖掘盐碱地综合利用潜力，稳步拓展农业生产空间，提高农业

① 数据来源于2011年农业部全国盐碱地面积调查。

综合生产能力。在此前所未有的发展机遇下，系统梳理盐渍土的研究成果尤为迫切和重要。“黄河流域易盐渍区高效生态农业技术创新丛书”正是响应国家黄河流域生态保护和高质量发展战略，助推盐碱地开发利用工作而策划出版的。这是我国首套从多尺度、多层次反映盐碱地改良与综合利用研究进展的丛书。

盐渍土的具体成因和表现千差万别，治理具有复杂性、长期性和反复性的特点。盐碱地治理是一项需要生态治理、水利调控、农业科技引导相结合的综合性系统工程，需要多部门联合、多学科合作，以工程措施为基础，辅以农学、化学、生物改良等措施。盐碱地治理要因地制宜，分类改造，适度有序开发，走综合利用与生态环保相结合的新道路。2023 年 7 月中央财经委员会第二次会议指出盐碱地综合改造利用是耕地保护和改良的重要方面，强调了“以种适地”同“以地适种”相结合的重要性。

该丛书包括德国、美国、澳大利亚、荷兰与联合国粮农组织学者的经典专著，涵盖了世界范围内盐碱地治理的基础理论、关键技术和实践经验；丛书原创专著介绍了近年来黄河流域盐碱地综合治理的新理念、新方法、新技术与新策略，涉及盐碱土分类分级、盐碱地多尺度监测与评估、盐碱地水盐运移规律与调控、盐碱地减肥增效与地力提升、耐盐作物栽培与高质化利用等方面。该丛书的出版对国内的盐碱地改良具有较强的指导作用和借鉴价值，有利于推动双碳背景下易盐渍区农业高质量发展工作，对于“一带一路”沿线上具有土壤盐渍化问题的国家也有所裨益。

该丛书由中国科学研究院土壤研究所杨劲松研究员担任主编，丛书编著（编译）人员大多长期从事盐碱地改良与利用研究工作，具有坚实的理论功底和丰富的实践经验。由此保证了“黄河流域易盐渍区高效生态农业技术创新丛书”的质量和水平，具有很高的科学价值和应用价值。

我相信该丛书的出版，对提升我国盐渍土科学研究与技术应用水平，充分挖掘盐碱地综合利用潜力将起到重要作用。

中国工程院院士 张佳宝

2023 年 11 月

序二

土壤盐渍化是一个全球性的资源与环境问题。耕地盐渍化是导致一些古老文明走向衰败和消亡的重要原因。由于灌溉不当，每年都有大面积的农田因次生盐渍化而不再适宜耕种。直至今日，土壤盐渍化仍然是制约干旱区、半干旱区、半湿润区灌溉农业可持续发展的关键影响因子。随着用于灌溉的淡水资源减少、土地退化和城市化发展，导致全球耕地面积持续减少和土壤盐渍化情况恶化，寻求解决土壤盐渍化问题的可持续方案变得更加紧迫和复杂。2023 年 9 月召开的第 18 届世界水资源大会，提出水是复杂自然生态系统和人类经济社会系统的关键要素。相关从业者要更加充分认识水与土地及其生态系统的复杂关系，探求水与粮食、能源、健康及经济发展的纽带关系，深入涉水复杂系统的综合研究，促进人口经济与资源环境相均衡。近年来，我国高度重视盐碱地的生态化改良和综合利用工作，出台了一系列支持政策。科技部、农业农村部、中国科学院等部门院所启动了多个盐碱地科研重大项目，聚焦盐碱地改良与利用的区域研发平台相继成立。2023 年 9 月中共中央办公厅和国务院办公厅印发《关于推动盐碱地综合利用的意见》，对于加强现有盐碱耕地改造提升、有效遏制耕地盐碱化趋势、稳步拓展农业生产空间，提高农业综合生产能力具有重大的指导作用。该意见强调了“摸清盐碱地底数、水资源和特色耐盐种质资源现状，掌握盐碱地数量、分布、盐碱化程度、土壤性状等”“建立盐碱地监测体系，完善土壤盐碱化、水盐动态变化等监测网络”等，明确提出走“以种适种”和“以地适种”相结合的道路。这些论断均强调了水资源和水利改良在盐碱地治理与利用中的核心地位。

中国农业的根本出路在于集约持续农作，即物质装备现代化、科学技术现代化、经济经营现代化、资源环境良性化、农业农村现代化，今天对盐碱地的成功治理自然也概莫能外。我们要摸清盐碱地水盐运移规律，协调好农业、土地、水资源的关系，走农业高质量发展与生态保护的盐碱地综合治理道路。当前我国的盐碱地综合治理和利用工作仍存在以下问题：1）缺乏对多时空尺度的水热盐肥运移过程及其对作物影响的精准刻画技术和模型，导致无法通过灌溉、施肥与农艺等措施对根区的作物生长条件进行精准调控；2）对于区域水土平衡、水盐平衡，特别是节水条件下的水盐平衡、盐分出路等问题考量不足，未能很好贯彻“以水定地量水而行”等原则；3）兼顾经济效益与生态效益的综合治理技术模式不足，特别是耐盐特色农产品产业水平低。由于盐碱地综合利用涉及土壤物理学、土壤化学、植物营养学、水文地质学、土地信息学等学科的知识，必须借鉴以上学科的理论、方法，系统梳理国内盐碱地综合研究成果，由此形成适合我国独特的盐碱地科研体系。唯其如此，才有可能为盐碱地的综合利用提供系统解决方案，推进盐碱地改良事业的行稳致远。

“黄河流域易盐渍区高效生态农业技术创新丛书”由中国科学院海岸带研究所和中国科学院南京土壤研究所发起，由杨劲松研究员担任编委会主任委员，由国内长期从事盐渍土改良与利用工作的知名专家编著（编译）而成，凝聚着他们的智慧与心血。该丛书既有世界土壤、灌溉排水经典译著，又有代表国内盐碱土科研水平的原创著作。如国际知名土壤学家霍恩教授等的《土壤物理学精要》与威廉·F. 弗洛特曼博士等的《现代农业排水》，姚荣江主编的《河套灌区盐碱地生态治理理论与实践》与尹雪斌主编的《盐碱地功能农业研究与实践》。丛书合计十余种分册，包括了国内外盐碱地改良与利用的研究成果，对盐碱地改良和利用的难点、热点问题进行了深入探讨，有助于我们清晰认识和把握盐碱地综合利用与治理的基本走势，推动盐碱地改良事业的高质量发展。

“工欲善其事，必先利其器”。这套丛书就是帮助我们深入认识和成功改良盐碱地的“器”。我相信，众多读者都能从这套丛书获得新理念、新知识和新方法，得到启迪。

谨以此为序并贺丛书出版。

中国工程院院士

2024 年 6 月

前言

全球土壤盐渍化威胁日益严重，粮食安全面临巨大挑战。联合国粮食及农业组织（FAO）在2021年“世界土壤日”提出防止土壤盐渍化，提高土壤生产力的全球号召。我国西北干旱区占国土面积的31.8%，光热资源丰富，昼夜温差大，具备农业生产的独特环境条件，是棉花、玉米、葵花籽的重要产区，在我国农业发展中具有不可替代的作用。然而，水资源短缺和土壤盐渍化成为制约西北干旱区农业发展的关键因素。随着干旱区工业、生活用水的不断增加，以及对生态用水的日益重视，农业灌溉用水有减少的趋势，灌溉水资源供需矛盾将进一步加剧，土壤盐渍化的形势将更加严峻。在此背景下，如何进一步提高农业水资源利用效率，有效控制土壤盐分，对干旱区乃至世界农业的可持续发展具有重要科学意义。

认识土壤水盐运移过程是进行农田水盐科学调控的基础。土壤水盐运移过程主要受土壤质地、气象条件、地下水条件等自然因素，以及作物种植、灌溉排水等农业生产活动的共同影响，其中灌溉是一种运行成本低且易于实施的土壤水盐调控方式。土壤质地是影响土壤水盐运移过程的另一个重要因素。由于自然成土原因，田间土壤剖面的质地组成常存在差异，形成不同的土壤剖面构型（均质或层状）。土壤剖面中质地组成和分布直接影响土壤的持水能力和导水性能，这些土壤物理性质的差异能够对土壤水盐运移过程产生重要影响。不同土壤剖面构型中的水盐运移特性会影响土壤中的水分利用和盐分淋洗状况，使得按一般情况设计的灌溉控制水量不能达到精准节水、控盐的要求。

本书针对我国黄河上游宁蒙河套灌区及甘肃石羊河流域干旱半干旱地区农业生产中的农田水盐调控实践，在相关田间试验及模型模拟研究工作的基础上总结撰写。在研究中充分考虑了田间土壤剖面的非均质性，采用田间试验、机理分析、模型模拟等方法，研究土壤层状结构等因素对农田土壤水盐运移和作物生长的影响，揭示不同土壤剖面构型中水盐累积特征及作物响应规律，针对不同土壤剖面构型提出有利于水盐调控和作物增产的管理措施。

本书相关研究工作得到中国农业大学康绍忠院士主持的国家自然科学基金重大项目及毛晓敏教授主持的国家自然科学基金重大项目课题（51790535）、清华大学尚松浩教授主持的“十四五”国家重点研发计划项目专题（2021YFD1900600）、华北水利水电大学陈帅博士主持的国家自然科学基金青年基金项目（52209061）及“双一流”创建建设项目的资助。

中国农业大学黄冠华教授团队为本研究提供了宝贵的田间试验数据，中国农业大学的徐旭教授在模型构建方面提供了很大帮助，在此一并表示衷心的感谢！

由于作者水平有限，书中难免存在不完善之处，敬请同行批评指正。

著　者

目录

第1章 绪论

1.1 我国及西北干旱区水资源利用与土壤盐渍化状况

1.1.1 我国及西北干旱区的水资源利用现状

21世纪水正在变为一种宝贵的稀缺资源，水资源短缺已经成为世界各地可持续发展的重要限制因素之一。根据联合国世界水评价计划（United Nations World Water Assessment Programme）（2018）发布的《联合国世界水发展报告2018》，从20世纪80年代开始，由于人口的增长和社会经济的发展，世界用水量正以每年1%的速度持续增加。按照当前约4.6万亿 m^3/年的世界用水量计算，到2050年全世界每年的用水量将增加到5.5万亿~6.0万亿 m^3，约占易被利用淡水资源的50%。

我国是水资源大国，同时也是水资源消耗大国。我国水资源总量约为2.81万亿 m^3，仅次于巴西、俄罗斯、加拿大、美国和印度尼西亚，居世界第六位。我国水资源总量虽然较为丰富，但由于人口较多，人均水资源量仅为2 200 m^3，约为世界平均占有量的1/4，居世界第109位。一方面，我国水资源空间分布状况极其不均匀，长江流域及其以南地区以36.5%国土面积拥有全国81%的水资源量；淮河流域及其以北地区拥有全国63.5%的国土面积，水资源总量仅占全国的19%，水资源的地区分布与人口和耕地的分布不相适应。另一方面，水资源时间分布的不均匀进一步加剧了水资源供需矛盾。水资源状况越来越成为限制我国经济社会发展的重要因素，节约用水成为保障我国经济健康发展的核心问题。

在用水方面，农业一直都是用水大户。从全球来看，农业生产用水大约占总用水量的70%，其中绝大部分直接用于农田灌溉。我国是一个农业生产大国，截至2022年，全国耕地面积为1.276亿hm^2（19.14亿亩*）；其中一半以上的耕地需要通过灌溉才能满足基本生产要求，2022年全国耕地灌溉面积为0.704亿hm^2（10.55亿亩）（国家统计局数据，2023）。为保障我国粮食的安全生产，农业生产消耗了大量的水资源。根据2023年中国水资源公报，我国农业用水量为3 672.4亿m^3，占全国总用水量的62.2%，但农田灌溉水有效利用系数仅为0.576（中华人民共和国水利部数据，2024），这与0.7~0.8的国际先进水平仍有较大差距。

我国的干旱半干旱区通常被认为是处于北纬34°~50°、年降水量在500 mm以下的地区，约占国土面积的52.5%，其中干旱区占30.8%，半干旱区占21.7%。除了面积广阔之外，干旱半干旱区的光热资源丰富，年日照达到2 600~3 400 h，有利于发展多种农作物的生产，是我国重要的粮油生产基地。我国旱地主要分布在西北地区，包括陕西、甘肃、宁夏、青海、新疆、内蒙古，总面积400多万km^2，占国土面积的42%和全国总人口的8%。我国西北半干旱区地表水资源不足、地下水资源短缺，年降水量仅250~550 mm，受灌溉条件限制大部分地区主要依靠天然降水发展旱地农业。由于年降水量小而变率大，发展旱地农业有着较大的不稳定性。在降水量250 mm以下的干旱地区，种植业难以发展，没有灌溉就没有农业。为了维持西北干旱区的农业生产，该地区农业用水比例高达90%以上。随着干旱区工业、生活用水的不断增加以及对生态用水的日益重视，农业灌溉用水有减少的趋势，灌溉水资源供需矛盾将进一步加剧，水资源短缺成为其农业进一步发展的瓶颈。在有限的农业水资源条件下提高农业用水效率，是缓解农业用水紧张局势的根本途径。

1.1.2 我国及西北干旱区的土壤盐渍化状况

盐碱土是指土壤中积聚的盐分含量超过正常耕作土壤的水平，而影响到作物正常生长的一类土壤。盐碱土包括盐土和碱土两类，盐土是可溶性盐含量达0.6%

---

* 1公顷（hm^2）≈15亩。

以上的土壤，主要盐分组成是氯化钠和硫酸钠；碱土是交换性钠离子含量占阳离子总代换量的20%以上、pH超过9的土壤，主要盐分组成是碳酸钠和碳酸氢钠。盐碱土根据其成因可分为原生盐碱土和次生盐碱土，原生盐碱土是在气候、地形地质、水文等自然条件综合作用下所形成；次生盐碱土是由于人类活动的影响，尤其是不合理的耕作、灌排等原因，使地下水位抬升，在当地蒸发量大于降水量的条件下，土壤表层盐分增加而形成。

我国盐碱土面积大、分布广，耕地占比大。据统计，我国盐碱土总面积约8 180万 hm^2，有1 733万 hm^2 土壤存在潜在盐渍化的风险。从我国地理区域划分来看，全国盐渍土主要分布在东北、西北、华北和沿海地区；从行政区域划分来看，盐渍土主要集中在除湘、鄂、赣、云、贵、川外的24个省（市、自治区）。盐渍土涉及从热带到寒温带，从滨海到内陆，从洼地到高原，从湿润地区到极端干旱地区。我国受盐渍化影响的耕地面积达920.9万 hm^2，占全国耕地面积的6.62%，近年来受盐渍化影响的耕地面积有进一步扩大的趋势。如何改造和利用盐碱地资源，一直是我国农业发展中非常重要的工作，对保障我国农业可持续发展和粮食安全具有重要的现实意义。

我国盐渍土分布面积最多的是干旱、半干旱西北地区，包括内蒙古、陕西、宁夏、甘肃、青海和新疆，从地域上可分为内蒙古高原干旱-半漠境草原盐渍区、黄河上中游半干旱-半漠境盐渍区、甘肃-内蒙古-新疆干旱-漠境盐渍区和青海-新疆极端干旱漠境盐渍区，盐渍土总面积累计约1 330万 hm^2。西北地区的盐碱土不仅分布面积广，而且因为独特的气候条件和积盐过程，形成了有别于滨海盐碱土的内陆盐碱土，具有土壤含盐量高、盐分类型繁多、积盐程度有明显的地带性、盐分表聚性强等特点。

干旱、半干旱西北地区的盐分累积有自然因素和人为因素。自然因素主要为气候条件、地形地质和土壤母质。干旱、半干旱西北地区降雨稀少、蒸发量大、日照时间长、干燥多风，为盐分聚集地表、土壤返盐提供了有利条件。地势低洼地区的土壤盐渍化往往比较严重，具备盐分移动和聚集的基本条件，有利于盐分累积。土壤母质本身所含的盐分对盐碱土形成也有重要影响，土壤母质中盐分聚积在表层土壤内，可导致土壤盐渍化。人为因素主要为不合理的农业灌溉和田间管理，过量的灌溉水产生了深层渗漏，造成地下水位上升。在强烈的蒸发条件下，地下水通过毛细管上升作用把地下水及深层土壤中的盐分带到土壤表层，形成了次生盐碱土，使良田变为荒地。目前土壤盐渍化，尤其是人为因素造成的次生盐渍土，正严重影响着我国西北地区的农业生产和发展，因此，研究土壤盐分累积规律是保护农业生产环境的重要课题。

1.2 层状土壤水盐运移研究进展

土壤剖面是从地面垂直向下至母质的切面。不同类型的土壤具有不同形态的土壤剖面。土壤剖面形态可以表示为土壤的外部特征，包括土壤的颜色、质地、结构等。土壤颜色是土壤内在物质组成的外在色彩表现，由于土壤矿物组成和化学组成不同，土壤有黑色、黄色、棕色、红色等。土壤结构是指土壤固体颗粒（包括团聚体）的空间排列与组合形式，可分为块状、核状、柱状、片状、团粒状等类型。土壤质地是土壤中砂粒、粉粒和黏粒的质量百分含量，土壤质地对土壤的各种性状（如通透性、保蓄性、耕性等）都有很大影响。在美国农业部土壤质地分类系统中，根据土壤中砂粒、粉粒和黏粒的组成，将土壤质地划分为黏土、粉黏土、粉黏壤土、砂黏土、砂黏壤土、黏壤土、粉土、粉壤土、壤土、砂土、壤砂土和砂壤土，共 12 种。

由于水文、气象、地质和生物过程的相互作用，自然界中的土壤剖面并非只呈现单一结构，大都表现为交错分布的水平层状结构，不同土层的土壤颜色、质地、结构等特征具有较大差异。尤其是耕地土壤，一般可明显分为表土层（耕作层和犁底层）、心土层和底土层（图 1-1）。其中，一般耕作层疏松多孔，干湿交替频繁，温度变化大，通透性良好；典型的犁底层很紧实，孔隙度小，通气性差，透水性不良；心土层含淀积物质，土体紧实，透水性及透气性较差；底土层是土壤中不受耕作影响，保持母质特点的一层（若成土母质为岩石风化碎屑，则底土层中也往往掺杂有这些碎屑物），因此，持水性差、导水性相对较好。例如，在黄淮海平原对土壤饱和导水率的研究表明，随着土壤剖面深度的增加呈现出上土层导水率高、中间土层低、底土层又升高的趋势；对内蒙古栾井灌区农田土壤剖面的调查也发现，当地的包气带为典型的双层或多层土壤结构，0.85 m 以下为透水性良好的砂砾石层。

图 1-1　耕地土壤层状结构

不同质地土壤的水力特性（如饱和含水率、饱和导水率等）不同，造成层状土壤中水盐运移动态及分布规律明显不同于均质土。层状土壤的质地和在剖面中的位置和厚度等都会影响土壤水盐运移过程，进而对作物的根系吸水和生长产生一定影响。已有研究表明，土壤垂向剖面层状结构对土壤中的水盐运移有明显的制约和调节作用，同时对土壤的理化性状和生产性能也会有明显影响。对同一区域的土壤，由于土壤剖面中土层砂黏性质及厚度的不同，会造成一边是肥沃的良田，一边是荒废的盐碱地。根据层状土中水盐运移的规律和特性，土壤分层覆盖技术已经作为一种农田管理措施，用于采矿区的植被恢复，增加根区土壤的可利用水量，减轻土壤的盐渍化程度，为植被生长提供适宜的生长环境。在水资源短缺和受土壤盐渍化影响的干旱、半干旱地区，厘清分层土壤对水盐运移规律的影响机制，对节约农业用水和防止耕地盐渍化意义重大。

农田生态水文过程通常是指田间尺度下水分在土壤-植物-大气连续体（Soil-Plant-Atmosphere Continuum，SPAC）的迁移转化过程，以及伴随的溶质运移、热量迁移和作物生长过程。其研究介质从均质土发展到了复杂的层状土。随着能量的概念引入 SPAC 中，研究内容由单纯试验转向了试验与模型模拟相结合。我们梳理了农田生态水文过程，归纳总结了层状土中水、热、盐迁移过程，并结合干旱区高盐条件分析了研究模型的不足之处。

1.2.1 层状土壤水盐运移的试验研究

农田生态水文过程的研究内容主要有水分入渗、土壤蒸发、根系吸水及作物蒸腾、盐分累积、温度变化、作物生长等，基于仪器监测结果的试验研究是分析以上一个或几个过程的重要手段。由于田间土壤垂向剖面多呈非均质的层状分布，越来越多的研究侧重于层状土壤中的生态水文过程。研究结果表明，层状土壤中的水分运动和分布受土层性质、厚度和排列状况的影响，而表现出与均质土中不同的规律。土壤盐分的迁移和淋洗规律，都受到土壤水分运动的影响。目前国内外对层状土壤中（包括干旱区土壤）水分运动的研究较多，并且了解了一定的机理，而对层状土壤中盐分运移的研究尚浅。

对于层状土壤中的水分入渗过程研究，国内外学者得到的结论并不完全一致。其中大部分研究认为土壤的分层结构能够减小土壤水分的入渗速率并且增加土壤的有效贮水量，无论下层土壤比上层土壤粗或细。如王文焰等（1995）研究表明，黄土中砂层能够减小下渗水量及湿润锋的行进速度。卢修元等（2009）发现，砂土中设置的黏土夹层使得水分入渗过程具有较小入渗率和稳定湿润锋行进速度。Huang 等（2011）的试验和模拟结果表明，细质土覆盖粗质土能够增加土壤的贮水量，这种现象主要涉及毛管障碍和水力障碍。当入渗水的湿润锋到达两种不同土质的交界面时，入渗率主要受到上下两层土壤的进水吸力和导水率的影响。当细质土覆盖粗质土时，由于下层粗质土的吸力较小，在土壤交界面处会形成毛管障碍。入渗水首先会在上层细质土中聚积，导致上层土壤在交界面处的进水吸力逐渐减小。当吸力值与下层土壤的进水吸力相等时，入渗水才会进入下层粗质土中，此时会增加上层细质土中的有效贮水量，而在这个过程中土壤的水分入渗速率会降低。当粗质土覆盖细质土时，由于下层细质土的导水率小于粗质土，入渗水由粗质土进入细质土时会存在水力障碍，阻碍水分的向下运动，此时水分的入渗速率会减小，上层粗质土中的含水率会有所增加。还有一部分研究表明，当入渗湿润锋由粗质土向细质土推进时，由于细质土具有较大的水分吸力，入渗速率首先会有显著增加，随着入渗水在细质土中行进，细质土中较大的水力阻力又会减小入渗速率，所以从湿润锋到达土层交界面而穿过交界面，水分入渗速率表现为先增加后降低的趋势。因此，土壤质地造成了上层土壤入渗规律的不同。

土壤水分蒸发主要受到大气蒸发能力、土壤水分状况和土壤介质导水性等因素的影响。土面蒸发主要分为3个阶段：第一阶段为蒸发强度不随土壤含水率的降低而变化的稳定蒸发阶段，主要控制因素为大气蒸发能力；第二阶段为随着表土含水率的降低，蒸发强度随之减弱，主要受到土壤供水能力的影响；第三阶段为水汽扩散阶段，蒸发强度主要受地表干土层中水汽扩散能力的控制。层状土壤中的水分分布及孔隙特征对土壤蒸发也会产生影响。研究结果表明，当细质土覆盖粗质土时，由于细质土的毛管吸力较大，向上运动的水分在土壤交界面不会受到毛管障碍。这种情况下蒸发水分主要来自下层粗质土，上层细质土一直能够保持较高的含水率，所以土壤蒸发速率接近或大于均质细质土的蒸发速率。当粗质土覆盖细质土时，由于粗质土的毛管吸力较小，土壤交界面处的毛管水是断裂的，上升水分在交界面处受到毛管障碍。在此情况下，土壤蒸发水分主要来自上层粗质土，水分蒸发速率会小于均质粗质土。

土壤中盐分运移与水分运动是相伴而行、密不可分的。土壤中盐分运移是一个比水分运动更加复杂的过程，特别是在干旱区地下水浅埋的条件下，地下水及深层土壤中的盐分随着强烈的潜水蒸发而大量聚积在地表，且表层土壤盐分含量与地下水位埋深密切相关。层状土壤结构也影响着盐分的迁移，主要研究黏土夹层和砂土夹层的盐分运移规律。黏土夹层能够抑制盐分的迁移，一般随着黏土层厚度的增加抑制作用而增强；在地下水位一定时，黏土层离地下水位越近，其抑制返盐的作用越大。主要是因为黏土的孔隙小，水分与土粒之间的摩擦力比较大，水分在黏土层内的行进速度显著减慢。夹砂层在土壤中接近地下水位时会促进盐分的迁移，而远离地下水时会抑制盐分运移，这是因为夹砂层距地下水位的距离不同，使得夹砂层含水率和导水率发生剧烈变化。夹砂层距地下水位较近时含水率和导水率较大，有利于水分在土层中的迁移。

由于作物根系的趋水避盐性，层状土壤中水分和盐分的分布均会影响作物根系生长及分布，进而影响作物的根系吸水量、蒸腾和产量。如赵凤岩（1997）研究表明，1 m深土体的质地层次结构可引起土壤不同盐渍化程度，从而影响作物产量水平。Ren等（2016）在土柱中设置不同厚度的砂土和黄土分层，发现土壤分层越多，紫花苜蓿的根系密度越大，生物量越多。因此，层状土壤与均质土中作物的生长发育过程存在较大差异。

层状土壤中水盐运移与作物生长规律，还受到分层土壤的厚度、埋深以及地下水位的影响。罗焕炎等（1965）认为地下水位一定时，当黏土夹层位于砂性土的毛管水饱和带以内时，可抑制毛管水的上升速度，且抑制作用大小与位置高度呈正相关。刘思义等（1992）发现黏土夹层对土壤中盐分运移有抑制作用，随着黏土夹层厚度增加抑制作用增加；黏土夹层厚度相同时，抑制作用随黏土夹层位置的升高而增强。李韵珠等（2004）进行了非稳态蒸发条件下黏土夹层对土壤水盐运移影响的研究，发现若黏土导水率低于壤土，则黏土夹层越靠近地下水，越能阻碍水分上升，进而导致地下水补给率越低、积盐越少。史文娟等（2005）在蒸发条件下夹砂层土壤水盐运移特性研究中，提出夹砂层对水分运动有促进或抑制作用，这与夹砂层位置、砂土级配及厚度有关。

我国西北干旱区具有地下水位埋深浅、地下水位波动大的特点，在强烈的土壤蒸发及灌溉条件下，土壤中包气带与饱和带之间的水盐交换频繁，而土壤的层状结构（包括土壤质地、厚度、埋深）会进一步影响包气带与地下水之间的水盐交换，使层状土壤中水盐运移规律更加复杂。虽然已有很多学者对层状土壤水盐运移过程进行了大量研究，但多是针对非饱和土壤。在地下水浅埋条件下，层状土壤水盐运移规律同时受到地下水位的影响，目前还没有形成统一的认识。在农田层状土壤水分分布、盐分累积、根系吸水等方面还需要加强研究，但由于试验研究周期长、成本高，不便于探究不同情景和长时间序列下的农田水盐运移和作物生长规律，尤其是在层状土壤条件下，还需要将试验研究与模型模拟相结合，进一步认识复杂条件下的农田生态水文过程。

1.2.2 层状土壤水盐过程模拟研究

模拟研究是利用数学公式描述和刻画农田生态水文过程，实现对农田水文要素动态变化的预测和分析，便于研究不同环境条件下长时间的水文过程及规律，是目前农田生态水文过程研究的主要方法。

（1）土壤水分运动模拟：计算土壤水分运动的宏观模型包括经验模型、半经验半机理模型和机理模型。其中，经验模型主要是模拟土壤水分入渗过程，有Philip 公式、Parlange 公式、Horton 和 Holtan 入渗公式等，这些入渗公式应用较简单且结果较准确，但一般公式参数不具有物理意义，且公式只适用于简单条件下水分入渗问题。Green-Ampt 模型是半经验半机理模型，虽然公式中参数具有一定的物理意义，但只能用于简单条件下的水分入渗过程。以质量守恒定律为基础的水量平衡模型，根据达西定律和质量守恒定律推导出的非饱和土壤水分运动方程

（Richards 方程）属于机理模型，能用于较复杂条件下土壤水分运动过程的模拟。

在均质土水分运动模型和层状土水分运动规律研究的基础上，国内外学者还发展了计算层状土壤水分运动过程的模型。Fok（1970）在分层土壤中根据各层土壤的厚度和导水率，计算出整个土壤层的平均导水率，并用该导水率计算层状土中的水分入渗过程。毛晓敏等（2010）通过判断积水入渗中饱和锋面停止的土层界面，提出了计算多层土壤稳定入渗率的饱和层最小通量法。王春颖等（2010）根据夹砂层水分入渗规律，通过改进 Green-Ampt 模型，构建了针对夹砂层入渗的 S-Green-Ampt 模型，但该模型不能模拟蒸发条件下层状土壤中的水分运动过程。陈石磊（2016）根据土壤分层水量平衡原理构建了农田水量平衡模型，但对分层土壤间水量交换的计算仍然比较粗糙。

Richards 方程能够计算入渗和蒸发交替变化下土壤水分的运动过程，是模拟层状土壤中水分运动过程最常用的方法。但这是高度非线性的偏微分方程，通常难以直接求出解析解。尤其是对层状土壤中水分运动过程，一般需要借助于数值求解算法，如有限差分法、有限单元法和有限体积法等。在数值求解过程中，需要将该偏微分方程在时间和空间上进行离散，空间离散中不可避免地需要知道半节点处的参数值（如导水率）。又由于 Richards 方程中参数的非线性特征，不易直接得到半节点处的参数值，需要根据整节点的参数值，采取一定的平均方式（如算术平均、几何平均等）进行间接求解，不同的参数平均方式也会对土壤水分运动模拟结果产生一定影响。如 Schnabel 和 Richie（1984）在模拟均质土中非饱和水流运动中采用了几何平均、算术平均、调和平均、积分平均和迎风平均 5 种导水率的平均方式，研究不同的平均方式对入渗率和累积入渗量的影响。研究表明，积分平均和几何平均的模拟效果较好，调和平均的模拟效果最差。Szymkiewicz 和 Helmig（2011）比较了导水率的算术平均、几何平均、迎风平均和积分平均对层状土壤中水分运动数值模拟的影响，认为积分平均的模拟效果较好。虽然国内外学者比较了不同的参数平均方式对水分运动模拟结果的影响，但在多层（>10 层）土壤条件下，比较和评价不同参数平均方式对土壤水分运动数值计算稳定性和准确性影响的研究还比较少。

基于非饱和土壤中水分运动的 Richards 方程，很多学者研究了均质和层状土壤中的水分运动过程，如 Wang 等（2014）研究了基于传统 Richards 方程的数值模型 HYDRUS-1D 模拟夹砂层入渗规律的可行性，并利用该模型进一步分析了夹砂层入渗规律。Huang 等（2013）利用 HYDRUS-1D 模型研究了在室内不同类型层状土壤的蒸发特性，发现上砂下黏型层状土壤和上黏下砂型层状土壤蒸发的水分均主要来自砂土层。前期针对层状土壤中水分运动规律的模拟研究多是在非饱和条件下，未考虑浅埋地下水对层状土壤中水分运动过程的影响。

（2）土壤盐分运移模拟：土壤溶质的对流-弥散方程用于模拟计算土壤中盐分运移，不仅考虑了溶质随土壤水分运移的对流过程，还考虑了溶质在土壤中的分子扩散和机械弥散过程。国内外很多学者已经利用对流-弥散方程对均质或层状土壤中的盐分运移规律进行了模拟研究。如王福利（1991）建立了一维土壤水盐运动的数学模型，并用数值模拟方法探讨了降雨、蒸发及冲洗等条件下的土壤盐分动态变化规律。王水献等（2012）利用 Richards 方程和对流-弥散方程构建了田间尺度二维土壤水盐运移数值模型，制定了小麦的合理灌溉制度，并确定了盐渍土区合理的地下水调控深度。Porro 等（1993）通过对层状土溶质运移试验结果的分析，认为传统的对流弥散方程同样适用于层状土壤。但层状土壤对盐分运移的作用受到分层土壤水力特性、层位、厚度等的综合影响，还需要进一步丰富水盐运移理论。

在地下水浅埋区，传统上以土壤水分运动为中心的 SPAC 水盐运移模拟研究大都把系统的土壤界定为根区土壤层，下边界采用设定含水率或水分通量边界，难以全面考虑根区与地下水之间的水力联系。然而在地下水浅埋区或地下水位波动较大的地区，潜水与非饱和土壤水之间水分交换频繁，同时影响到盐分的累积、分配和迁移。地下水矿化度较高的地区甚至会产生土壤的次生盐碱化，影响作物生长和产量。因此，忽视地下水与 SPAC 系统的水力联系和盐分交换，人为将地下水和土壤水割裂开来是不符合自然情况的，会给作物生长、土壤和地下水环境的研究结果带来误差。应当进一步考虑地下水浅埋条件下 SPAC 系统的水盐耦合运移，并将土壤层状结构的影响考虑在内。

1.2.3 农田生态水文过程的耦合模拟研究

农田土壤中水热盐迁移的模拟研究，是将水、热、盐的动态变化用数学模型进行再现和预测的过程。根据土壤水分的计算方法，目前农田生态水文模型可以分为两类：概念性的水量平衡模型和基于土壤水动力学过程的水分运动模型，并集合土壤盐分、温度和作物生长模拟成为系统性的农田生态水文耦合模型。水量平衡模型结构比较简单，所需参数比较少，数值计算比较稳定，目前很多学者已经开发了基于水量平衡的农田生态水文模型，如 AquaCrop、APSIM 等模型。但水量平衡法不能详细刻画土壤中的动态水文过程，不利于与土壤中热量和盐分运移过程的耦合模拟，尤其是在分层土壤中。

与水量平衡方法相比，基于 Richards 方程的土壤水分动力学模拟，结合溶质的对流-弥散方程，能够详细描述分层土壤中任意时空分辨率的水分和溶质动态，且模拟过程具有物理意义，对农田生态水文过程的仿真具有独特优势。目前基于动力学过程的农田生态水分模型主要有 HYDRUS、SWAP（Soil-Water-Atmosphere-Plant）、RZWQM（Root Zone Water Quality Model）等，已经在农业生产中得到了广泛应用。陈帅等（2018）利用 HYDRUS-2D/3D 模拟了不同土质中滴灌湿润体的运动过程，并根据模拟结果建立了描述不同土质中湿润体动态变化的简易经验公式。Kumar 等（2015）运用 SWAP 模型模拟了不同盐水灌溉条件下土壤水分和盐分动态，以及小麦产量的响应。Fang 等（2010）利用 RZWQM2 模型对小麦→玉米轮作系统中的灌溉制度进行了优化。不同的动力学模型也有不同的优缺点，如 HYDRUS 模型对土壤中水、热、盐动态的模拟效果较好，但缺少地上作物生长模块，不能反映作物生长及产量对土壤中水、热、盐状况的响应。SWAP 中详细的作物生长模块能够模拟不同作物种类的生长发育过程和产量，可用于作物灌溉管理模拟，但在溶质模拟的数值稳定性方面比 HYDRUS 模型差，因为 SWAP 模型求解对流-弥散方程采用了显式差分格式，而 HYDRUS 模型采用了更稳定的隐式差分格式。RZWQM 模型能够模拟作物生长以及土壤水分和养分在根区的迁移过程，但该模型中土壤分层不能超过 10 层，对多层土壤中生态水文过程的模型具有一定的局限性。

作物生长模型是以作物的生理生长为基础，用数学模型定量和动态描述作物的生长发育过程以及产量，并能反映作物对生长环境的响应过程，可以通过计算机编程实现这一系列过程的仿真计算。目前成熟且应用广泛的作物模型，包括 AquaCrop、EPIC（Environmental Policy-Integrated Climate）、WOFOST（World Food Studies）和 DSSAT（Decision Support System for Agrotechnoligy Transfer）等。由于模型机理有所差异，不同的作物模型都有适用性和侧重点。如 AquaCrop 是水分驱动的作物生长模型，作物产量主要受土壤水分状况的影响，可用于作物灌溉制度的优化决策；EPIC 的作物模块是由温度和光能驱动，以积温为基础进行生物量、株高、叶面积和产量等的动态模拟；WOFOST 是由二氧化碳驱动的作物模型，以同化作用、呼吸作用和干物质分配等作物生理生态过程为模拟基础；DSSAT 是由光能驱动的作物模型，能够模拟作物从萌发到成熟的光合作用、呼吸作用、干物质分配及作物衰老等过程。从模型算法结构来看，AquaCrop 和 EPIC 的作物模块计算比较简单，所需要的作物参数较少，适合实测资料比较匮乏的地区使用；WOFOST 和 DSSAT 作物模块多考虑作物生长过程的机理性，由更多的作物参数驱动。

由于干旱区农田生态系统的复杂性和模型的侧重点不同，单独一个模型往往不能全面和系统反映田间实际的水文过程、作物生长过程，这就需要对模型进行改进或耦合不同的模型，发挥不同模型独特的优势，提高模型解决实际问题的能力。如 Zhou 等（2012）把作物模型 WOFOST 与水文模型 HYDRUS-1D 进行了耦合，应用于中国西北干旱区春小麦的灌溉制度优化。Ma 等（2006）耦合了 DSSAT 中的玉米模型 CERES-Maize 和水文模型 RZWQM，以提高 RZWQM 模型中作物生长模拟的能力。Wang 等（2017）耦合了 HYDRUS-1D 和 EPIC 作物模型，研究在盐水灌溉条件下土壤中水盐动态及作物生长的响应。耦合模型能够考虑更多和更复杂的农田水文过程、作物生长过程，以及不同过程之间的相互作用，更能贴近农业生产实际情况。因此，针对干旱区高盐的特殊环境，构建更具有针对性描述农田水文过程和作物生长动态的耦合模型，对指导干旱区农业生产具有重要意义，尤其是在耦合模型中考虑田间土壤的质地差异、地下水位埋深较浅等实际情况。

1.2.4 土壤层状结构在农业生产中的应用研究

层状土壤对农田水分运动、盐分运移和作物生长过程均具有显著影响，国内外学者在层状土壤水盐运移规律方面形成了一定的共识。在层状土壤中，质地差异较大的土壤在交界面处存在水力障碍或毛管障碍，对水分运动起到一定的阻碍作用，能有效提高土壤剖面上的持水能力，可减轻土壤的盐渍化水平，并为作物生长提供有利的环境条件。另外，在层状土壤阻碍水分运动的同时，对盐分运移也有一定的抑制作用，若地下水及深层土壤中含有大量的盐分，则土壤的层状结构能够有效阻碍深层土壤中的盐分向上迁移。层状土壤对水盐运移有特殊作用，可应用于农业节水和土壤盐渍化防治。

任利东（2015）利用较粗的砂土和较细的砂黄土设置了不同分层厚度的土壤

剖面，测定了紫花苜蓿生育期内的土壤水分动态、根系生长和生物量变化，发现层状土壤的持水能力随着分层厚度的减小而逐渐增加，增加的趋势是先快后慢。受土壤有效持水量的影响，层状土柱中紫花苜蓿根系主要分布在质地较细的砂黄土中，总根系密度和生物量随分层数量的增加而增加。

Rooney（1998）通过在含盐量较高的下层土壤和含盐量较低的上层土壤之间设置一层粗砾石层，研究了砾石层的水力隔断对土壤中盐分运移及其对草类生长的影响，发现厚度大于或等于 8 cm 的砾石层能够有效阻止下层土壤盐分向上迁移至上层土壤，从而使得草类植被能够在上层土壤中正常生长。

Ityel 等（2012）在根区以下设置一层毛细隔离带（粗砾石），研究了所起到的保墒作用及对作物生长和产量的影响。试验结果表明，毛细隔离带可以消除土壤的空间非均匀性，具有明显的保墒甚至增产作用。在咸水灌溉的条件下，有毛细隔离带时产量仅受到轻微影响，而无毛细隔离带则产量下降明显，因此推断毛细隔离带可以有效缓解盐分对作物生长的胁迫。

以上研究表明，土壤层状结构在保水和缓解土壤盐渍化方面具有积极作用，其合理利用能够为植被生长创造良好的生存环境，但这些研究多未考虑浅埋地下水的影响。例如，在上细下粗的土壤剖面中，下层粗质土在含水率较低的条件下，对水分运移的阻碍作用较强；但随着粗质土中含水率的增大，其对水分运动的阻碍作用会降低，甚至会在含水率高时消失。浅埋地下水会通过影响土壤含水率而间接影响层状土壤的性质，水盐运移作用也会发生一定的改变。在地下水浅埋区，层状土壤如何影响田间水盐动态和作物生长还需要进一步探索。

1.3 层状土壤水盐运移规律的研究进展

层状土壤的特性和水盐运移规律与均质土壤有显著不同。一般层状土壤的含水率是不连续的，而土壤基质势是连续的。层状土壤的孔隙结构会影响含水率、水力梯度和导水率，进而影响水分运动和盐分运移。目前有较多学者研究了层状土壤中水盐在非饱和条件下的动态规律，但较少考虑浅层地下水的影响。浅埋地下水位的波动会改变层状土壤中的含水率分布，使得层状土壤对水盐运移的影响效应有所差异。

在地下水浅埋的条件下，不同的层位或厚度意味着分层土壤到地下水位的距离不同，分层土壤的含水率及其水力特性也有所改变，此时层状土壤剖面中水盐运移过程及水盐分布特征会产生较大差异。

在地下水浅埋的干旱区，农田作物耗水中的很大一部分来自地下水，导致地下水及深层土壤中的盐分向根区聚积，对作物的生长产生盐分胁迫，造成减产。因此，需要确定合适的地下水位，既能够保证地下水对作物根区的补给量，又能够有效减少作物根区的盐分积累量。但在作物根区存在层状土壤的条件下，作物根区与下层土壤之间的水盐交换通量会受到较大影响。根区底部水分通量的改变如何影响根区水分含量和地下水位，地下水位差异又如何影响根区盐分累积，对于确定层状土壤条件下合理的地下水位非常重要，还需要深入开展研究。

以上研究问题单纯通过试验方法难以解决，还需要借助一些数学模型来进行系统的模拟分析。通过数值模拟的方法探索不同土壤剖面构型和浅埋地下水条件下水盐耦合运移规律及作物生长响应动态，可以进一步丰富在层状土壤条件下的非饱和土壤水盐运移理论。另外，土壤非饱和带中水流的 Richards 方程和盐分的对流-弥散方程都是非线性的偏微分方程，在实际的土壤及作物条件下很难找到解析解，一般需要借助一定的数值计算方法求解。常用有限差分法、有限单元法、有限体积法等，但对于在复杂条件下（如存在层状土壤）水盐运移过程进行求解时，在计算效率、数值解稳定性和精度等方面均存在不同程度的降低，造成不能满足现实需求的情况，因此，有必要对模拟算法进一步优化。

1.4　研究内容与研究方法

1.4.1　研究内容

本书以室内及大田土壤水分运动、盐分运移或作物生长试验为基础，建立描述土壤水盐运移和作物生长的农田生态水文模型，对层状土壤和地下水浅埋条件下水盐运移和作物生长过程进行模拟分析。研究目的：①掌握层状土壤条件下水盐运移变化规律；②根据土壤水盐动力学理论和作物生长原理，构建农田层状土壤中水盐运移和作物生长的耦合机理模型，通过模型比较、试验验证等方法检验所构建模型的可靠性和独特的优势；③应用所构建模型研究干旱和地下水浅埋区的层状土壤水盐动态和作物生长规律，分析节水控盐增产的合理调控策略，为干旱区水资源高效利用和土壤盐渍化防治提供科学依据。

(1) 层状土壤水盐运移理论及模型。主要包括层状土壤水热盐运移理论和模拟方法，农田层状土壤水热盐运移与作物生长耦合模型（LAWSTAC）构建等。

（2）层状土壤条件下LAWSTAC模型评价。包括多层土壤水分运动模拟中参数平均方式的评价，LAWSTAC、HYDRUS-1D和SWAP模型的模拟对比，土壤水热传输与作物生长的试验及模拟验证等。

（3）层状夹砂土对土壤水分入渗特征的影响。主要包括夹砂土影响水盐入渗的机理分析，夹砂土水分入渗规律的模拟分析等。

（4）层状夹砂土对农田土壤水盐动态和作物生长的影响。夹砂土条件下节水控盐增效调控措施等。

（5）地表覆土层对农田土壤水盐动态和作物生长的影响。地表覆土条件下节水控盐增效的调控措施等内容。

（6）地下水位对层状土壤水盐通量的影响。层状土壤农田中地下水位合理调控策略等。

1.4.2 研究技术路线及方法

本书致力于层状土壤水盐运移规律及作物水盐调控研究，遵循“试验机理探索-机理模型构建-水盐调控机制”的基本思路。包括室内试验和大田试验，室内试验主要是层状土壤条件下的水分入渗试验；大田试验主要为土壤水盐耦合作用下的作物生长试验，为机理模型构建提供数据支持。模型构建主要是基于非饱和土壤水分运动方程、盐分对流弥散方程、热流方程及作物生长原理，建立层状土壤条件下的水、热、盐运移和作物生长耦合模型；水盐调控分析是应用构建的耦合机理模型，模拟不同土壤剖面构型和地下水浅埋条件下根区水盐累积特征，确定节水、控盐、增效的调控措施。

（1）层状土壤水盐运移理论及模型模拟。考虑土壤的水、盐、温度与作物之间相互作用的物理及生理过程，耦合土壤水分运动的Richards方程、盐分运移的对流-弥散方程、热量迁移的热流方程和作物生长发育过程，构建农田层状土壤中水、盐、热迁移和作物生长的耦合模型LAWSTAC，采用有限差分法进行离散求解，基于MATLAB软件平台实现LAWSTAC模型的数值模拟。针对Richards方程离散过程中半节点非饱和导水率的估算问题，考虑了算术平均、几何平均等平均算法，以比较半节点处导水率值的估算方法对模拟结果的影响。

（2）层状土壤条件下LAWSTAC模型评价。采用多种参数平均方式模拟层状土壤中的水分运动过程，评价不同平均方式下多层土壤中水分运动的模拟效果，确定半节点处导水率的合适估算方法。通过与 HYDRUS-1D 和 SWAP 模型的模拟结果对比，说明 LAWSTAC 在作物生长模拟方面比 HYDRUS-1D 模型有优势，在盐分模拟的稳定性方面比 SWAP 模型有优势。通过西北干旱区的春小麦种植试验，验证 LAWSTAC 模型对农田层状土壤中水、热、盐迁移和作物生长过程模拟的可靠性。

（3）层状夹砂土对土壤水分入渗特征影响的模拟分析。利用室内土柱开展层状夹砂土壤条件下的积水入渗试验，记录入渗时间和入渗水量。利用对比分析法比较均质土和层状土的入渗过程，分析层状土壤入渗特征。在构建的机理模型中，采用多种半节点参数平均方式来模拟层状土中的水分运动过程，评价不同平均方式对夹砂土壤中水分运动的模拟效果。

（4）层状夹砂土对农田土壤水盐动态和作物生长影响的模拟分析。在田间土壤水盐运移与玉米生长监测试验的基础上，利用构建的农田层状土壤水-盐-作物耦合模型，通过在根区以下设置不同的夹砂土埋深和厚度，模拟分析地下水浅埋下不同土壤剖面构型对根区贮水量、盐分累积量和作物产量的影响。通过优化分析，确定玉米生产的适宜夹砂土埋深和厚度。

（5）地表覆土对农田土壤水盐动态和作物生长的影响研究。在田间土壤水盐运移与葵花生长监测试验的基础上，利用构建的农田层状土壤水-盐-作物耦合模型，通过在土壤表面设置含有不同夹砂土厚度的覆土层，模拟分析地下水浅埋下表层土壤覆土对根区贮水量、盐分累积量和作物产量的影响，通过对模拟规律进行分析，选择有利于葵花生产的土壤覆土层结构。

（6）地下水位对层状土壤水盐通量影响的模拟分析。在地下水浅埋区开展的春小麦生长和土壤水盐动态监测试验基础上，利用构建的农田层状土壤水-盐-作物耦合模型，通过在根区以下设置不同厚度砂土层和黏土层，研究不同地下水位埋深对层状土壤根区底部水盐通量的影响，并分析层状土条件下根区水盐含量和春小麦产量随地下水位的变化规律。针对不同的土壤剖面构型，确定节水、控盐、增效的合理地下水位埋深。

参考文献

白冰，陈效民，秦淑平. 黄河三角洲滨海盐渍土饱和导水率的研究[J]. 土壤通报，2005，36

(3):321-323.
陈石磊. 黑河流域中游绿洲灌溉水深层渗漏及水分生产力模拟研究[D]. 北京:中国农业大学,2016.
陈帅,毛晓敏. 地表滴灌条件下土壤湿润体运移量化表征[J]. 农业机械学报,2018,49(8):285-292.
戴佳信,史海滨,田德龙,等. 内蒙古河套灌区主要粮油作物系数的确定[J]. 灌溉排水学报,2011,30(3):23-27.
邓建才,陈效民,张佳宝,等. 黄淮海平原主要土壤水力参数的研究[J]. 灌溉排水,2002,21(3):1-7.
冯保清,崔静,吴迪,等. 浅谈西北灌区耕地盐碱化成因及对策[J]. 中国水利,2019(9):43-46.
冯杰,解河海,黄国如,等. 土壤大孔隙流机理及产汇流模型[M]. 北京:科学出版社,2012.
龚振平. 土壤学与农作学[M]. 北京:中国水利水电出版社,2009.
国家统计局. 中国统计年鉴 2023[M]. 北京:中国统计出版社,2023.
胡海波,王汉杰,鲁小珍,等. 中国干旱半干旱地区防护林气候效应的分析[J]. 南京林业大学学报(自然科学版),2001,25(3):77-82.
胡宏祥,谷思玉. 土壤学[M]. 北京:科学出版社,2021.
康绍忠,粟晓玲,杜太生,等. 西北旱区流域尺度水资源转化规律及其节水调控模式[M]. 北京:中国水利水电出版社,2009.
雷志栋,杨诗秀,谢森传. 土壤水动力学[M]. 北京:清华大学出版社,1988.
李毅,王全九,王文焰. 覆膜条件下土壤水、盐、热耦合迁移研究[M]. 西安:陕西科学技术出版社,2006.
李韵珠,胡克林. 蒸发条件下黏土层对土壤水和溶质运移影响的模拟[J]. 土壤学报,2004,41(4):493-502.
李韵珠,李保国. 土壤溶质运移[M]. 北京:科学出版社,1998.
刘贯群,宋涛,李义雯,等. 漫灌条件下内蒙孪井灌区土壤水分动态变化特征[J]. 中国海洋大学学报(自然科学版),2008,38(6):965-970.
刘思义,魏由庆. 黏土夹层土体构型水盐运动的实验研究[J]. 土壤学报,1992,29(1):109-112.
卢修元,魏新平,邱玥,等. 砂土中黏土夹层对入渗过程影响的试验分析[J]. 灌溉排水学报,2009,28(6):39-41.
罗焕炎,严蔼芬,谢驹华. 层状土中毛管水上升的实验研究[J]. 土壤学报,1965,13(3):312-324.
马波,田军仓. 作物生长模拟模型研究综述[J]. 节水灌溉,2010(2):1-5.
马东豪. 土壤水盐运移特征研究[D]. 西安:西安理工大学,2005.

马欢,杨大文,雷慧闽,等. Hydrus-1D 模型在田间水循环规律分析中的应用及改进[J]. 农业工程学报,2011,27(3):6-12.
毛晓敏,尚松浩. 计算层状土稳定入渗率的饱和层最小通量法[J]. 水利学报,2010,41(7):810-817.
毛晓敏. 干旱区绿洲潜水-土壤水-植物-大气系统水热传输模拟研究[D]. 北京:清华大学,1998.
任利东. 层状土壤水分运动及其对紫花苜蓿生长的影响[D]. 杨凌:西北农林科技大学,2015.
商振芳,谢思绮,罗旺,等. 我国盐碱地现状及其改良技术研究进展[C]. 2019 中国环境科学学会科学技术年会论文集(第三卷),2019.
尚松浩,毛晓敏,雷志栋,等. 土壤水分动态模拟模型及其应用[M]. 北京:科学出版社,2009.
史文娟,沈冰,汪志荣,等. 蒸发条件下浅层地下水埋深夹砂层土壤水盐运移特性研究[J]. 农业工程学报,2005,21(9):23-26.
王春颖,毛晓敏,赵兵. 层状夹砂土柱室内积水入渗试验及模拟[J]. 农业工程学报,2010,26(11):61-67.
王福利. 用数值模拟方法研究土壤盐分动态规律[J]. 水利学报,1991(1):1-9.
王水献,董新光,吴彬. 干旱盐渍土区土壤水盐运动数值模拟及调控模式[J]. 农业工程学报,2012,28(13):142-148.
王文焰,王全九,沈冰,等. 甘肃秦王川地区双层土壤结构的入渗特性[J]. 土壤侵蚀与水土保持学报,1998,4(2):37-41.
王文焰,张建丰,汪志荣,等. 砂层在黄土中的阻水性及减渗性的研究[J]. 农业工程学报,1995,11(1):104-110.
王文焰,张健丰,汪志荣,等. 黄土中砂层对入渗特性的影响[J]. 岩土工程学报,1995,17(5):33-41.
王文玉. 半干旱地区蒸发量及有效降水的研究[D]. 兰州:兰州大学,2014.
王熹,王湛,杨文涛,等. 中国水资源现状及其未来发展方向展望[J]. 环境工程,2014,32(7):1-5.
王仰仁,康绍忠. 2004. 基于作物水盐生产函数的咸水灌溉制度确定方法[J]. 水利学报,35(6):46-51.
王遵亲,等. 土壤盐渍化[M]. 北京:科学出版社,1993.
徐旭,黄冠华,黄权中. 农田水盐运移与作物生长模型耦合及验证[J]. 农业工程学报,2013,29(4):110-117.
许迪,蔡林根. 冬小麦-夏玉米种植模式下的农田水量平衡模拟及入渗补给规律分析[J]. 水利学报,1997,(12):64-78.
杨建锋,李宝庆,李运生,等. 浅地下水埋深区潜水对 SPAC 系统作用的初步研究[J]. 水利学报,1999,(7):27-32.

余根坚,黄介生,高占义.基于HYDRUS模型不同灌水模式下土壤水盐运移模拟[J].水利学报,2013,44(7):826-834.

袁剑舫,周月华.黏土夹层对地下水上升运行的影响[J].土壤学报,1980,17(1):94-100.

张利平,夏军,胡志芳.中国水资源状况与水资源安全问题分析[J].长江流域资源与环境,2009,18(2):116-120.

张鹏辉,侯宪东,王健.新疆地区盐碱地成因及治理措施[J].现代农业科技,2017,(24):178-180.

赵风岩.土层排列组合与作物产量差异[J].土壤通报.1997,28(3):105-106.

中国工程院.我国干旱半干旱地区农业现状与发展前景[M].北京:高等教育出版社,2013.

中华人民共和国水利部.中国水资源公报2023[M].北京:中国水利水电出版社,2024.

Alfnes E, Kinzelbach W, Aagaard P. Investigation of hydrogeologic processes in a dipping layer structure[J]. Journal of Contaminant Hydrology, 2004, 69(3-4):157-172.

Allen R G. Crop evapotranspiration-Guidelines for computing crop water requirements-FAO Irrigation and drainage paper 56 [R]. Rome: FAO, 1998.

Basson M S, Van Rooyen J A. Practical application of probabilistic approaches to the management of water resource systems [J]. Journal of Hydrology, 2001, 241(1-2):53-61.

Boogaard H L, Van Diepen C A, Rötter R P, et al. WOFOST 7.1: User's guide for the WOFOST 7.1 crop growth simulation model and WOFOST control center 1.5 [R]. DLO Winand Staring Centre, Wageningen, Netherlands, 1998.

Burek P, Satoh Y, Fischer G, et al. Water futures and solution: fast track initiative (final report) [R]. International Institute for Applied Systems Analysis Working Paper. Laxenburg, Austria, 2016.

Fang Q, Ma L, Yu Q, et al. Irrigation strategies to improve the water use efficiency of wheat-maize double cropping systems in north china plain [J]. Agricultural Water Management, 2010, 97(8):1165-1174.

Fok Y S. One-dimensional infiltration into layered soils [J]. Journal of the Irrigation and Drainage Division, 1970, 96(2):121-129.

Hanson J D, Ahuja L R, Shaffer M D, et al. RZWQM: Simulating the effects of management on water quality and crop production [J]. Agricultural Systems, 1998, 57(2):161-195.

Haverkamp R, Vauclin M. A note on estimating finite difference interblock hydraulic conductivity values for transient unsaturated flow problems [J]. Water Resources Research, 1979, 15(1):181-187.

He Y, Hu K, Wang H, et al. Modeling of water and nitrogen utilization of layered soil profiles under a wheat-maize cropping system [J]. Mathematical and Computer Modelling, 2013, 58(3-4):

596-605.

Huang M, Bruch P G, Barbour S L. Evaporation and water redistribution in layered unsaturated soil profiles [J]. Vadose Zone Journal, 2013, 12(1): 1-14.

Huang M, Elshorbagy A, Barbour S L, et al. System dynamics modeling of infiltration and drainage in layered coarse soil [J]. Canadian Journal of Soil Science, 2011, 91(2): 185-197.

Ityel E, Lazarovitch N, Silberbush M, et al. An artificial capillary barrier to improve root-zone conditions for horticultural crops: response of pepper, lettuce, melon, and tomato [J]. Irrigation Science, 2012, 30(4): 293-301.

Jones J W, Hoogenboom G, Porter C H, et al. The DSSAT cropping system model [J]. European Journal of Agronomy, 2003, 18(3-4): 235-265.

Kumar P, Sarangi A, Singh D K, et al. Simulation of salt dynamics in the root zone and yield of wheat crop under irrigated saline regimes using SWAP model [J]. Agricultural Water Management, 2015, 148: 72-83.

Ma L, Hoogenboom G, Ahuja L R, et al. Evaluation of the RZWQM-CERES-Maize hybrid model for maize production [J]. Agricultural Systems, 2006, 87(3): 274-295.

Mc Cown R L, Hammer G L, Hargreaves J N, et al. APSIM: A novel software system for model development, model testing and simulation in agricultural systems research [J]. Agricultural Systems, 1996, 50(3): 255-271.

Miller D E, Gardner W H. Water infiltration into stratified soil [J]. Soil Science Society of America Journal, 1962, 26(2): 115-119.

Mohammadzadeh-Habili J, Heidarpour M. Application of the green-ampt model for infiltration into layered soils [J]. Journal of Hydrology, 2015, 527: 824-832.

Pillai K M, Prat M, Marcoux M. A study on slow evaporation of liquids in a dual-porosity porous medium using square network model [J]. International Journal of Heat and Mass Transfer, 2009, 52(7-8): 1643-1656.

Porro I, Wierenga P J, Hills R G. Solute transport through large uniform and layered soil columns [J]. Water Resources Research, 1993, 29: 1321-1330.

Predelus D, Coutinho A P, Lassabatere L, et al. Combined effect of capillary barrier and layered slope on water, solute and nanoparticle transfer in an unsaturated soil at lysimeter scale [J]. Journal of Contaminant Hydrology, 2015, 181(SI): 69-81.

Raes D, Steduto P, Hsiao T C, et al. AquaCrop-The FAO crop model to simulate yield response to water: II. Main algorithms and software description [J]. Agronomy Journal, 2009, 101(3): 438-447.

Ran Y, Lannerstad M, Herrero M, et al. Assessing water resource use in livestock production: A review of methods [J]. Livestock Science, 2016, 187: 68-79.

Ren L, Huang M. Fine root distributions and water consumption of alfalfa grown in layered soils with different layer thicknesses [J]. Soil Research, 2016, 54(6): 730-738.

Richards L A. Capillary conduction of liquids through porous mediums[J]. Physics, 1931, 1(5): 318-333.

Ritchie J T. Model for predicting evaporation from a row crop with incomplete cover [J]. Water Resources Research, 1972, 8(5): 1204-1213.

Rooney D J, Brown K W, Thomas J C. The effectiveness of capillary barriers to hydraulically isolate salt contaminated soils [J]. Water Air and Soil Pollution, 1998, 104(3-4): 403-411.

Schnabel R R, Richie E B. Calculation of internodal conductances for unsaturated flow simulations: a comparison [J]. Soil Science Society of America Journal, 1984, 48(5): 1012-1025.

Scott H D. Soil physics: Agricultural and environmental applications [M]. Ames, IA: Iowa State University Press, 2000.

Si B C, Dyck M, Parkin G. Flow and transport in layered soils [J]. Canadian Journal of Soil Science, 2011, 91(2): 127-132.

Simunek J, van Genuchten M Th, Sejna M. The HYDRUS-1D software package for simulating the one-dimensional movement of water, heat, and multiple solutes in variably-saturated media version 4.0 [R]. Department of Environmental Sciences, University of California Riverside, California, 2005.

Stormont J C, Anderson C E. Capillary barrier effect from underlying coarser soil layer [J]. Journal of Geotechnical and Geoenvironmental Engineering, 1999, 125(8): 641-648.

Szymkiewicz A, Helmig R. Comparison of conductivity averaging methods for one-dimensional unsaturated flow in layered soils [J]. Advances in Water Resources, 2011, 34(8): 1012-1025.

United Nations World Water Assessment Programme. The United Nations World Water Development Report 2018: Nature-Based Solutions for Water [R]. Paris: UNESCO, 2018.

van Dam J C, Huygen J, Wesseling J G, et al. Theory of SWAP version 2.0 [R]. DLO Winand Staring Centre, Wageningen, Netherlands, 1997.

Wang C, Mao X, Hatano R. Modeling Ponded infiltration in fine textured soils with coarse interlayer [J]. Soil Science Society of America Journal, 2014, 78(3): 745-753.

Wang X, Liu G, Yang J, et al. Evaluating the effects of irrigation water salinity on water movement, crop yield and water use efficiency by means of a coupled hydrologic/crop growth model [J]. Agricultural Water Management, 2017, 185: 13-26.

Wehr J B, So H B, Menzies N W, et al. Hydraulic properties of layered soils influence survival of Rhodes grass (*Chloris gayana* Kunth.) during water stress [J]. Plant and Soil, 2005, 270(1-2): 287-297.

Williams J R, Jones C A, Kiniry J R, et al. The EPIC crop growth model [J]. Transactions of the

ASAE,1989,32(2):497-511.

Xu X,Huang G,Sun C,et al. Assessing the effects of water table depth on water use,soil salinity and wheat yield:Searching for a target depth for irrigated areas in the upper Yellow River basin [J]. Agricultural Water Management,2013,125:46-60.

Yang M D,Emest K Y. Water balance during evaporation and drainage in cover soils under different water table condition [J]. Advances in Environmental Research,2002,6(4):505-521.

Zhou J,Cheng G,Li X,et al. Numerical modeling of wheat irrigation using coupled HYDRUS and WOFOST models [J]. Soil Science Society of America Journal,2012,76(2):648-662.

第2章

层状土壤水盐运移模型与数值计算方法

2.1 非饱和土壤水分运动基本理论与模型

土壤是一种多孔介质，当土壤中的孔隙没有被水充满时，土壤介质处于非饱和状态，其中的非饱和水也称为非饱和土壤水。土壤水在水文循环中起着非常重要的作用，既能为陆地植被提供赖以生存的水分，又是联系地表水与地下水的纽带。对土壤水分运动开展研究，有利于深入认识水文循环过程和正确评价水资源数量与质量，其中非饱和土壤水分运动理论与模型是重要的基础和工具。

2.1.1 非饱和土壤水分的基本性质

（1）土壤含水率：土壤是由矿物质和有机质构成固相骨架，中间孔隙由水（或水溶液）和空气填充的多孔介质系统。土壤中所含液体多少由三相体中液体所占的相对比例来表示，称为含水率，常用体积含水率和质量含水率表示。

土壤质量含水率（θ_g）是土壤中水分的质量和相应固相物质质量的比值，单位常用百分数（%）表示。对于土壤中任一点处体积元 ΔV，其中固相物质和水分的质量分别为 ΔG_s 和 ΔG_w，则

$$\theta_g = \frac{\Delta G_w}{\Delta G_s} \qquad \text{（式 2-1）}$$

土壤体积含水率（θ_v）表示土壤中水分所占体积与土壤总体积的比值，单位常用 cm^3/cm^3。以 ΔV_w 表示体积元 ΔV 内水分所占的体积，则

$$\theta_v = \frac{\Delta V_w}{\Delta V} \quad （式 2-2）$$

土壤质量含水率和体积含水率之间存在物理联系，可以按以下公式进行换算。

$$\theta_v = \theta_g \gamma_d / \rho_w \quad （式 2-3）$$

式中，γ_d 为土壤干容重，ρ_w 为水的密度。

（2）土壤水势：土壤水具有的能量由动能和势能组成，由于水分在土壤孔隙中运动很慢，一般动能可忽略不计。因此，土壤水分所具有的势能（土壤水势或土水势）在决定土壤水分的能态和运动上具有重要作用。任何两点之间的土壤水势之差，是水分在土壤两点间运动的驱动力。针对土壤水分运动的研究，一般不能确定土壤水势的绝对数量，通常选定一个标准参考状态。土壤中任何一点水势的大小可由该点的土壤水分状态与标准参考状态的势能差来定义。一般取一定高度处、某一特定温度（常温或与土壤水温度相同）下承受标准大气压（或当地大气压）的纯自由水作为标准参考，其土水势为零。土水势的单位取决于对土壤水分单位数量的规定方式，在土壤水运动研究中常用单位质量土壤水的水势，此时土水势的单位是 cm（或 m），即通常所称的水头，数值与以水柱高度表示的压强值相等。

将单位数量的土壤水分从标准参考状态移动或改变到某一水分状态（或者从某一水分状态移至标准状态）时，如果环境对土壤水做功，则该状态下的土水势为正（负）；若土壤水对环境做功，则该状态下的土水势为负（正）。土水势的值与所做功的值相等。根据土壤水分所受到的作用力，土水势主要由重力势、压力势、基质势、溶质势和温度势组成（雷志栋等，1988）。

①重力势（ψ_g）：在地球重力场中，将单位数量的土壤水分从标准参考状态平面移动到某一点处，而其他各项分势维持不变时，需要克服重力作用而做的功，称为该点土壤水的重力势。重力势的参考平面可以任意选定，一般研究田间土壤水分运动问题时选在地表或地下水水面处。垂直坐标 z 的原点设在参考平面上，其方向根据需要可取向上为正，也可取向下为正。当垂直坐标选定后，可得单位质量土壤水分的重力势：

$$\varphi_g = \pm z \quad （式 2-4）$$

式中，当 z 坐标向上为正时，等号右边取“+”号；当 z 坐标向下为正时，等号右边取“-”号。显然，位于参考平面以上的各点，重力势为正值，而参考平面以下各点的重力势为负值。重力势与土壤中某一点和参考平面的相对位置有关，而与土质条件无关。

②压力势（ψ_p）：压力势是由压力场中压力差所引起的。若土壤中任一点的土壤水分所受压力不同于参考状态下的大气压，则该点存在一个附加压强。将单位数量的土壤水分由该点移至标准参考状态，其他各项分势维持不变时，仅由于附加压强所做的功，称为该点的压力势。

对于饱和土壤水（地下水），取地下水面处的大气压为标准参考状态，则地下水面处的土壤水压力势为零，而地下水面以下饱和土壤水的静水压力为正值。若所研究点位于地下水面以下深度 h 处，则该点单位质量土壤水的压力势为：

$$\varphi_p = h \qquad (式 2-5)$$

对于非饱和土壤水，考虑到孔隙的连通性，各点所承受的压力均为大气压，故各点附加压强为零，因而各点压力势 $\psi_p = 0$。

③基质势（ψ_m）：土壤水的基质势是由于土壤基质对土壤水分的吸持作用而引起，从机理上这种吸持作用可以解释为吸附作用和毛管作用。以自由水为标准参考状态，将单位数量的土壤水分由非饱和土壤中的一点移至标准参考状态，其他各项分势维持不变时，土壤基质作用对土壤水分所做的功称为该点土壤水分的基质势。因为实现上述移动时，需要由环境对土壤水做功，才能克服土壤基质的吸持作用，因此，非饱和土壤水的基质势永远为负值，即 $\psi_m<0$。饱和土壤水的基质势 $\psi_m = 0$。

土壤基质对土壤水分吸持作用的大小与土壤类型和土壤含水率有关，因此，非饱和土壤水的基质势是关于土壤质地和含水率的函数，同时与土壤的脱湿和吸湿历程有关。

④溶质势（ψ_S）：土壤溶液中可溶性物质对于土壤水吸持作用产生溶质势。以不含溶质的纯水作为标准参考状态，将单位数量的水分从土壤中一点移动到标准参考状态，其他各项分势维持不变时，仅由于土壤水溶液中溶质的作用所做的功，即为该点土壤水分的溶质势。实施上述移动时，需要由环境对土壤水做功，才能克服溶质的吸持作用，因此，溶质势 ψ_S 亦为负值。

对于有半透膜（只允许水流通过，而不允许溶质分子通过的膜）存在的系统，若半透膜两侧水溶液的浓度不同，由于高浓度溶质分子对水的吸持作用，导致该侧溶液的势能低，两侧溶液产生势能差。水从低浓度溶液一侧流向高浓度溶液一侧，使膜两侧溶液产生一定的高度差，此高度差称为原溶液的渗透压，单位体积溶液的渗透压 P_S 可表示为：

$$P_S=\frac{c}{\mu}RT \quad （式 2-6）$$

式中，c 是溶液浓度（单位体积溶液中含有的溶质质量，g/cm^3）；μ 为溶质的摩尔质量（g/mol），数值等于溶质的相对原子质量或相对分子质量；R 为摩尔气体常数，当渗透液 P_S 以 Pa 为单位时，$R=8.31\times10^6$ Pa · cm^3/（mol · K），T 为热力学温度（K）。

由此可得，含有一定溶质的单位体积土壤水的溶质势 ψ_S 为：

$$\psi_S=-\frac{c}{\mu}RT \quad （式 2-7）$$

一般土壤中不存在半透膜，土壤水中溶质并不显著地影响水流，因此，一般不考虑溶质势。但在分析植物根系吸水、植物细胞中的渗流、土壤蒸发等问题时，土壤水分的溶质势就不可忽略。

⑤温度势（ψ_T）：温度势是温度场温差所引起的。土壤中任一点处水分的温度势，由该点的温度与标准参考状态的温度差所决定。通常认为，由于温差造成的土壤水分运动通量相对于其他势能是很小的，所以在分析土壤水分运动时，温度势的作用常被忽略。

土水势的以上 5 个分势在实际中并不是同等重要。在对田间土壤水分运动进行分析时，一般可以不考虑溶质势和温度势。饱和土壤水的基质势 $\psi_m=0$，因此，土水势由压力势 ψ_p 和重力势 ψ_g 组成。单位质量饱和土壤水的土水势 H 可写为：

$$H=h\pm z \quad （式 2-8）$$

非饱和土壤的压力势 $\psi_p=0$，土水势由基质势 ψ_m 和重力势 ψ_g 组成：

$$H=\psi_m\pm z \quad （式 2-9）$$

（3）土壤水分特征曲线：土壤水的基质势和溶质势均为负值，使用时多有不便。因此，将基质势和溶质势的负数定义为吸力，分别称为基质吸力和溶质吸力。研究田间土壤水分运动时，一般不考虑溶质势，因此，所说的吸力即指土壤基质吸力，用符号 s 表示。基质势越大，则吸力越小。

土壤水的基质势和吸力是随含水率而变化的，二者关系曲线称为土壤水分特征曲线。该曲线表示了土壤水的能量与数量之间的关系。

如图 2-1 所示，当土壤中的水分处于饱和状态时，含水率为 θ_S，土壤吸力 S 为零。若开始对土壤施加微小的吸力，土壤中尚无水排出，含水率维持在饱和值。当吸力增加至某一临界值 S_a 后，土壤最大孔隙开始排水，含水率减小，此时空气开始进入土壤中，因此，该吸力临界值称为进气吸力或进气值。随着土壤吸力的不断增加，土壤孔隙由大到小依次不断排水，含水率越来越小。

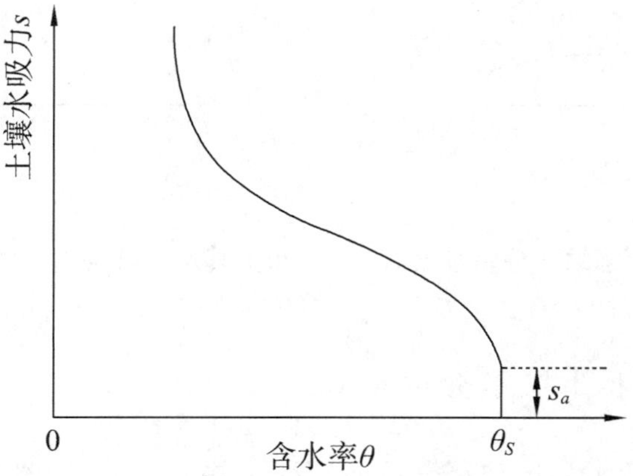

图 2-1　土壤水分特征曲线

通常土壤基质势与含水率的关系（土壤水分特征曲线）采用实验方法测定，并用经验公式拟合，常用的是 Gardner（1958）和 Van Genuchten（1980）提出的经验公式。

土壤水分特征曲线斜率的倒数，即单位基质势变化引起的含水率变化，称为比水容量 C。比水容量的大小随土壤含水率 θ 或土壤基质势 ψ_m 而变化，所以亦写为 $C(\theta)$ 或 $C(\psi_m)$。根据定义，比水容量 C 可表示为：

$$C=\frac{d\theta}{d\psi_m} \tag{式 2-10}$$

不同质地土壤的水分特征曲线是不同的。如图 2-2a 所示，一般土壤的砂粒含量越高，同一吸力条件下土壤含水率就越小，或者说同一含水率下的土壤吸力越小。这是因为砂性土壤中孔隙较大，达到一定负压时，大孔隙中的水分首先迅速排出，土壤中仅留存少量的水分；黏质土壤孔隙分布较为均匀，随着负压的增加，含水率减小缓慢。对于同样质地和结构的土壤，水分特征曲线也并非一条单值曲线。在土壤吸水和脱水的过程中，土壤吸力（负压）与含水率的关系曲线是不同的，称为滞后现象，如图 2-2b 所示，但在实际应用中，通常可以用一条单值曲线来概化土壤水分特征曲线。

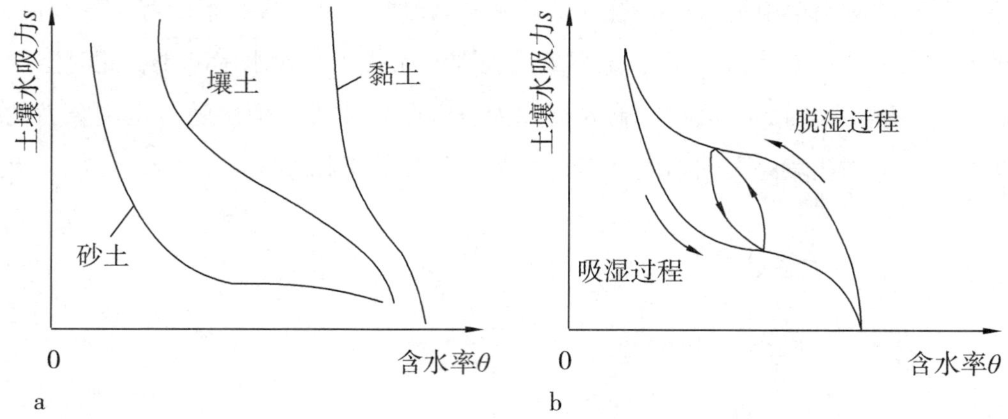

图 2-2 不同土壤的水分特征曲线（a）和土壤水分特征曲线的滞后现象（b）

2.1.2 非饱和土壤水分运动基本方程

一般非饱和土壤水分运动符合达西定律，并遵循质量守恒的连续性方程。将达西定律和连续性方程相结合，便可推导出描述土壤水分运动的基本方程。

在直角坐标系中，对于固相骨架不变形的多孔介质，取土壤水分流动空间内任一点（x，y，z），并以该点为中心取无限小的微分单元体（长方体），单元体的边长分别为 Δx、Δy、Δz，并与相应的坐标轴平行，如图 2-3 所示。

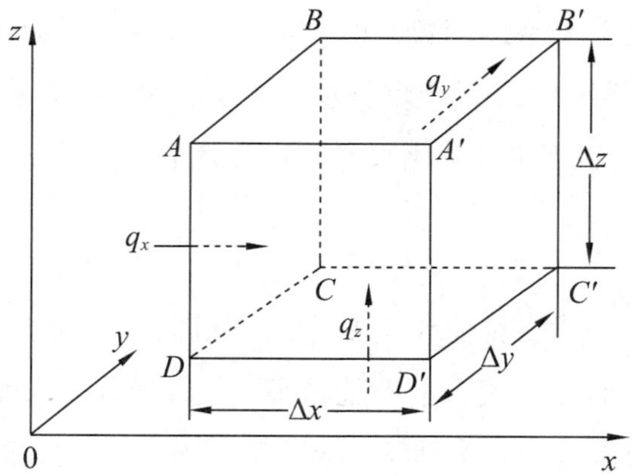

图 2-3 直角坐标系中的单元体

在 t 时刻，设单元体中心土壤水分通量在 3 个方向上的分量分别为 q_x、q_y、q_z。取垂直于 x 轴的平面 $ABCD$ 和 $A'B'C'D'$，自左侧 $ABCD$ 流入的土壤水分通量为

$q_x-\frac{1}{2}\frac{\partial q_x}{\partial x}\Delta x$，则在 Δt 时间内由此平面流入单元体内的土壤水质量为：

$$\rho_w q_x \Delta y \Delta z \Delta t-\frac{1}{2}\frac{\partial(\rho_w q_x)}{\partial x}\Delta x \Delta y \Delta z \Delta t \tag{式 2-11}$$

类似地，自右侧平面 $A'B'C'D'$ 流出的土壤水分通量为 $q_x+\frac{1}{2}\frac{\partial q_x}{\partial x}\Delta x$，则在 Δt 时间内由此平面流出单元体内的土壤水质量为：

$$\rho_w q_x \Delta y \Delta z \Delta t+\frac{1}{2}\frac{\partial(\rho_w q_x)}{\partial x}\Delta x \Delta y \Delta z \Delta t \tag{式 2-12}$$

由此，在 x 轴方向流入和流出单元体的土壤水分质量之差为：

$$-\frac{\partial(\rho_w q_x)}{\partial x}\Delta x \Delta y \Delta z \Delta t \tag{式 2-13}$$

同理，可以得到在 y 轴方向和 z 轴方向流入和流出单元体的土壤水分质量之差分别为：

$$-\frac{\partial(\rho_w q_y)}{\partial y}\Delta x \Delta y \Delta z \Delta t \tag{式 2-14}$$

$$-\frac{\partial(\rho_w q_z)}{\partial z}\Delta x \Delta y \Delta z \Delta t \tag{式 2-15}$$

因此，在 Δt 时间内流入和流出单元体的土壤水分差总计为：

$$-\left[\frac{\partial(\rho_w q_x)}{\partial x}+\frac{\partial(\rho_w q_y)}{\partial y}+\frac{\partial(\rho_w q_z)}{\partial z}\right]\Delta x \Delta y \Delta z \Delta t \tag{式 2-16}$$

在单元体内，t 时刻单元体内土壤含水率为 θ。由于固相骨架不变形，即 Δx、Δy、Δz 不随时间改变，因此，Δt 时间内单元体内土壤水分质量的变化量为：

$$\frac{\partial(\rho_w \theta)}{\partial t}\Delta x \Delta y \Delta z \Delta t \tag{式 2-17}$$

根据质量守恒原理，单元体内土壤水分质量的变化，是由流入和流出单元体的水分质量之差引起的，二者在数值上相等，由此可得到土壤水分运动的连续方程。

$$\frac{\partial(\rho_w \theta)}{\partial t}=-\left[\frac{\partial(\rho_w q_x)}{\partial x}+\frac{\partial(\rho_w q_y)}{\partial y}+\frac{\partial(\rho_w q_z)}{\partial z}\right] \tag{式 2-18}$$

当土壤水不可压缩时，水的密度 ρ_w 为常数，此时连续方程可写为：

$$\frac{\partial \theta}{\partial t}=-\left[\frac{\partial q_x}{\partial x}+\frac{\partial q_y}{\partial y}+\frac{\partial q_z}{\partial z}\right] \tag{式 2-19}$$

对于各向同性土壤，根据非饱和土壤中水分运动的达西定律，则

$$q_x=-K(\theta)\frac{\partial H}{\partial x},q_y=-K(\theta)\frac{\partial H}{\partial y},q_z=-K(\theta)\frac{\partial H}{\partial z} \quad (式 2-20)$$

式中，$K(\theta)$ 为土壤非饱和导水率。

将式 2-20 代入式 2-19，可得到土壤水分运动的基本方程（Richards 方程），即

$$\frac{\partial(\theta)}{\partial t}=-\left[K(\theta)\frac{\partial H}{\partial x}+K(\theta)\frac{\partial H}{\partial y}+K(\theta)\frac{\partial H}{\partial z}\right] \quad (式 2-21)$$

对于非饱和水分流动，土水势由基质势和重力势组成，单位质量水分的土水势为 $H=\psi_m\pm z$。若用符号 h 统一表示非饱和土壤水的基质水头和地下水的压力水头，则

$$\frac{\partial(\theta)}{\partial t}=\frac{\partial}{\partial x}\left[K(\theta)\frac{\partial h}{\partial x}\right]+\frac{\partial}{\partial y}\left[K(\theta)\frac{\partial h}{\partial y}\right]+\frac{\partial}{\partial z}\left[K(\theta)\frac{\partial h}{\partial z}\right]\pm\frac{\partial K(\theta)}{\partial z} \quad (式 2-22)$$

式中，当 z 坐标向上为正时，等号右边取“+”号；当 z 坐标向下为正时，等号右边取“-”号。

若考虑作物根系对土壤水分的吸收，则三维土壤水分运动方程为：

$$\frac{\partial\theta}{\partial t}=\frac{\partial}{\partial x}\left[K(h)\frac{\partial h}{\partial x}\right]+\frac{\partial}{\partial y}\left[K(h)\frac{\partial h}{\partial y}\right]+\frac{\partial}{\partial z}\left[K(h)\frac{\partial h}{\partial z}\right]-\frac{\partial K(h)}{\partial z}-S \quad (式 2-23)$$

式中，S 为源汇项，表示作物根系吸水速率分布。

在不考虑土壤水分的侧向流动时，农田土壤中水分的垂向运动可采用一维 Richards 方程描述。一种是以基质势 h 为因变量的基本方程（式 2-24），一种是以土壤含水率 θ 为因变量的基本方程（式 2-25），还有一种是同时包含基质势 h 和土壤含水率 θ 两个因变量的混合型 Richards 方程（式 2-26）。

$$C(h)\frac{\partial h}{\partial t}=\frac{\partial}{\partial z}\left[K(h)\frac{\partial h}{\partial z}\right]-\frac{\partial K(h)}{\partial z}-S \quad (式 2-24)$$

$$\frac{\partial\theta}{\partial t}=\frac{\partial}{\partial z}\left[D(\theta)\frac{\partial\theta}{\partial z}\right]-\frac{\partial K(\theta)}{\partial z}-S \quad (式 2-25)$$

$$\frac{\partial\theta}{\partial t}=\frac{\partial}{\partial z}\left[K(h)\frac{\partial h}{\partial z}\right]-\frac{\partial K(h)}{\partial z}-S \quad (式 2-26)$$

式中，$C=\mathrm{d}\theta/\mathrm{d}h$ 为比水容量，$D=K/C$ 为土壤水分扩散率。

在以上 3 种形式 Richards 方程中，以基质势 h 为因变量的方程可用于饱和-非饱和流动问题的统一求解，也适用于分层土壤的水分运动计算。但方程中的非饱

和导水率 $K(h)$ 随土壤基质势的变化范围较大，常造成计算困难并引起误差。以土壤含水率 θ 为因变量的方程，求解出的含水率分布随时间的变化比较符合人们当前的使用习惯，方程中的非饱和水分扩散率 $D(\theta)$ 随含水率变化的范围较导水率小，故常用。由于层状土壤层间界面处含水率是不连续的，所以以 θ 为因变量的方程不适用。虽然以基质势 h 和土壤含水率 θ 为因变量的混合型方程较前两种方程复杂，但既能应用于层状土壤的水分运动计算，又能减小质量守恒误差，故本书中模型构建采用混合型 Richards 方程。

由于混合型 Richards 方程同时含有 2 个未知量（h 和 θ），在求解时需要增加土壤水分特征曲线 $h(\theta)$，一般通过试验方法测定。为了便于计算和分析，常用经验公式拟合实测得到的结果。目前应用比较广泛的经验公式有 Brooks-Corey 模型（简称 BC 模型）和 Van Genuchten-Mualem 模型（简称 VGM 模型）。本书中采用常用的 VGM 模型：

$$S_e = \frac{\theta-\theta_r}{\theta_S-\theta_r} = \frac{1}{[1+\alpha|h|^n]^m} \qquad \text{（式 2-27）}$$

$$K(h) = K_S S_e^l [1-(1-S_e^{1/m})^m]^2 \qquad \text{（式 2-28）}$$

式中，S_e 是土壤有效饱和度；θ_r 是土壤残余含水率；θ_S 是土壤饱和含水率；α、m 和 n 是土壤性状参数，一般取 $m=1-1/n$；K_S 是土壤饱和导水率；l 为土壤孔隙关联度参数，一般取值为 0.5。

2.1.3 根系吸水模拟

作物根系吸水受到土壤水分和盐分状况的影响，假设根系吸水总量在不受任何胁迫时等于作物潜在蒸腾量，则在根区范围内某一深度 z 处根系吸水速率 S 可表示为：

$$S(h,h_S,z) = \alpha_w(h)\alpha_S(\psi_S)b(z)T_p \qquad \text{（式 2-29）}$$

式中，T_p 为作物潜在蒸腾速率（cm/d）；α_w 为土壤水分胁迫系数（-）；α_S 为土壤盐分胁迫系数（-）；ψ_S 为土壤溶液的溶质势（cm）；$b(z)$ 为归一化的根系密度分布函数（-）。

当式 2-29 中水分胁迫系数 α_w 采用 Feddes 模型时（图 2-4a），计算方程为：

$$\alpha_w=\begin{cases}0 & h>h_1,\ h<h_4\\ \dfrac{h-h_1}{h_2-h_1} & h_2<h\leqslant h_1\\ 1 & h_3<h\leqslant h_2\\ \dfrac{h-h_4}{h_3-h_4} & h_4<h\leqslant h_3\end{cases}\qquad（式 2-30）$$

式中，h_1、h_2、h_3 和 h_4 分别表示作物厌氧点、作物最适水分点、作物开始出现水分胁迫和作物根系开始无法从土壤中吸水对应的土壤基质势，其中 h_3 是关于作物潜在蒸腾速率 T_p 的函数。

$$h_3=\begin{cases}h_3^L & T_p\leqslant r_L\\ h_3^H+\dfrac{h_3^L-h_3^H}{r_H-r_L}(r_H-T_p) & r_L<T_p<r_H\\ h_3^H & T_p\geqslant r_H\end{cases}\qquad（式 2-31）$$

式中，r_L 和 r_H 分别为潜在蒸腾速率低、高临界值（cm/d）；h_3^L 和 h_3^H 分别表示在低潜在蒸腾速率 T_p 和高 T_p 下，根系吸水的土壤基质势临界值。

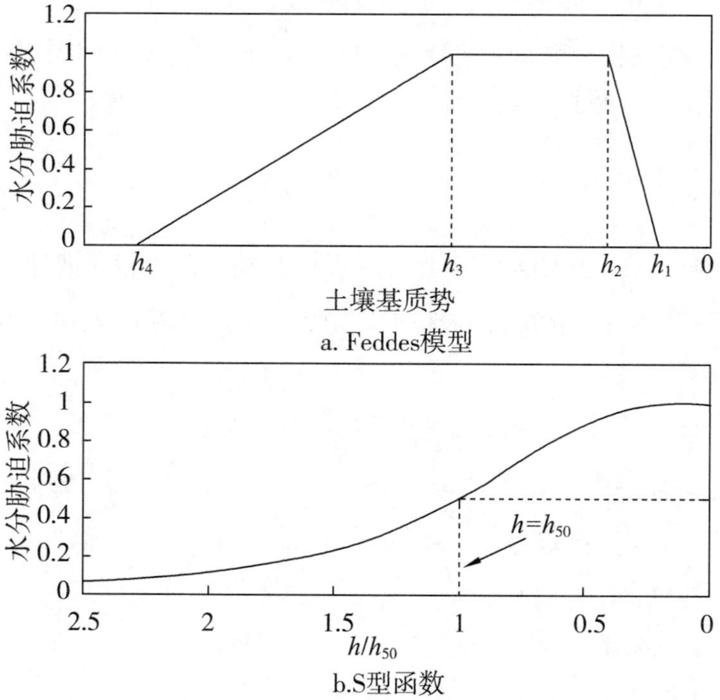

图 2-4　根系吸水受到水分胁迫的函数形式

当式 2-29 中水分胁迫系数 α_w 采用 S 型函数时（图 2-4b），计算方程为：

$$\alpha_w=\frac{1}{1+(h/h_{50})^p} \quad (式 2-32)$$

式中，h_{50} 为根系吸水速率减小 50%对应的基质势；p 为经验系数（-），对大部分作物取值为 3。

当根系吸水的水分胁迫系数采用 Feddes 模型计算时，盐分胁迫系数可采用 Maas-Hoffman 模型或 S 型函数来计算，其中 Maas-Hoffman 模型的表达式为：

$$\alpha_S=\begin{cases}1, EC_{sat}\leqslant EC_{max}\\ 1-(EC_{sat}-EC_{max})\dfrac{EC_{slop}}{100}, EC_{sat}>EC_{max}\end{cases} \quad (式 2-33)$$

式中，EC_{sat} 为土壤饱和浸提液的电导率；EC_{max} 为开始产生盐分胁迫的土壤饱和浸提液的电导率阈值；EC_{slop} 为盐分胁迫作用下根系吸水速率的降低斜率。

此外，S 型函数表示的盐分胁迫系数可表示为：

$$\alpha_S=\frac{1}{1+(h_S/h_{S50})^p} \quad (式 2-34)$$

式中，h_{S50} 为忽略其他影响因素时根系吸水速率减小 50%对应的溶质势。

当根系吸水的水、盐胁迫系数同时用 S 型函数来表示，则表达式为：

$$\alpha_w\alpha_S=\frac{1}{1+[(h+h_S)/h_{50}]^p} \quad (式 2-35)$$

式中，h_{50} 为不考虑溶质势影响，根系吸水速率减小 50%时对应的土壤基质势。

归一化的根系密度分布函数 $b(z)$ 可用线性分布模式和分段线性分布模式来描述，其中归一化的线性分布模式为（图 2-5a）：

$$b(z)=\frac{4m_r-1}{Z_r(t)}-\frac{(8m_r-4)z}{Z_r^2(t)} \quad (式 2-36)$$

式中，m_r 为根系层上半部的根系吸水量与根系层吸水总量之比（-）；$Z_r(t)$ 为模拟时间 t 时对应的根系长度。

假设根系层上部 1/5 深度内根系密度为常数，而下部 4/5 深度内根系密度线性减小到 0，归一化的分段线性分布模式可以表示为（图 2-5b）：

$$b(z)=\begin{cases}\dfrac{5}{3Z_r(t)} & z<\dfrac{1}{5}Z_r(t)\\ \dfrac{25}{12Z_r(t)}\left[1-\dfrac{z}{Z_r(t)}\right] & \dfrac{1}{5}Z_r(t)\leqslant z\leqslant Z_r(t)\\ 0 & z>Z_r(t)\end{cases}$$ （式 2-37）

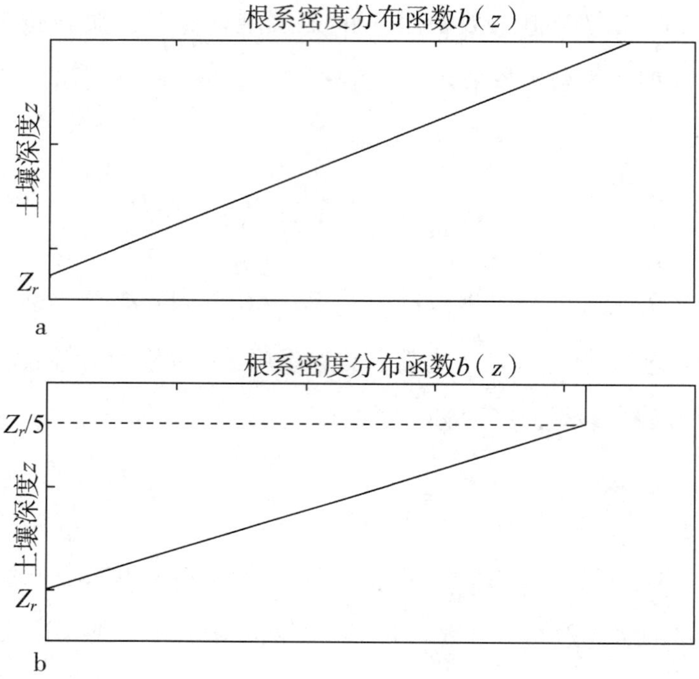

图 2-5　归一化根系密度分布的线性分布（a）和分段线性分布（b）

2.1.4　实际蒸发和蒸腾的计算

作物潜在蒸腾速率 T_p 可以利用作物潜在腾发量 ET_p，根据叶面积指数 LAI 和太阳辐射消光系数 β 来计算。

$$T_p=ET_p[1-\exp(-\beta\cdot LAI)]$$ （式 2-38）

此时，土壤潜在蒸发速率 E_p 可通过下式计算得到。

$$E_p=ET_p-T_p$$ （式 2-39）

式 2-38 和式 2-39 中的作物潜在腾发量 ET_p，可由参考作物腾发量 ET_0 乘以单作物系数 K_c 得到。

$$ET_p=K_c\cdot ET_0$$ （式 2-40）

式中，参考作物腾发量 ET_0 通过联合国粮农组织在 FAO－56 中推荐的 Penman-Montheith 公式计算。

若忽略植株体内贮水量的变化，则作物实际蒸腾速率 T_a 等于整个根系层深度内的根系吸水速率。

$$T_a = \int_0^{Z_r} S(h, h_S, T_p, z)\, dz \qquad (式 2\text{-}41)$$

在潜在蒸发速率 E_p 的基础上，考虑水分胁迫和盐分胁迫对地表蒸发的影响，可以计算得到土壤实际蒸发速率 E_a。

$$E_a = \gamma_w(\theta) \cdot \gamma_S(h_S) \cdot E_p \qquad (式 2\text{-}42)$$

式中，γ_w 是地表蒸发受到的水分胁迫系数。根据土壤蒸发过程的 3 个阶段，γ_w 可表示为关于含水率的分段线性函数。

$$\gamma_w = \begin{cases} 0 & \theta_{sur} \leqslant \theta_1 \\ \dfrac{\theta_{sur} - \theta_1}{\theta_2 - \theta_1} & \theta_1 < \theta_{sur} < \theta_2 \\ 1 & \theta_{sur} \geqslant \theta_2 \end{cases} \qquad (式 2\text{-}43)$$

式中，θ_{sur} 是土壤表层的含水率；θ_1 和 θ_2 分别是蒸发接近于 0 和蒸发不受水分胁迫的土壤临界含水率。γ_S 是蒸发的盐分胁迫系数（－），可表示为土壤溶液溶质势的函数。

$$\gamma_S = 1 + k_{Sp} h_S \qquad (式 2\text{-}44)$$

式中，k_{Sp} 是斜率系数。

2.1.5　土壤水分运动的定解条件

利用土壤水分运动方程进行土壤水分动态过程的模拟时，需要用到方程的定解条件，包括初始条件和边界条件。其中，初始条件是初始时刻自变量在研究区域的分布，而边界条件是研究区域边界上的自变量、相应的通量及其组合随时间的变化。初始条件和边界条件是利用数值方法求解土壤水分运动方程的重要前提条件。

（1）初始条件：在一维情况下，初始条件是研究初始时段土壤含水率或基质势在剖面上的分布，可以表示为：

$$\theta(z,0)=\theta_i(z) \qquad 0\leqslant z\leqslant L \qquad \text{(式 2-45)}$$

$$h(z,0)=h_i(z) \qquad 0\leqslant z\leqslant L \qquad \text{(式 2-46)}$$

式中，$\theta_i(z)$和$h_i(z)$分别为$t=0$时土壤剖面上不同深度z处的含水率和基质势；L为计算中考虑的土壤剖面最大深度。

（2）上边界条件：边界条件用于描述研究区边界上含水率θ或水流通量q所满足的条件，表示所研究区域内部水流与外界系统之间的相互作用关系。一维条件下的边界条件包括上边界条件和下边界条件。上边界条件一般可分为 3 种类型，第一类边界条件（Dirichlet 条件）为已知上边界的含水率或基质势，可以用下式表示：

$$\theta(0,t)=\theta_0(t) \qquad z=0,t\geqslant 0 \qquad \text{(式 2-47)}$$

$$h(0,t)=h_0(t) \qquad z=0,t\geqslant 0 \qquad \text{(式 2-48)}$$

式中，$\theta_0(t)$和$h_0(t)$分别为地表（$z=0$）处含水率和基质势随时间t的变化。例如，薄层积水入渗条件下的上边界即为第一类边界，此时地表含水率为饱和，基质势为 0。

第二类边界条件（Neumann 条件）为已知上边界的水流通量。

$$-K(h)\left(\frac{\partial h}{\partial z}-1\right)=q_0(t) \qquad z=0,t\geqslant 0 \qquad \text{(式 2-49)}$$

式中，$q_0(t)$为地表($z=0$)处水流通量随时间t的变化。例如，当降雨、灌溉、蒸发强度为已知时，上边界满足第二类边界条件。

第三类边界条件为混合边界条件（Cauchy 条件），即已知地表水流通量与含水率（或基质势）的某种组合。例如，蒸发条件下地表处水流通量是关于土壤基质势（或含水率）的函数，则边界条件可以表示为：

$$-K(h)\left(\frac{\partial h}{\partial z}-1\right)=af(h)+b \qquad z=0,t\geqslant 0 \qquad \text{(式 2-50)}$$

式中，f为上边界处的已知函数，a和b为系数。

（3）下边界条件：下边界条件也会出现不同类型。当下边界的含水率或基质势已知时，属于第一类边界。

$$\theta(L,t)=\theta_L(t)\text{或}h(L,t)=h_L(t) \qquad z=L,t\geqslant 0 \qquad \text{(式 2-51)}$$

式中，$\theta_L(t)$和$h_L(t)$分别为下边界($z=L$)处含水率和基质势随时间t的变化。

当下边界有不透水层时，水流通量为零，可以认为是第二类边界。

$$\frac{\partial h}{\partial z}=1 \qquad z=L,t\geqslant 0 \tag{式 2-52}$$

当地下水位较深时，下边界处水分运动属于重力排水边界，相应的水流通量等于下边界处的非饱和导水率，此时下边界处的基质势梯度为0。

$$\frac{\partial h}{\partial z}=0 \qquad z=L,t\geqslant 0 \tag{式 2-53}$$

2.2 土壤溶质运移理论与模型

土壤水并不是完全的纯水，而是含有溶质的水溶液。土壤水中溶质产生的原因分为自然因素和人类活动两方面，自然因素主要表现为降雨带入少量溶质或土壤母质中的可溶盐随水分运移至上层土壤，人类活动主要为灌溉、排污、施用农药和化肥等。土壤水溶质可能会引起土壤盐渍化、土壤污染、排水水质恶化等一系列的水土环境问题。为了合理规避以上问题并进行有效的防治规划，需要了解溶质在土壤中的运移规律。

2.2.1 溶质运移机理

溶质主要通过对流和水动力弥散两种作用实现运移。对流是指土壤水中的溶质随着土壤水运动而产生运移的现象。单位时间内通过土壤单位横截面积的溶质质量称为溶质通量，溶质的对流通量记为 J_c，其大小等于溶质浓度和土壤水通量的乘积，即：

$$J_c=qc=v\theta c \tag{式 2-54}$$

式中，q 为土壤水流通量；c 为土壤溶液的溶质浓度；v 为土壤水溶液的平均孔隙流速，满足 $v=q/\theta$。

溶质的水动力弥散包括了分子扩散和机械弥散两种形式。溶质分子扩散是溶质，由高浓度处到低浓度处运移，以求溶质浓度达到均匀。土壤水中溶质的分子扩散规律服从费克（Fick）第一定律，即：

$$J_d=-\theta D_S\frac{\partial c}{\partial z} \tag{式 2-55}$$

式中，J_d 为溶质在土壤水中的分子扩散通量；D_S 为相应的溶质分子扩散系数。一般将溶液在土壤中的分子扩散系数仅表示为含水率的函数，而与溶质的浓度无关，常用的经验公式为：

$$D_S(\theta)=D_0\theta\eta \tag{式 2-56}$$

式中，D_0 为溶质在自由水中的分子扩散系数；η 为经验系数。

溶质的机械弥散是溶质在流动过程中逐渐分散并占据越来越大的渗流区域。由于土壤颗粒和孔隙在微观尺度上的不均匀性，流动溶液中溶质不断被分细后进入更为纤细的通道，每个细孔中溶液流速的方向和大小都不一样，造成以上的机械弥散现象。实验和理论证明溶质机械弥散也服从费克第一定律，即：

$$J_h=-\theta D_h\frac{\partial c}{\partial z} \tag{式 2-57}$$

式中，J_h 为机械弥散引起的溶质通量；D_h 为机械弥散系数，一般表示为孔隙流速 v 的线性关系。

$$D_h(v)=D_L|v| \tag{式 2-58}$$

式中，D_L 为纵向扩散度，与土壤质地和结构有关。

溶质的分子扩散和机械弥散通量的计算表达式类似，但二者的机理有较大差异。由于二者是同时存在且难以分割，为了方便计算和分析，将分子扩散与机械弥散统称为水动力弥散，相应的水动力弥散系数为 D，水动力弥散所引起的溶质通量 J_D 可表示为：

$$J_D=-\theta D\frac{\partial c}{\partial z}=-\theta[D_S+D_h]\frac{\partial c}{\partial z} \tag{式 2-59}$$

溶质在对流和水动力弥散作用下产生运移。当对流速度较大时，溶质的机械弥散作用会远超过分子扩散作用，此时可以仅考虑机械弥散作用；反之，当土壤溶液静止时，机械弥散作用完全不起作用，分子扩散作用占据主导地位。

溶质运移的对流和水动力弥散作用（分子扩散和机械弥散），决定了溶质的总通量 J 为对流通量 J_c 和水动力弥散通量 $J_D(J_d+J_h)$ 之和，即

$$J=-\theta D\frac{\partial c}{\partial z}+qc \tag{式 2-60}$$

2.2.2 溶质运移的对流–弥散方程

根据土壤中溶质水动力弥散扩散的费克第一定律、溶质对流通量和溶质质量

守恒原理，可以推导出非饱和土壤中溶质运移的基本方程，即对流-弥散方程（Conviction Dispersion Equation，CDE）。在均质各向同性土壤中，若不考虑溶质的吸附、降解、沉淀、挥发、放射性衰变等转化过程，一维溶质运移方程可以表示为：

$$\frac{\partial(\theta c)}{\partial t}=-\frac{\partial J}{\partial z}=\frac{\partial}{\partial z}\left[\theta D\frac{\partial c}{\partial z}\right]-\frac{\partial(qc)}{\partial z} \qquad (式 2-61)$$

式中，右端第一项为弥散项，第二项为对流项。当溶液处于稳定流动状态时，水流通量 q、含水率 θ 和孔隙平均流速 v 均为常数，D 亦为常数，式 2-61 可简化为：

$$\frac{\partial c}{\partial t}=D\frac{\partial^2 c}{\partial z^2}-v\frac{\partial c}{\partial z} \qquad (式 2-62)$$

式中，z 方向上水流通量 q 可按非饱和水分运动的达西定律计算：

$$q=-K(h)\frac{\Delta H}{\Delta z} \qquad (式 2-63)$$

溶质在土壤溶液中分子扩散和机械弥散过程的水动力弥散系数 $D(v,\theta)$ 表达式为：

$$D=D_L|v|+D_0\tau_w \qquad (式 2-64)$$

τ_w 是液相中的弯曲系数，计算公式为：

$$\tau_w=\frac{\theta^{7/3}}{\theta_S^2} \qquad (式 2-65)$$

2.2.3 溶质运移方程的定解条件

利用对流-弥散方程进行土壤溶质动态模拟时，需要用到方程的定解条件：初始条件和边界条件。

（1）初始条件：在一维情况下，初始条件为初始时刻土壤溶质浓度在剖面上的分布。

$$c(z,0)=c_i(z) \qquad 0\leqslant z\leqslant L \qquad (式 2-66)$$

式中，$c_i(z)$ 为 $t=0$ 时土壤剖面上不同深度 z 处的溶质浓度。

（2）上边界条件：溶质运移的边界条件用于描述研究区边界上溶质浓度或通量所满足的条件，包括上边界条件和下边界条件。土壤溶质运移的上边界条件可以采用第一类边界条件（Dirichlet 条件）、第二类边界条件（Neumann 条件）或第三类边界条件（Cauchy 条件）。第一类边界条件用来描述上边界溶质浓度状况，可表示为：

$$c(0,t)=c_0(t) \qquad z=0,t\geqslant 0 \tag{式 2-67}$$

式中，$c_0(t)$为地表($z=0$)处溶质浓度随时间 t 的变化。

当上边界水流通量为 0 或土壤水流出研究区上边界时，可采用第二类边界条件：

$$D(v,\theta)\frac{\partial c}{\partial z}=0 \qquad z=0,t\geqslant 0 \tag{式 2-68}$$

第三类边界条件用来描述上边界溶质浓度通量状况，可表示为：

$$-D(v,\theta)\frac{\partial c}{\partial z}+qc=q_0c_0 \qquad z=0,t\geqslant 0 \tag{式 2-69}$$

式中，c_0 为上边界处水流通量中的溶液浓度。

（3）下边界条件：土壤溶质运移的下边界条件也可以采用第一类边界条件（Dirichlet 条件）、第二类边界条件（Neumann 条件）或第三类边界条件（Cauchy 条件）。

$$c(L,t)=c_L(t) \qquad z=L,t\geqslant 0 \tag{式 2-70}$$

$$D(v,\theta)\frac{\partial c}{\partial z}=0 \qquad z=L,t\geqslant 0 \tag{式 2-71}$$

$$-D(v,\theta)\frac{\partial c}{\partial z}+qc=q_Lc_L \qquad z=L,t\geqslant 0 \tag{式 2-72}$$

式中，$c_L(t)$为下边界处的土壤溶质浓度；c_L 为下边界处水流通量中的溶质浓度；q_L 为下边界($z=L$)处水流通量随时间 t 的变化。

2.3 土壤中热量迁移理论与模型

土壤中热量的主要来源是太阳辐射，土壤和大气之间随时随地都存在着热量的交换。热量也会因水的相变和土壤中发生的化学、生物作用而转换，因此，在土壤内部也存在着热量的流动。土壤热流影响土壤温度，土壤温度及其变化作为生态环境中的重要因素，对土壤中微生物的活动和作物生长有很大影响，温度对土壤水溶液中的一些物理和化学特性也有影响。因此，土壤水分和溶质的运动通常都与温度有关，土壤热流及温度变化在农田水循环和作物生长研究中亦是不可或缺的。

2.3.1 基本方程

根据傅里叶（Fourier）热传导定律和能量守恒原理，可得到土壤温度的基本方程。

$$C_v \frac{\partial T}{\partial t}=\frac{\partial}{\partial z}\left[K_h \frac{\partial T}{\partial z}\right]-C_w q \frac{\partial T}{\partial z} \quad \text{（式 2-73）}$$

式中，C_v 是土壤的体积比热容（J/cm^3·℃）；C_w 是水的体积比热容（J/cm^3·℃）；K_h 是土壤热导率（W/cm·℃）；T 是土壤温度（℃）；其他符号意义同前。另外，公式右端第一项、第二项分别表示热传导和水分流动对土壤热量迁移的影响。

土壤热导率 K_h 的计算，采用 Chung 和 Horton（1987）提出的经验公式：

$$K_h=b_1+b_2\theta+b_3\theta^{0.5} \quad \text{（式 2-74）}$$

式中，b_1、b_2 和 b_3 为与土质有关的经验参数（W/cm·℃）。

土壤体积比热容 C_v 采用 de Vries（1963）提出的公式计算，忽略有机质含量的影响。

$$C_v=1.925\ (1-\theta_S)\ +4.184\theta \quad \text{（式 2-75）}$$

2.3.2 初始和边界条件

土壤温度模拟的初始条件，为模拟初始时刻温度在土壤剖面上的分布。

$$T(z)=T_i(z) \qquad 0\leqslant z\leqslant L, t=0 \quad \text{（式 2-76）}$$

式中，$T_i(z)$ 是模拟初始时刻土壤剖面上不同深度处的温度（℃）。

模拟上边界可表示为土壤表面温度 $T_0(t)$ 随时间 t 的变化情况。

$$T(0,t)=T_0(t) \qquad z=0, t\geqslant 0 \quad \text{（式 2-77）}$$

温度模拟下边界可表示为：

$$T(L,t)=T_L(t) \qquad z=L, t\geqslant 0 \quad \text{（式 2-78）}$$

$$\frac{\partial T}{\partial z}=0 \qquad z=L, t\geqslant 0 \quad \text{（式 2-79）}$$

式中，$T_L(t)$ 是下边界处的温度（℃）。

2.4 层状土壤水热盐运移数值模拟方法

非饱和水分运动方程（Richards 方程）、溶质运移的对流-弥散方程和土壤温度的热流方程都是高度非线性的方程，直接求解难度较大，通常借助数值计算方法进行求解。在研究中采用隐式有限差分方法，对以上方程在时间和空间上进行离散求解。

2.4.1 Richards 方程的求解

将垂向一维的 Richards 方程［式（2-26）］按照隐式差分格式进行离散，可得到：

$$\frac{\theta_i^{j+1}-\theta_i^j}{\Delta t}=\left(K_{i+1/2}^{j+1}\frac{h_{i+1}^{j+1}-h_i^{j+1}}{\Delta z_i}-K_{i-1/2}^{j+1}\frac{h_i^{j+1}-h_{i-1}^{j+1}}{\Delta z_{i-1}}\right)\frac{2}{\Delta z_{i-1}+\Delta z_i}-\frac{K_{i+1}^{j+1}-K_{i-1}^{j+1}}{\Delta z_{i-1}+\Delta z_i}-S_i^j \quad \text{（式 2-80）}$$

式中，Δz 是空间离散步长；Δt 是时间步长；下标 $i=1, 2, \cdots, N, N+1$ 为空间节点编号，$N+1$ 为研究区空间离散节点数；上标 $j=0, 1, \cdots, T$ 为时间节点编号，其中 T 为离散时段数。

混合型的 Richards 方程同时含有土壤含水率和基质势，需要在求解过程中进行一定的转化处理，通常采用修正的 Picard 迭代。即假设第 M 次迭代过程中土壤含水率和基质势分别为 θ^M 和 h^M，利用公式：

$$\theta_i^{j+1,M+1}=\theta_i^{j+1,M}+C_i^{j+1,M}\left(h_i^{j+1,M+1}-h_i^{j+1,M}\right) \quad \text{（式 2-81）}$$

得到仅包含基质势 h 的差分方程。

$$a_i h_{i-1}^{j+1,M+1}+b_i h_i^{j+1,M+1}+c_i h_{i+1}^{j+1,M+1}=d_i,\ i=2, 3, \cdots N \quad \text{（式 2-82）}$$

其中，

$$a_i=-\frac{2\Delta t\cdot K_{i-1/2}^{j+1,M}}{\Delta z_{i-1}\left(\Delta z_{i-1}+\Delta z_i\right)}$$

$$c_i=-\frac{2\Delta t\cdot K_{i+1/2}^{j+1,M}}{\Delta z_{i-1}\left(\Delta z_{i-1}+\Delta z_i\right)}$$

$$b_i=C_i^{j+1,M}-a_i-c_i$$

$$d_i=C_i^{j+1,M}h_i^{j+1,M}-\left(\theta_i^{j+1,M}-\theta_i^j\right)-\frac{\Delta t\left(K_{i+1}^{j+1,M}-K_{i-1}^{j+1,M}\right)}{\Delta z_{i-1}+\Delta z_i}-\Delta t\cdot S_i^j$$

当上边界($i=1$)为定水头时，$a_1=0$，$b_1=1$，$c_1=0$，$d_1=h_0(t)$。当上边界为流量边界时，达西定律（公式 2-49）可离散为 $a_1=0$，$b_1=K_{1/2}^{j+1,M}$，$c_1=-K_{1/2}^{j+1,M}$，$d_1=\Delta z_1(q^{j+1}{}_0-K_{1/2}^{j+1,M})$。但在上边界流量变化剧烈时，这种离散方法易造成数值解不收敛，因此，常用水量平衡公式来代替求解。

$$\frac{\partial\theta}{\partial t}=-\frac{\partial q}{\partial z} \qquad \text{（式 2-83）}$$

该公式在上边界离散后得到：

$$b_1=C_0^{j+1,M}+\frac{2\Delta t\cdot K_{1/2}^{j+1,M}}{\Delta z_1^2}$$

$$c_1=-\frac{2\Delta t\cdot K_{1/2}^{j+1,M}}{\Delta z_1^2}$$

$$d_1=C_0^{j+1,M}h_0^{j+1,M}-(\theta_0^{j+1,M}-\theta_0^j)-\frac{2\Delta t\,(q_0^{j+1}+K_{1/2}^{j+1,M})}{\Delta z_1}$$

当下边界($i=N+1$)为定水头时，$a_{N+1}=0$，$b_{N+1}=1$，$c_{N+1}=0$，$d_{N+1}=h_L(t)$；当下边界为零通量边界时，$a_{N+1}=-1$，$b_{N+1}=1$，$c_{N+1}=0$，$d_{N+1}=\Delta z_N$；当下边界为自由排水时，$a_{N+1}=-1$，$b_{N+1}=1$，$c_{N+1}=0$，$d_{N+1}=0$。

Richards 方程经过以上的离散过程，得到 $N+1$ 个线性方程，矩阵形式为：

$$\begin{bmatrix} b_1 & c_1 & & & \\ a_2 & b_2 & c_2 & & \\ & \cdots & \cdots & \cdots & \\ & & a_N & b_N & c_N \\ & & & a_{N+1} & b_{N+1} \end{bmatrix}\begin{bmatrix} h_1 \\ h_2 \\ \cdots \\ h_N \\ h_{N+1} \end{bmatrix}=\begin{bmatrix} d_1 \\ d_2 \\ \cdots \\ d_N \\ d_{N+1} \end{bmatrix}$$

方程组的系数组成一个三对角矩阵，可采用追赶法求解以上三对角方程组。

根据以上离散得到的差分方程组，在数值求解 Richards 方程时需要确定半节点处的土壤水力参数值（如 $K_{1/2}$），由于土壤基质势（或含水率）在土壤剖面上分布的复杂性及其与导水率之间的非线性关系，不易直接求得半节点处的参数值，往往通过参数平均算法进行估算。研究表明，不同的参数平均方式对土壤水分运动模拟结果的准确性和稳定性有很大影响。本研究考虑了 8 种参数平均方式：

（1）算术平均：

$$K_{i+1/2}=0.5(K_i+K_{i+1}) \quad (式 2-84)$$

（2）几何平均：

$$K_{i+1/2}=\sqrt{K_iK_{i+1}} \quad (式 2-85)$$

（3）调和平均：

$$K_{i+1/2}=2K_iK_{i+1}/(K_i+K_{i+1}) \quad (式 2-86)$$

（4）基质势的算术平均：

$$K_{i+1/2}=K[0.5(h_i+h_{i+1})] \quad (式 2-87)$$

（5）基质势的几何平均：

$$K_{i+1/2}=K[\sqrt{h_ih_{i+1}}] \quad (式 2-88)$$

（6）基质势的调和平均：

$$K_{i+1/2}=K[2h_ih_{i+1}/(h_i+h_{i+1})] \quad (式 2-89)$$

（7）三点平均：

$$\begin{cases} K_{i+1/2}=[K_i+2K(h_{i+1/2})+K_{i+1}]/4 \\ h_{i+1/2}=0.5(h_i+h_{i+1}) \end{cases} \quad (式 2-90)$$

（8）迎风平均：

$$K_{i+1/2}=K[\max(h_ih_{i+1})] \quad (式 2-91)$$

土壤水分运动模拟计算需要输入土壤、气象、灌溉、地下水位等数据，然后根据设置的初始条件和边界条件求解 Richards 方程，如图 2-6 所示。在迭代过程中，如果迭代次数 p 超过 20 次仍不满足收敛条件（即前后两次迭代的基质势最大差值超过给定的误差限 e），则将时间步长缩短为原来的 1/3 重新计算。

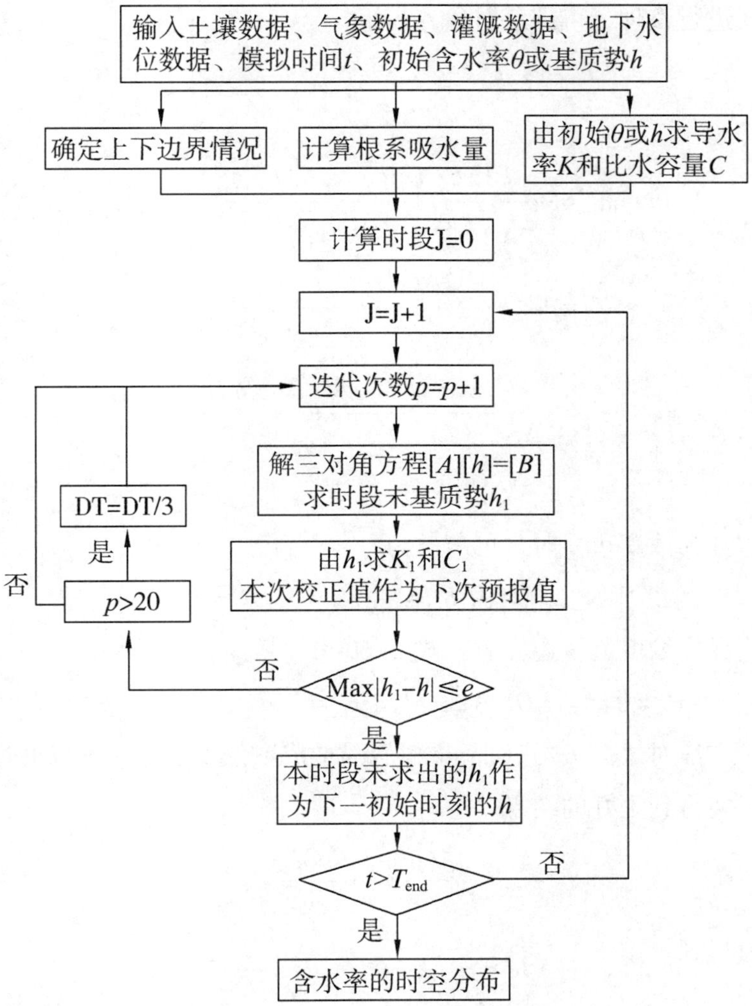

注：DT 为时间步长，[A]和[B]为离散方程组的系数矩阵和右端常数向量，p 为迁代次数，e 为前后两次迭代的基质势允许误差，T_{end} 为结束时间。

图 2-6 土壤水分运动模拟计算流程

2.4.2 对流-弥散方程的求解

将垂向一维对流-弥散方程（式 2-61）按隐式差分格式进行离散，其在时间和空间上的离散结果如下：

$$\frac{\theta_i^{j+1}c_i^{j+1}-\theta_i^j c_i^j}{\Delta t}=\left(D_{i+1/2}^{j+1}\frac{c_{i+1}^{j+1}-c_i^{j+1}}{\Delta z_i}-D_{i-1/2}^{j+1}\frac{c_i^{j+1}-c_{i-1}^{j+1}}{\Delta z_{i-1}}\right)\frac{2}{\Delta z_{i-1}+\Delta z_i}-\frac{q_{i+1}^{j+1}c_{i+1}^{j+1}-q_{i-1}^{j+1}c_{i-1}^{j+1}}{\Delta z_{i-1}+\Delta z_i}$$

（式 2-92）

对公式进行整理，得到三对角方程组：

$$a'_i c_{i-1}^{j+1}+b'_i c_i^{j+1}+c'_i c_{i+1}^{j+1}=d'_i,\ i=2,\ 3,\ \cdots,\ N \tag{式 2-93}$$

其中，

$$a'_i=-\frac{2\Delta t\cdot D_{i-1/2}^{j+1}}{\Delta z_{i-1}\left(\Delta z_{i-1}+\Delta z_i\right)}-\frac{\Delta t\cdot q_{i-1}^{j+1}}{\Delta z_{i-1}+\Delta z_i}$$

$$b'_i=\theta_i^{j+1}+\frac{2\Delta t\cdot D_{i+1/2}^{j+1}}{\Delta z_{i-1}\left(\Delta z_{i-1}+\Delta z_i\right)}+\frac{2\Delta t\cdot D_{i-1/2}^{j+1}}{\Delta z_{i-1}\left(\Delta z_{i-1}+\Delta z_i\right)}$$

$$c'_i=-\frac{2\Delta t\cdot D_{i+1/2}^{j+1}}{\Delta z_{i-1}\left(\Delta z_{i-1}+\Delta z_i\right)}+\frac{\Delta t\cdot q_{i+1}^{j+1}}{\Delta z_{i-1}+\Delta z_i}$$

$$d'_i=C_i^{j+1}\theta_i^j$$

当上边界为浓度边界时，可离散为：

$$a'_1=0,\ b'_1=1,\ c'_1=0,\ d'_1=c_0^{j+1}$$

当上边界为浓度流量边界时，式 2-69 可离散为：

$$a'_1=0,\ b'_1=D_{1/2}^{j+1}+\Delta z_1 q_1^{j+1},\ c'_1=-D_{1/2}^{j+1},\ d'_1=\Delta z_1 q_0^{j+1}c_0^{j+1}$$

但这种方法对式 2-69 进行离散时容易造成数值不稳定，可以通过上边界的盐分平衡公式能得到更好的结果。

$$\frac{\partial(\theta c)}{\partial t}=-\frac{\partial(qc)}{\partial z} \tag{式 2-94}$$

经离散得到：

$$a'_1=0$$

$$b'_1=\theta_1^{j+1}+\frac{2\Delta t}{\Delta z_1^2}D_{1/2}^{j+1}+\frac{\Delta t}{\Delta z_1}q_{1/2}^{j+1}$$

$$c'_1=-\frac{2\Delta t}{\Delta z_1^2}D_{1/2}^{j+1}+\frac{\Delta t}{\Delta z_1}q_{1/2}^{j+1}$$

$$d'_1=\theta_1^j c_1^j+\frac{2\Delta t}{\Delta z_1}q_0^{j+1}c_0^{j+1}$$

当下边界为浓度边界时，可离散为：

$$a'_{N+1}=0,\ b'_{N+1}=1,\ c'_{N+1}=0,\ d'_{N+1}=c_L^{j+1}$$

当下边界为浓度流量边界时，公式 2-72 可离散为：

$$a'_{N+1}=-D_{N+1/2}^{j+1},\ b'_{N+1}=D_{N+1/2}^{j+1}-\Delta z_N q_{N+1},\ c'_{N+1}=0,\ d'_{N+1}=\Delta z_N q_L^{j+1}c_L^{j+1}$$

当下边界为自由排盐时，可离散为：

$$a'_{N+1}=-1,\ b'_{N+1}=1,\ c'_{N+1}=0,\ d'_{N+1}=0$$

经过以上离散过程，得到了如下 $N+1$ 个线性方程组。通过联立方程，采用追赶法对三对角方程组进行求解。

$$\begin{bmatrix} b'_1 & c'_1 & & & \\ a'_2 & b'_2 & c'_2 & & \\ & \cdots & \cdots & \cdots & \\ & & a'_N & b'_N & c'_N \\ & & & a'_{N+1} & b'_{N+1} \end{bmatrix} \begin{bmatrix} c_1 \\ c_2 \\ \cdots \\ c_N \\ c_{N+1} \end{bmatrix} = \begin{bmatrix} d'_1 \\ d'_2 \\ \cdots \\ d'_N \\ d'_{N+1} \end{bmatrix}$$

土壤溶质运移的模拟计算是在水分运动模拟结果的基础上开展的，需要用到土壤含水率和水流通量，并输入溶质运移相关参数，利用初始和边界条件求解对流-弥散方程，如图 2-7 所示。

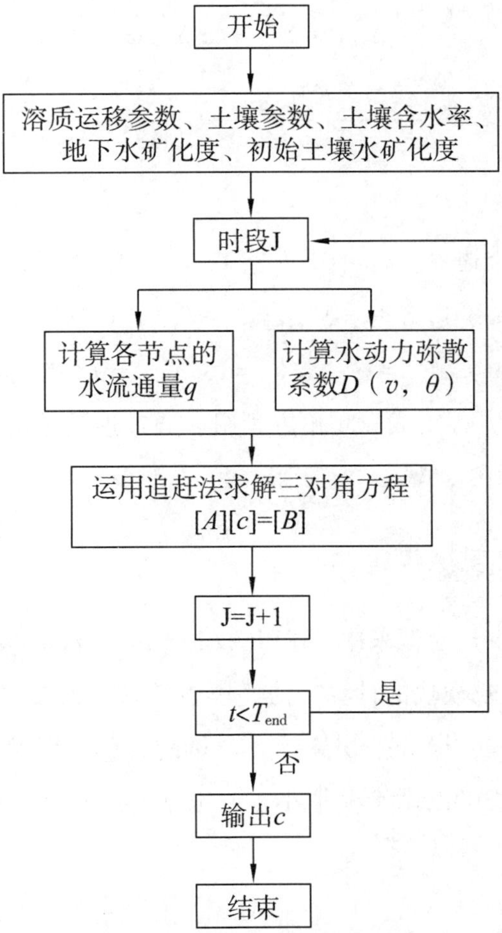

图 2-7　土壤溶质运移模拟计算流程

2.4.3 热流方程的求解

将热流方程［式（2-73）］按照隐式差分格式进行离散，可得到：

$$C_{v,i}^{j+1}\frac{T_i^{j+1}-T_i^j}{\Delta t}=\left(K_{h,i+1/2}^{j+1}\frac{T_{i+1}^{j+1}-T_i^{j+1}}{\Delta z_i}-K_{h,i-1/2}^{j+1}\frac{T_i^{j+1}-T_{i-1}^{j+1}}{\Delta z_{i-1}}\right)\frac{2}{\Delta z_{i-1}+\Delta z_i}-C_w q_i^{j+1}\frac{T_{i+1}^{j+1}-T_{i-1}^{j+1}}{\Delta z_{i-1}+\Delta z_i}$$

（式 2-95）

简化合并得到：

$$a''_i T_{i-1}^{j+1,M+1}+b''_i T_i^{j+1,M+1}+c''_i T_{i+1}^{j+1,M+1}=d''_i,\ i=2,\ 3,\ \cdots,\ N$$ （式 2-96）

其中，

$$a''_i=-\frac{2\Delta t\cdot K_{h,i-1/2}^{j+1}}{\Delta z_{i-1}\ (\Delta z_{i-1}+\Delta z_i)}-C_w\frac{\Delta t\cdot q_i^{j+1}}{\Delta z_{i-1}+\Delta z_i}$$

$$b''_i=C_{v,i}^{j+1}+\frac{2\Delta t\cdot K_{h,i+1/2}^{j+1}}{\Delta z_{i-1}\ (\Delta z_{i-1}+\Delta z_i)}+\frac{2\Delta t\cdot K_{h,i-1/2}^{j+1}}{\Delta z_{i-1}\ (\Delta z_{i-1}+\Delta z_i)}$$

$$c''_i=-\frac{2\Delta t\cdot K_{h,i+1/2}^{j+1}}{\Delta z_{i-1}\ (\Delta z_{i-1}+\Delta z_i)}+C_w\frac{\Delta t\cdot q_i^{j+1}}{\Delta z_{i-1}+\Delta z_i}$$

$$d''_i=C_{v,i}^{j+1}T_{i_i}^{j^j}$$

上边界采用第一类边界，$a''_1=0$，$b''_1=1$，$c''_1=0$，$d''_1=T_0^{j+1}$。

当下边界采用第一类边界时，$a''_{N+1}=0$，$b''_{N+1}=1$，$c''_{N+1}=0$，$d''_{N+1}=T_L^{j+1}$；当下边界采用第二类边界时：$a''_{N+1}=-1$，$b''_{N+1}=1$，$c''_{N+1}=0$，$d''_{N+1}=0$。

以上 $N+1$ 个线性方程组成三对角方程组，通过追赶法对该方程组求解，即可得到各节点处的温度值，如图 2-8 所示。

2.5 作物生长模拟模型

本研究中的作物生长模拟采用了 EPIC（Environmental Policy Integrated Climate Model）模型中作物生长模块的计算方法，模型考虑了冠层对光能的截获过程，光能转化为生物量的过程，根据生物量计算产量的过程，以及水、热、盐对作物生长的胁迫作用。该算法可以用于模拟小麦、玉米、向日葵、棉花等作物的生理生态过程。

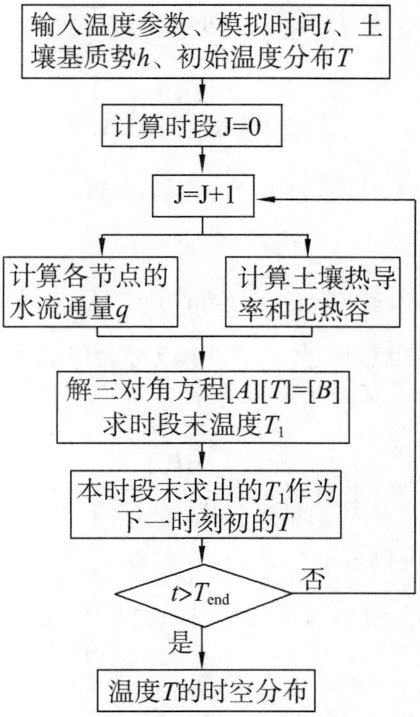

图 2-8 土壤温度模拟计算流程

2.5.1 作物物候发育

作物生长模拟以天为时间步长，物候发育以逐日热量单位 HU_φ（℃）为基础，通过计算由 0 到 1 变化的热量单位系数（HUI_φ），控制作物由播种到成熟的生长过程。

$$HU_\varphi = \frac{T_{\max,\varphi} + T_{\min,\varphi}}{2} - T_b, \quad HU_\varphi \geqslant 0 \qquad \text{（式 2-97）}$$

$$HUI_\varphi = \frac{\sum_{\varphi \geqslant 1} HU_\varphi}{PHU} \qquad \text{（式 2-98）}$$

式中，$T_{\max,\varphi}$ 和 $T_{\min,\varphi}$ 分别为第 φ 天的最高和最低气温（℃）；T_b 为作物生长的基点温度（℃）；PHU 为作物由播种到成熟所需要的潜在（最大）热量单位值（℃）。

2.5.2 叶面积变化

根据作物模型，将叶面积变化的模拟过程分为两个阶段：第一阶段是从播种到叶面积达到最大值，第二阶段是从叶面积开始下降到作物成熟。其中，第一阶段可表示为：

$$LAI_{\varphi}=LAI_{\varphi-1}+\Delta LAI \quad (式 2-99)$$

$$\Delta LAI=(\Delta HUF)(LAI_{max})\{1-\exp[5(LAI_{\varphi-1}-LAI_{max})]\}\sqrt{REG_{\varphi}} \quad (式 2-100)$$

式中，LAI 为叶面积指数（cm^2/cm^2）；LAI_{max} 为潜在最大叶面积指数（cm^2/cm^2）；HUF 为热量单位因子（-）；REG_{φ} 为作物生长胁迫因子（-）。

HUF 计算公式为：

$$HUF_{\varphi}=\frac{HUI_{\varphi}}{HUI_{\varphi}+\exp[ah_1-(ah_2)(HUI_{\varphi})]} \quad (式 2-101)$$

式中，ah_1 和 ah_2 为作物参数（-）。

REG_{φ} 取土壤水盐综合胁迫因子（式 2-102）和气温胁迫因子（式 2-104）中的最小值，即

$$REG_{\varphi}=\min(WS_{\varphi},TS_{\varphi}) \quad (式 2-102)$$

$$WS_{\varphi}=\frac{T_{a,\varphi}}{T_{p,\varphi}} \quad (式 2-103)$$

$$TS_{\varphi}=\sin\left[\frac{\pi}{2}\frac{TG_{\varphi}-T_b}{T_0-T_b}\right] \quad (式 2-104)$$

式中，WS 为土壤水盐综合胁迫因子（-）；T_a 为土壤水盐影响下第 φ 天的实际蒸腾量；T_p 为第 φ 天作物潜在蒸腾量；TS 为气温胁迫因子（-）；TG 是日平均气温（℃）；T_0 是作物的最适生长温度（℃）。

第二阶段叶面积变化过程可表示为：

$$LAI_{\varphi}=LAI_0\left(\frac{1-HUI_{\varphi}}{1-HUI_0}\right)^{Lr} \quad (式 2-105)$$

式中，LAI_0 为实际最大叶面积指数（cm^2/cm^2）；L_r 为叶衰老指数（-）；HUI_0 为叶开始衰老时的热量单位系数（-）。

2.5.3 株高增长

作物株高 H_{φ}（cm）是关于最大株高 H_{max}（cm）和热量单位因子（HUF）的函数：

$$H_{\varphi}=H_{\max}\sqrt{\mathrm{HUF}_{\varphi}} \quad \text{(式 2-106)}$$

2.5.4 根系生长

一般作物根系长度 RD_{φ}（cm）是前期快速生长，并在成熟前就已经达到最大长度 $\mathrm{RD}_{\max}$（cm）。根据控制物候发育的热量单位系数，其计算公式为：

$$\mathrm{RD}_{\varphi}=2.5(\mathrm{RD}_{\max})(\mathrm{HUI}_{\varphi}) \quad \text{(式 2-107)}$$

式中，常数 2.5 使得根系在 HUI 为 0.4 时达到生长最大值。

2.5.5 生物量计算

作物冠层截获的有效太阳辐射 PAR_{φ}（$\mathrm{MJ/m^2}$），可根据叶面积指数来计算：

$$\mathrm{PAR}_{\varphi}=0.5(\mathrm{RA}_{\varphi})[1-\exp(-\beta\cdot \mathrm{LAI}_{\varphi})] \quad \text{(式 2-108)}$$

式中，RA_{φ} 为太阳辐射（$\mathrm{MJ/m^2}$）；β 为作物消光系数（-）。

利用把光能转化为生物量的作物参数 BE [（$\mathrm{kg/hm^2}$）/（$\mathrm{MJ/m^2}$）]，计算某一天潜在生物量的增长量 $\Delta B_{p\varphi}$（$\mathrm{kg/hm^2}$）：

$$\Delta B_{p,\varphi}=(\mathrm{BE})(\mathrm{PAR}_{\varphi}) \quad \text{(式 2-109)}$$

在作物生长环境胁迫作用下的实际生物量增长量为：

$$\Delta B_{\varphi}=(\Delta B_{p,\varphi})(\mathrm{REG}_{\varphi}) \quad \text{(式 2-110)}$$

分配到根系的生物量比例由苗期到成熟期逐渐减小，因此，逐日根重增长量 $\Delta\mathrm{RWT}_{\varphi}$（$\mathrm{kg/hm^2}$）可用下式计算：

$$\Delta\mathrm{RWT}_{\varphi}=(\Delta B_{p,\varphi})(\mathrm{ar}_1-\mathrm{ar}_2\mathrm{HUI}_{\varphi}) \quad \text{(式 2-111)}$$

式中，ar_1 和 ar_2 为作物参数（-），典型值分别为 0.4 和 0.2。

2.5.6 产量计算

利用收获指数来计算作物产量：

$$\mathrm{YLD}=(\mathrm{HI})(B_{AG}) \quad \text{(式 2-112)}$$

式中，YLD 为作物产量（$\mathrm{kg/hm^2}$）；B_{AG} 为地上生物量（$\mathrm{kg/hm^2}$），由生物量总量减去根重得到；HI 为水分胁迫影响的收获指数（-）：

$$\mathrm{HI}=(\mathrm{HIA}-\mathrm{HIA}_0)\frac{\mathrm{WUR}}{\mathrm{WUR}+\exp(6.13-0.0883\cdot \mathrm{WUR})}+\mathrm{HIA}_0 \quad \text{(式 2-113)}$$

式中，HIA 为逐日潜在的收获指数（-）；HIA_0 为作物最小的收获指数（-）；

WUR 为水分利用效率（-）。

HIA 的逐日计算值可表示为：

$$HIA_{\varphi}=HI_{p}\frac{100HUI_{\varphi}}{100HUI_{\varphi}+\exp(11.1-10HUI_{\varphi})} \quad \text{（式 2-114）}$$

式中，HI_p 为作物潜在收获指数（-）。

采用下式计算水分利用效率 WUR：

$$WUR=100\left[\frac{\sum_{\varphi\geqslant 1}T_{a,\varphi}}{\sum_{\varphi\geqslant 1}T_{p,\varphi}}\right] \quad \text{（式 2-115）}$$

2.5.7　作物生长计算流程

综合以上模块，可进行作物生长过程的动态模拟，如图 2-9 所示。

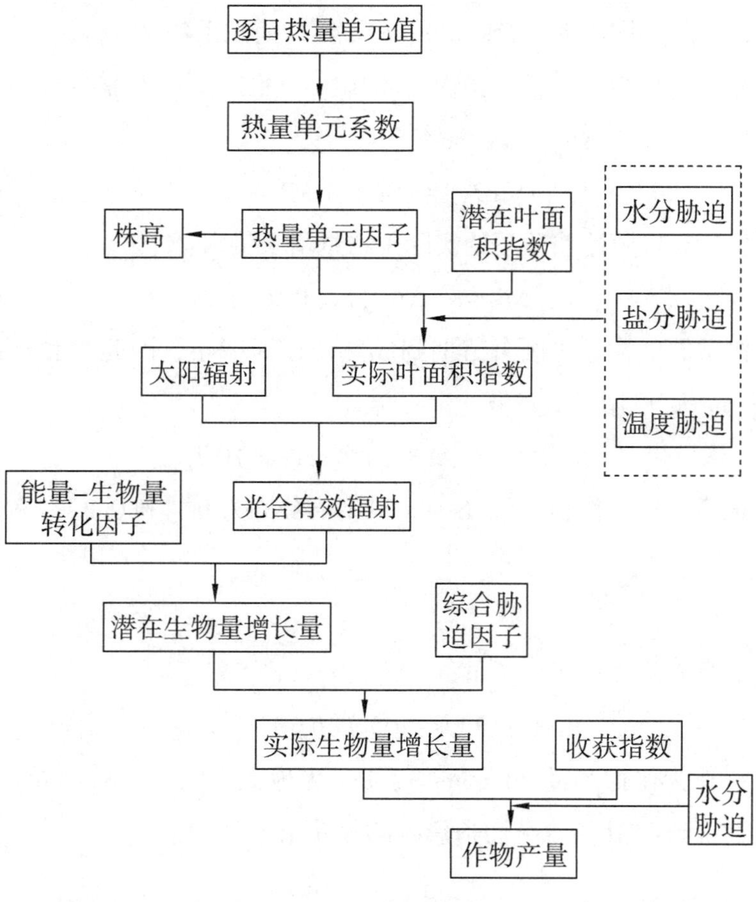

图 2-9　作物生长模拟计算过程

2.6 土壤水热盐动态与作物生长耦合模拟

农田中的土壤水分运动、盐分运移、热量迁移和作物生长动态并不是彼此独立的过程，它们在农田 SPAC 系统中是相互联系的，这为构建农田中水、热、盐迁移和作物生长的耦合模型提供了现实的基础。本研究以土壤水、盐、热动态运移的 Richards 方程、对流-弥散方程、热流方程和作物生长基本原理为基础，采用有限差分方法求解土壤水、盐、热耦合运移模型，并与作物生长模拟模型相结合，构建了模拟层状土条件下土壤水、热、盐运移和作物生长的耦合模型 LAWSTAC。该模型主要由 4 个子模块组成：水分运动模块、盐分运移模块、热量迁移模块和作物生长模块。模型中考虑了土壤的层状结构对土壤水盐运移和作物生长的影响，并对有限差分网格中的半节点参数采用了算术平均、几何平均、调和平均、间接算术平均、间接几何平均、间接调和平均、三点平均和迎风平均等 8 种不同的平均方式，为土壤水、热、盐运移和作物生长耦合模拟提供更多可供选择的数值模拟算法。耦合模型的基本框架及其相互联系如图 2-10 所示。

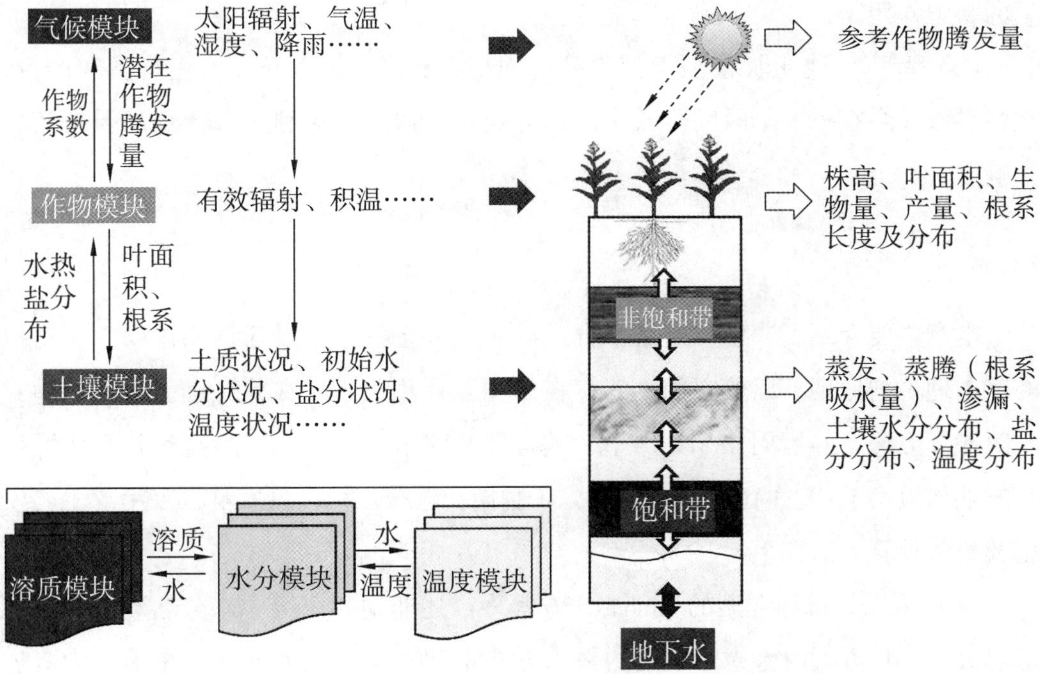

图 2-10　耦合模型基本框架

在模型模拟中，每一个时间段的主要模拟步骤包括：

（1）首先利用 Penman-Monteith 公式计算参考作物腾发量 ET_0，通过作物系数 K_c 计算作物潜在腾发量 ET_p，再利用作物模块计算的叶面积指数将 ET_p 分为潜在蒸发量 E_p 和潜在蒸腾量 T_p。

（2）根据土壤表层含水率和盐分浓度，计算土壤表层的实际蒸发速率 E_a，并作为土壤水分运动模拟的上边界条件；根据土壤内部的含水率和盐分分布，分别计算根系吸水的水分胁迫和盐分胁迫，并得到实际的根系吸水速率分布及实际蒸腾速率 T_a，作为土壤水分运动方程的源汇项。

（3）根据土壤水分运动模型迭代计算得到的土壤含水率和水流通量分布，可以求解对流-弥散方程和热流方程中与水分相关的参数和对流项。

（4）根据土壤盐分和温度模拟得到盐分和温度在土壤中的分布，进一步考虑土壤中盐分分布对作物根系吸水的影响。

（5）将作物实际蒸腾量 T_a 与潜在蒸腾量 T_p 的比值作为水盐综合胁迫因子，与通过大气温度计算得到气温胁迫因子一起，综合得到环境因子对作物生长和产量的胁迫作用。

（6）利用作物生长模型模拟得到叶面积、株高、根系长度、生物量和产量，这些参数又会在下一个时间步长中对水分运动、盐分运移和热量迁移的模拟产生影响。

2.7 小结

本章主要介绍了非饱和土壤水分运动、盐分运移、热量迁移和作物生长模拟的基本理论与原理，以及它们之间存在的相互作用关系。在此基础上，利用隐式有限差分方法，并运用 MATLAB 软件构建了模拟农田中水、热、盐运移和作物生长的耦合模型 LAWSTAC。该模型考虑了垂向土壤分层结构的影响，采用的主要模型及数值计算方法如下：

（1）采用一维混合型的 Richards 方程来描述非饱和土壤中水分运动过程，在求解 Richards 方程时考虑了不同的平均方式来计算半节点处的导水率值，为更加稳定和准确地计算层状土壤中的水分运动提供更多算法。

（2）利用一维的对流-弥散方程（CDE）来模拟土壤中盐分的运移过程，并利用一维的热流方程来模拟土壤中温度的分布与动态变化。

（3）作物生长的模拟指标包括叶面积指数、地上生物量、根系生长、产量等，是在积温和太阳辐射过程的基础上开展的，能够考虑土壤水分、盐分及温度对作物生长的胁迫作用。

参考文献

陈帅,毛晓敏,胡海珠.参数平均方式对层状夹砂土壤积水入渗数值模拟的影响[J].中国农业大学学报,2017,22(1):76-84.

冯杰,解河海,黄国如,等.土壤大孔隙流机理及产汇流模型[M].北京:科学出版社,2012.

康绍忠,刘晓明,张国瑜.作物覆盖条件下田间水热运移的模拟研究[J].水利学报,1993,(3):11-17.

雷志栋,杨诗秀,谢森传.土壤水动力学[M].北京:清华大学出版社,1988.

李保国,龚元石,左强.农田土壤水的动态模型及应用[M].北京:科学出版社,2000.

李军,邵明安,张兴昌,等.EPIC模型中作物生长与产量形成的数学模拟[J].西北农林科技大学学报(自然科学版),2004(S1):25-30.

毛晓敏,杨诗秀,雷志栋.叶尔羌灌区冬小麦生育期SPAC水热传输的模拟研究[J].水利学报,1998,(7):35-41.

彭振阳,郭会,伍靖伟,等.溶质势对地表蒸发速率的影响[J].水科学进展,2013,24(2):235-242.

尚松浩,毛晓敏,雷志栋,等.土壤水分动态模拟模型及其应用[M].北京:科学出版社,2009.

邵明安,黄明斌.土-根系统水动力学[M].西安:陕西科学技术出版社,2000.

童文杰,陈中督,陈阜,等.河套灌区玉米耐盐性分析及生态适宜区划分.农业工程学报,2012,28(10):131-137.

王福利.用数值模拟方法研究土壤盐分动态规律[J].水利学报,1991(1):1-9.

王水献,董新光,吴彬.干旱盐渍土区土壤水盐运动数值模拟及调控模式[J].农业工程学报,2012,28(13):142-148.

徐旭,黄冠华,黄权中.农田水盐运移与作物生长模型耦合及验证[J].农业工程学报,2013,29(4):110-117.

许迪.冬小麦-夏玉米种植模式下的农田水量平衡模拟及入渗补给规律分析[J].水利学报,1997(12):64-78.

杨建.西北地区覆膜春小麦田间水热传输机制与模拟研究[D].北京:中国农业大学,2019.

杨金忠,朱焱,查元源,等.地下水与土壤水运动数学模型和数值方法[M].北京:科学出版社,2016.

姚贤良,程云生.土壤物理学[M].北京:农业出版社,1986.

左强,王数.蒸发试验的模拟与分析[J].水利学报,1995(7):16-22.

Allen R G,Pereira L S,Raes D,et al. Crop evapotranspiration-guidelines for computing crop water requirements-FAO Irrigation and drainage paper 56 [M]. Rome:Food and Agriculture Organization of the UN,1998.

Celia M A,Bouloutas E T,Zarba R L. A general mass-conservative numerical solution for the unsaturated flow equation [J]. Water Resources Research,1990,26(7):1483-1496.

Chen S,Mao X,Barry D A,et al. Model of crop growth,water flow,and solute transport in layered soil [J]. Agricultural Water Management,2019,221:160-174.

Childs S W,Hanks R J. Model of soil salinity effects on crop growth [J]. Soil Science Soceity of America Journal,1975,39 (4):617-622.

Chung S O,Horton R. Soil heat and water flow with a partial surface mulch [J]. Water Resources Research,1987,23(12):2175-2186.

De Vries D A. Thermal Properties of Soils [M]. Amsterdam: North Holland Publishing Company,1963.

Feddes R A,Bresler E,Neuman S P. Field test of a modified numerical model for water uptake by root systems[J]. Water Resources Research,1974,10(6):1199-1206.

Gardner W R. Some steady-state solutions of the unsatured moisture flow equation with application to evaporation from a water-table[J]. Soil Science,1958,85(4):228-232.

Gasto J M,Grifoll J,Cohen Y. Estimation of internodal permeabilities for numerical simulation of unsaturated flows [J]. Water Resources Research,2002,38 (12),1326.

Hoffman G J,Van Genuchten M Th. Soil Properties and Efficient Water Use:Water Management for Salinity Control[M]. Madison,WI,USA:American Society of Agronomy,1983.

Maas E V,Hoffman G J. Crop salt tolerance-current assessment [J]. Journal of the Irrigation and Drainage Division,1997,103(2):115-134.

Millington R J,Quirk J P. Permeability of porous solids [J]. Transactions of the Faraday Society,1961,57,1200-1207.

Mualem Y. A new model for predicting the hydraulic conductivity of unsaturated porous media [J]. Water Resources Research,1976,12(3):513-522.

Richards L A. Capillary conduction of liquids through porous mediums [J]. Physics,1931,1(5):318-333.

Ritchie J T. Model for predicting evaporation from a row crop with incomplete cover [J]. Water Resources Research,1972,8(5):1204-1213.

Schnabel R R,Richie E B. Calculation of internodal conductances for unsaturated flow simulations: a comparison [J]. Soil Science Society of America Journal,1984,48(5):1012-1025.

Simunek J,van Genuchten M Th,Sejna M. The HYDRUS-1D software package for simulating the one-dimensional movement of water, heat, and multiple solutes in variably-saturated media version 4.0 [R]. Department of Environmental Sciences, University of California Riverside, California, 2005.

Szymkiewicz A, Helmig R. Comparison of conductivity averaging methods for one-dimensional unsaturated flow in layered soils [J]. Advances in Water Resources, 2011, 34(8): 1012-1025.

Uchijima Z, Udagawa T, Horie T, et al. The penetration of direct solar radiation into corn canopy and the intensity of direct radiation on the foliage surface [J]. Journal of Agricultural Meteorology, 1968, 24 (3): 141-151.

Van Genuchten M T, Hoffman G J. Analysis of crop salt tolerance data [J]. Ecological Studies Analysis & Synthesis, 1984, 51(3): 258-271.

Van Genuchten. A closed-form for predicting the hydraulic conductivity of unsaturated soils [J]. Soil Science Society of America Journal, 1980, 44(5): 892-898.

Williams J R, Jones C A, Kiniry J R, et al. The EPIC crop growth model [J]. Transactions of the ASAE, 1989, 32(2): 497-511.

第3章

在层状土壤条件下 LAWSTAC 模型评价

针对第 2 章中建立的农田中水、热、盐运移和作物生长耦合模型 LAWSTAC，本章将 LAWSTAC 模型模拟结果与其他模型模拟结果及室内、田间试验观测结果进行对比，以对 LAWSTAC 模型进行验证和优势评价。验证和评价分为三部分：一是通过采用算术、几何和三点平均方式去估算半节点处导水率，模拟多层（>10 层）土壤中的水分入渗过程，进一步评价这 3 种参数平均方式对多层土壤水分运动模拟的效果；二是与广泛使用的 HYDRUS-1D 模型和 SWAP 模型进行模拟比较，验证耦合模型 LAWSTAC 模拟农田层状土壤中水、盐运移和作物生长过程的可靠性，并评价其优势；三是利用在西北干旱区开展的土壤水、热运移和作物生长的大田试验，验证 LAWSTAC 模型的土壤水热运移和作物生长模块在干旱区的适用性。

3.1 多层土壤水分运动数值模拟中半节点参数平均方式的评价

3.1.1 评价方法

层状土壤中水分运动的模拟易出现精度低和数值稳定性差的问题，其中重要的是半节点导水率等水力参数的估算问题。很多研究比较分析了算术平均、几何平均等多种半节点导水率平均方式的影响，发现其对层状土壤中水分运动模拟具有较高的模拟精度和数值稳定性，但往往土壤层数较少。为进一步评价算术平均、几何平均、三点平均在多层（大于 10 层）土壤结构中对土壤水分运动模拟的效果，利用 LAWSTAC 模型对 Hills 等（1989）开展的大型土柱入渗试验进行了模拟分析。试验采用壤砂土和黏壤土，两种土壤的水力特性参数见表 3-1，两种土壤交替填装于直径 94.7 cm、高度 610 cm 的土柱中。其中，填装土柱高度 585 cm，共 29 层，每层厚度 20 cm 左右；壤砂土的初始含水率 0.029 cm^3/cm^3，黏壤土的初始含水率 0.107 cm^3/cm^3；上边界入渗流量 2.314 cm/d，下边界为自由排水；试验入渗 56 d。模拟中初始条件、边界条件与试验条件保持一致，并采用了 1 cm 和 4 cm 两种空间离散步长。将 LAWSTAC 模型在不同参数平均方式和空间步长下模拟的土壤水分分布与实测值进行对比分析，探讨半节点导水率估算方法对模拟效果的影响。

表 3-1　土壤水力特性参数

土壤类型	θ_r (cm^3/cm^3)	θ_S (cm^3/cm^3)	α (1/cm)	n (-)	l (-)	K_S (cm/d)
壤砂土	0.028 6	0.365 8	0.028	2.239	0.5	541
黏壤土	0.106	0.468 6	0.010 4	1.395 4	0.5	13.1

3.1.2　评价结果

图 3-1（彩插）分别给出了半节点导水率的算术平均（AC）、几何平均（GC）和三点平均（TC），在不同空间步长下计算的多层土壤含水率分布与实测结果的对比情况。从图 3-1a 可以看出，当模拟空间网格划分较细（1 cm）时，算术平均、几何平均和三点平均方法计算的土壤含水率值均较好地描述了入渗后土壤含水率的剖面分布，且不同参数平均方式下计算的土壤含水率与相同条件下的文献参考值基本一致。当模拟空间网格较粗时（图 3-1b），算术平均、几何平均和三点平均方式下计算的土壤湿润锋较文献参考值稍大，但与实测值相比，3 种参数平均方式下计算的土壤含水率误差仍然较小，分别为 12.0%、10.1% 和 10.8%，其中几何平均方法模拟的土壤含水率结果与实测值最为接近。

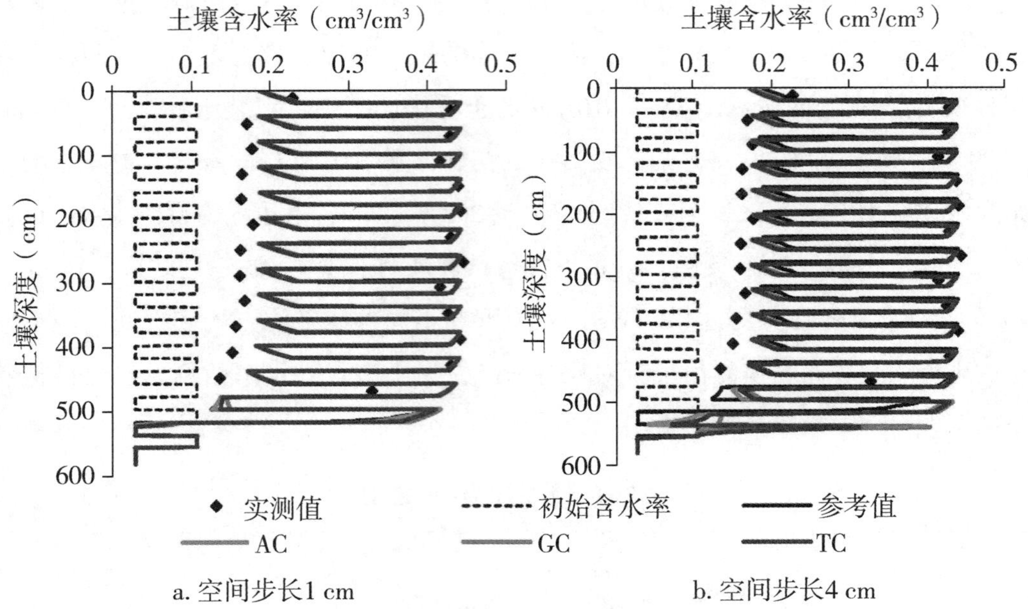

注：模拟中半节点导水率分别采用了算术平均（AC）、几何平均（GC）和三点平均（TC）

图 3-1　多层土壤定流量入渗 56 d 后剖面含水率的实测值与模拟值

根据算术平均（AC）、几何平均（GC）和三点平均（TC）在不同空间步长（1 cm 和 4 cm）下模拟多层土壤水分入渗 56 d 的计算时间（图 3-2），可以看出适当增加空间步长，这 3 种参数平均方式（尤其是几何平均）均能够大幅缩短模拟计算时间，从而提高模型对多层土壤水分运动模拟的效率。因此，对于多层土壤水分运动的模拟，适当采用较粗的空间网格，算术平均、几何平均和三点平均等 3 种半节点参数平均方式能够提高模型的计算效率，同时具有较好的计算准确性。其中，几何平均在多层土壤含水率的计算精度和效率方面表现更佳。

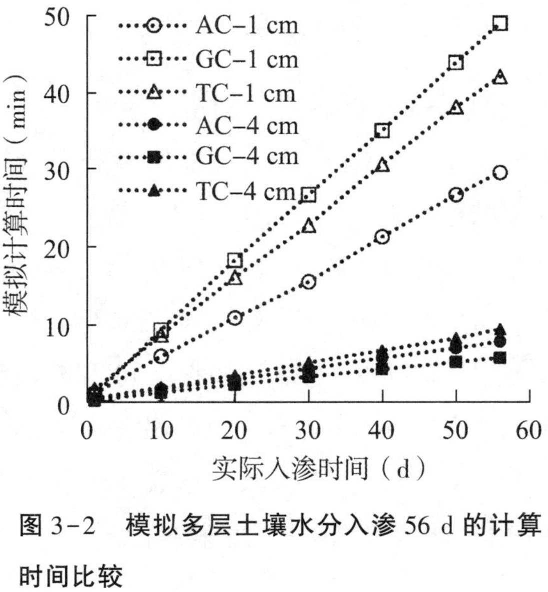

图 3-2　模拟多层土壤水分入渗 56 d 的计算时间比较

3.2 LAWSTAC、HYDRUS-1D 和 SWAP 模型模拟结果的对比分析

3.2.1 不同模型模拟结果的比较方法

为进一步评价 LAWSTAC 模型对田间土壤中水盐动态及作物生长过程的模拟效果，本研究将 LAWSTAC 模型与常用的 HYDRUS-1D 和 SWAP 模型在相同条件下的模拟结果进行比较分析。模型比较中选用 HYDRUS-1D 和 SWAP 模型主要有 3 个原因：一是土壤水分运动和盐分运移的模拟都分别采用 Richards 方程和对流-弥散方程；二是根系实际吸水速率的估算中都可采用 Feddes 模型计算水分胁迫；三是模型都可用于层状土壤的模拟。3 个模型具体的算法和结构如表 3-2 所示。

表 3-2　SWAP、HYDRUS-1D 和 LAWSTAC 模型的算法和结构对比

项目	内容	SWAP	HYDRUS-1D	LAWSTAC
数值方法	土壤水分	隐式有限差	隐式有限元	隐式有限差
	土壤盐分	显式有限差	隐式有限元	隐式有限差
土壤水分模拟	参数平均方式	2	1	8
	根系吸水	Y	Y	Y
盐分运移模拟	蒸发盐分胁迫	N	N	Y
作物生长模拟	叶面积指数	Y	N	Y
	株高	Y	N	Y
	生物量	Y	N	Y
	产量	Y	N	Y
	根系生长	Y	N	Y
	实际蒸腾量	Y	Y	Y
	光合作用	Y	N	N

注：Y 代表“是”，N 代表“否”。

为了进行模型比较，本研究统一采用收集的黄河上游引黄灌区春小麦田间试验资料（2007 年和 2008 年）（叶德智，2008；Xu 等，2013）进行模拟。试验站（北纬 39°04′，东经 116°39′，海拔高程 1 092 m）位于宁夏回族自治区惠农灌区，地处黄河冲积平原，属大陆性季风气候，多年平均气温为 11.5 ℃，一年中无霜期

达 140 d，年均日照时数为 2 870~3 080 h。由于年均蒸发皿蒸发量达到 1 500~2 100 mm，而年均降雨量仅为 180~220 mm，因此，当地农业生产主要依赖于引黄灌溉。长期过量灌溉和排水不畅导致地下水位较浅（0.5~2.5 m），并在强烈蒸发条件下土壤含盐量较高。试验区的土壤剖面具有层状结构，由砂壤土和粉壤土组成。

基于在 2007 年和 2008 年开展的春小麦种植试验，统计了春小麦种植期间的土壤水盐动态和作物生长指标（叶面积、生物量和产量）数据。这两年春小麦的播种和收获时间分别为 3 月 16 日和 7 月 11 日，试验中设置了 3 个小区作为重复。每个小区的灌溉用水为引黄河水，年内平均矿化度为 0.5 g/L，属于淡水。春小麦的灌溉制度与当地保持一致，2007 年 5 月 3 日、5 月 24 日、7 月 6 日分别灌水 135 mm、90 mm、90 mm，2008 年 5 月 3 日、5 月 24 日、6 月 29 日分别灌水 135 mm、90 mm、90 mm。地下水位通过试验地附近的观测井进行观测，每 10 天观测一次，该地区的地下水位较浅，平均矿化度为 1.2 g/L，属于微咸水。在强烈蒸发作用下，该地区农田普遍存在土壤盐渍化的问题。

试验中监测指标包括土壤物理特性、地下水位、地下水矿化度、不同深度土壤中水盐动态、叶面积变化、春小麦产量等，详细的试验过程及监测方法参考叶德智（2008）和 Xu 等（2013）文献。

同时为了使 LAWSTAC、HYDRUS-1D 和 SWAP 3 个模型的模拟结果具有可比性，需要使 3 个模型的初始条件、边界条件、共有参数（如土壤水力参数和溶质参数）等保持一致。因此，在土壤水盐的动态模拟中，3 个模型采用相同的土壤水力参数和溶质迁移参数。为了确保 3 个模型具有相同的大气蒸发能力，均采用参考作物腾发量乘以作物系数的方法计算作物潜在腾发量。在根系生长模拟方面，由于 SWAP 假设根长随时间线性变化，所以另外两个模型也采用相同的根系生长模式。在根系随土壤深度的分布变化方面，由于 HYDRUS-1D 采用分段线性分布模式（式 2-37）来模拟，所以 LAWSTAC 和 SWAP 也使用相同的函数。3 个模型都分别采用 Feddes 模型（式 2-30）和 Maas -Hoffman 模型（式 2-33）来分别计算根系吸水的水分胁迫和盐分胁迫。潜在蒸发和潜在蒸腾的计算需要用到作物的叶面积指数，但由于 HYDRUS-1D 不能模拟叶面积变化，所以 HYDRUS-1D 模型中输入的叶面积指数取自 SWAP 和 LAWSTAC 两个模型模拟的叶面积指数平均值。3 个模型均采用算术平均方法来计算半节点处的导水率值。模拟中上边界条件均采用大气边界，下边界采用随着地下水位变化的变水头边界。

LAWSTAC、HYDRUS-1D 和 SWAP 模型的输入参数如表 3-3 所示。其中作物生长指标（如最大株高、最大根长、最大叶面积指数等）由试验实测得到，作物参数、根系吸水胁迫参数初始值从 Williams 等（1989）、Wesseling 等（1991）和 Zhou 等（2012）文献中获得。不同土层的土壤水力参数和溶质运移参数初始值参考 Xu 等（2013）文献获得（表 3-4）。3 个模型的输入参数用 2007 年实测的土壤各层含水率、盐分浓度、叶面积指数和产量来率定，率定后的模型及参数进一步用 2008 年的试验实测数据验证。在模型率定和验证过程中，模型模拟的评价指标采用均方根误差（root mean square error，RMSE）、平均相对误差（mean relative error，MRE）和赤池信息量准则（Akaike information criterion，AIC）。

$$\mathrm{RMSE}=\sqrt{\frac{1}{N}\sum_{i=1}^{N}(P_i-O_i)^2} \qquad (式\ 3-1)$$

$$\mathrm{MRE}=\frac{1}{N}\sum_{i=1}^{N}\frac{P_i-O_i}{O_i}\times100\% \qquad (式\ 3-2)$$

$$\mathrm{AIC}=2n_p+n_S\ln\left(\frac{\mathrm{RSS}}{n_S}\right) \qquad (式\ 3-3)$$

式中，P_i 和 O_i（$i=1, 2, \cdots, N$）分别为模拟值和实测值，N 为实测值数目，n_p 为模型中需要率定参数的数目，n_S 为试验中测量指标的样本数，RSS 为模拟值与实测值的残差平方和。其中，RMSE 和 MRE 越接近于 0 表示模型模拟精度较高，AIC 越小表示模型的模拟效率越高。

表 3-3　SWAP、HYDRUS-1D 和 LAWSTAC 模型的输入参数及其取值

参数名称	参数意义（单位）	取值
通用参数		
θ_r	土壤残余含水率（cm^3/cm^3）	表 3-4
θ_S	土壤饱和含水率（cm^3/cm^3）	表 3-4
K_S	土壤饱和导水率（cm/d）	表 3-4
α	土壤进气值的倒数（1/cm）	表 3-4
l	孔隙关联度参数（-）	表 3-4
n	土壤特性的经验形状参数（-）	表 3-4
D_L	溶质纵向扩散度（cm）	表 3-4

（续表）

参数名称	参数意义（单位）	取值
D_0	溶质在自由水体中的分子扩散通量（cm^2/d）	表 3-4
L_c	作物生育期长度（d）	118
T_b	作物生长的基点温度（℃）	2
T_0	作物生长的最适温度（℃）	20
h_{max}	最大株高（cm）	96
RD_{max}	最大根长（cm）	100
h_1	作物厌氧点（cm）	-0. 1
h_2	根系吸水不受水分胁迫影响的土壤基质势上限（cm）	-1
h_3^H	在高潜在蒸腾速率下根系吸水不受水分胁迫影响的土壤基质势下限（cm）	-500
h_3^L	在低潜在蒸腾速率下根系吸水不受水分胁迫影响的土壤基质势下限（cm）	-900
h_4	作物凋萎点对应的土壤基质势（cm）	-16 000
r_H	潜在蒸腾速率高临界值（cm/d）	0. 5
r_L	潜在蒸腾速率低临界值（cm/d）	0. 1
SWAP 参数		
TSUM1	从出苗到开花的累积积温（℃）	857. 0
TSUM2	从开花到成熟的累积积温（℃）	737. 0
RGRLAI	叶面积指数的最大变化速率（$m^2\ m^{-2}\ d^{-1}$）	0. 01
LAIEM	出苗时的叶面积指数（m^2/m^2）	0. 02
SPAN	最优条件下叶片的生命周期（d）	14. 5
LT	叶片衰老的下限温度（℃）	1. 5
IDW	作物初始干重（kg/ha）	40. 0
AMAX	叶片对 CO_2的最大同化速率（$kg\ ha^{-1}\ h^{-1}$）	40. 0
EFFTB	单叶同化的光能利用效率（$kg\ ha^{-1}\ h^{-1}\ J^{-1}\ m^2\ s$）	0. 55
KDIR	直射光的消光系数（-）	0. 55
KDIF	漫射光的消光系数（-）	1. 0

（续表）

参数名称	参数意义（单位）	取值
CVO	果实的分配系数（kg/kg）	0.89
CVS	茎秆的分配系数（kg/kg）	0.74
CVL	叶片的分配系数（kg/kg）	0.70
CVR	根系的分配系数（kg/kg）	0.75
RMO	果实的呼吸速率（kg CH_2O kg^{-1} d^{-1}）	0.003
RMS	茎秆的呼吸速率（kg CH_2O kg^{-1} d^{-1}）	0.015
RML	根系的呼吸速率（kg CH_2O kg^{-1} d^{-1}）	0.01
RMR	叶片的呼吸速率（kg CH_2O kg^{-1} d^{-1}）	0.02
Q10	温度每变化10℃呼吸速率的相对变化（-）	2.0
PERDL	由于水分胁迫导致的叶片最大死亡速率（1/d）	0.01
RRI	根长日最大变化量（cm/d）	1.3
RDI	初始根长（cm）	5
PIC	冠层截留系数（-）	0.25
EC_{max}	开始产生盐分胁迫的土壤饱和浸提液的电导率阈值（dS/m）	6
EC_{slop}	盐分胁迫作用下根系吸水速率的下降斜率（% m/dS）	4
S_r	根系对溶质的相对吸收速率（-）	0
HYDRUS-1D 参数		
β	消光系数（-）	0.55
Threshold	开始产生盐分胁迫的土壤溶液的电导率阈值（dS/m）	12
slop	盐分胁迫作用下根系吸水速率的下降斜率（% m/dS）	2
Ose. Coeff.	土壤溶液浓度转化为溶质势的系数（-）	400
hCritA	土壤蒸发速率不受水分胁迫的地表基质势临界值（cm）	-10 000
LAWSTAC 参数		
BE	生物量-能量转化参数（kg m^2 ha^{-1} MJ^{-1}）	29
LAI_{max}	潜在最大叶面积指数（m^2/m^2）	7.1

（续表）

参数名称	参数意义（单位）	取值
LAI_0	实际最大叶面积指数（m^2/m^2）	5.7
HUI_0	从播种至叶面积开始下降阶段占总生长期的比例（-）	0.5
ah_1	方程（2-101）中的作物参数（-）	10.02
ah_2	方程（2-101）中的作物参数（-）	50.95
β	消光系数（-）	0.55
L_r	叶面积下降速率（-）	1.8
HI	收获指数（-）	0.46
PHU	作物成熟所需最大热量单位（℃）	1 800
EC_{sat}	开始产生盐分胁迫的土壤饱和浸提液的电导率阈值（dS/m）	6
EC_{slop}	盐分胁迫作用下根系吸水速率的下降斜率（% m/dS）	4
k_{sp}	蒸发胁迫参数（-）	0
θ_1	蒸发胁迫的低临界含水率（cm^3/cm^3）	0.08
θ_2	蒸发胁迫的高临界含水率（cm^3/cm^3）	0.2

表 3-4　SWAP、HYDRUS-1D 和 LAWSTAC 模型中土壤水力参数和溶质运移参数

深度（cm）	θ_r（cm^3/cm^3）	θ_S（cm^3/cm^3）	α（L/cm）	n（-）	l（-）	K_S（cm/d）	D_L（cm）	D_0（cm^2/d）
0~30	0.02	0.40	0.02	1.35	0.5	14.0	20	
30~81	0.02	0.41	0.015	1.39	0.5	13.0	20	
81~103	0.01	0.38	0.018	1.35	0.5	10.0	20	
103~140	0.01	0.45	0.013	1.26	0.5	7.0	20	
>140	0.01	0.41	0.02	1.25	0.5	10.0	20	5.5

3.2.2　模型模拟结果比较

SWAP、HYDRUS-1D 和 LAWSTAC 3 个模型模拟比较的内容，包括土壤蒸发量、作物蒸腾量、土壤含水率、土壤盐分浓度、叶面积指数和生物量。由于 HYDRUS-1D 模型不能模拟地上作物生长过程，所以只对 SWAP 和 LAWSTAC 模型进行了作物生长指标的模拟对比（图 3-3~图 3-6）。

3.2.2.1 土壤蒸发和作物蒸腾

图 3-3（彩插）给出了 3 个模型对累积实际蒸发量和累积实际蒸腾量的模拟结果，由于试验中无实测的蒸发和蒸腾数据，因此只对 3 个模型的模拟结果进行了比较分析。其中累积蒸发量的模拟结果表明 3 个模型的模拟值具有相似的变化趋势，数值有少许差异，SWAP 模拟的实际蒸发量最大，LAWSTAC 模拟的实际蒸发量最小（图 3-3a）。这种差异主要是由于 3 个模型计算实际蒸发速率的算法不同。对于 HYDRUS-1D 模型，当土壤表层的基质势大于给定临界值时，土壤实际蒸发速率等于潜在蒸发速率，达到临界值后上边界变为定水头边界并按照达西定律计算实际土壤蒸发速率；在 SWAP 模型中，实际蒸发速率等于潜在蒸发速率和达西流速之间的最小值；LAWSTAC 模型根据土壤表层含水率，采用蒸发三阶段函数（式 2-43）来计算土壤实际蒸发速率。

3 个模型模拟的累积实际蒸腾量差异较小（图 3-3b），这是因为 3 个模型中实际蒸腾速率都是由潜在蒸腾速率乘以土壤水盐胁迫系数得到，其中水分胁迫系数均是利用 Feddes 模型（式 2-30）计算得到，盐分胁迫系数根据 Maas-Hoffman 模型（式 2-33）计算得到。

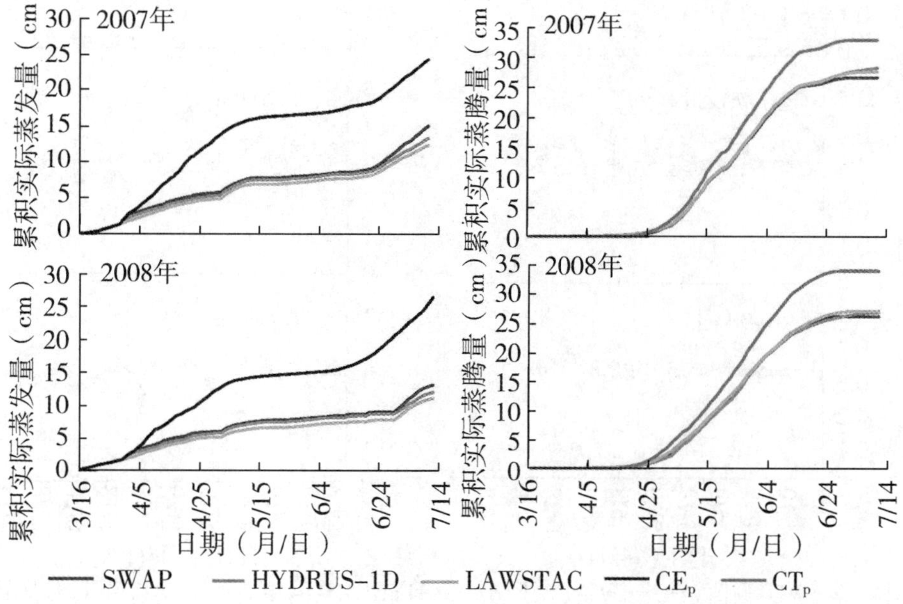

注：CE_p 为累积潜在蒸发量，CT_p 为累积潜在蒸腾量。

图 3-3 SWAP、HYDRUS-1D、LAWSTAC 模型模拟的 2007 年和 2008 年作物生育期内累积实际蒸发量和累积实际蒸腾量

3.2.2.2　土壤含水率

SWAP、HYDRUS-1D 和 LAWSTAC 模型在率定期（2007 年）和验证期（2008 年）模拟的各层土壤含水率及实测含水率对比如图 3-4 所示（彩插）。3 个模型模拟的不同深度处土壤含水率差异较小，且均与实测含水率吻合较好。尽管 SWAP、HYDRUS-1D 和 LAWSTAC 模型采用了不同算法求解水分运动的 Richards 方程（HYDRUS-1D 模型采用有限元法，SWAP 和 LAWSTAC 模型采用有限差分法），但它们均采用了全隐式的计算方法来提高迭代过程中的收敛性，因此，3 个模型通过迭代计算都可以得到稳定和准确的土壤含水率数值解。

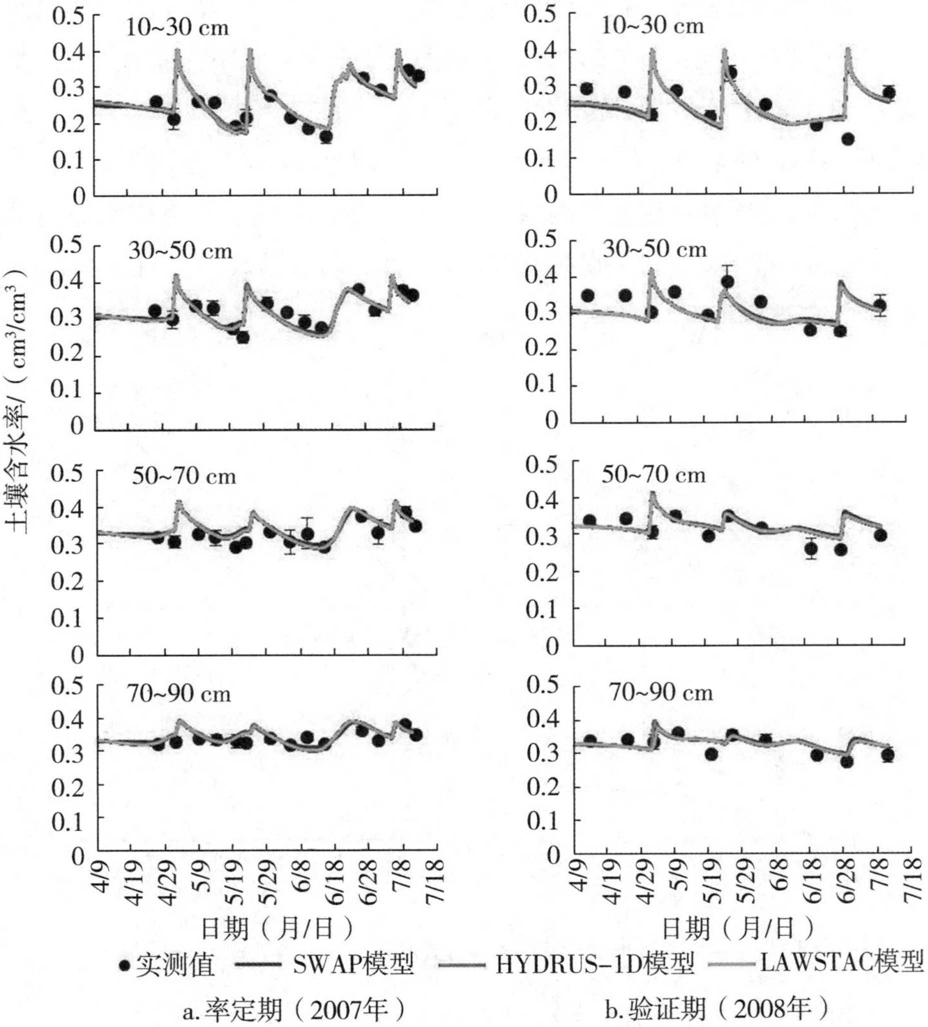

图 3-4　SWAP、HYDRUS-1D 和 LAWSTAC 模型模拟的不同深度土层中含水率与实测值对比

同时，对3个模型模拟的土壤含水率进行了定量化分析，计算了不同模型模拟的土壤含水率与实测值的RMSE和MRE。3个模型精度指标接近，在率定和验证过程中RMSE的值分别为0.02 cm^3/cm^3和0.06 cm^3/cm^3，MRE的值分别小于0.91%、8.21%。结果表明SWAP、HYDRUS-1D和LAWSTAC模型在田间层状土壤条件下的含水率模拟效果均较好。

3.2.2.3　土壤盐分

SWAP、HYDRUS-1D和LAWSTAC模型模拟的2007年和2008年生长季的各层土壤盐分浓度变化如图3-5所示（彩插），不同深度处的土壤盐分浓度模拟值

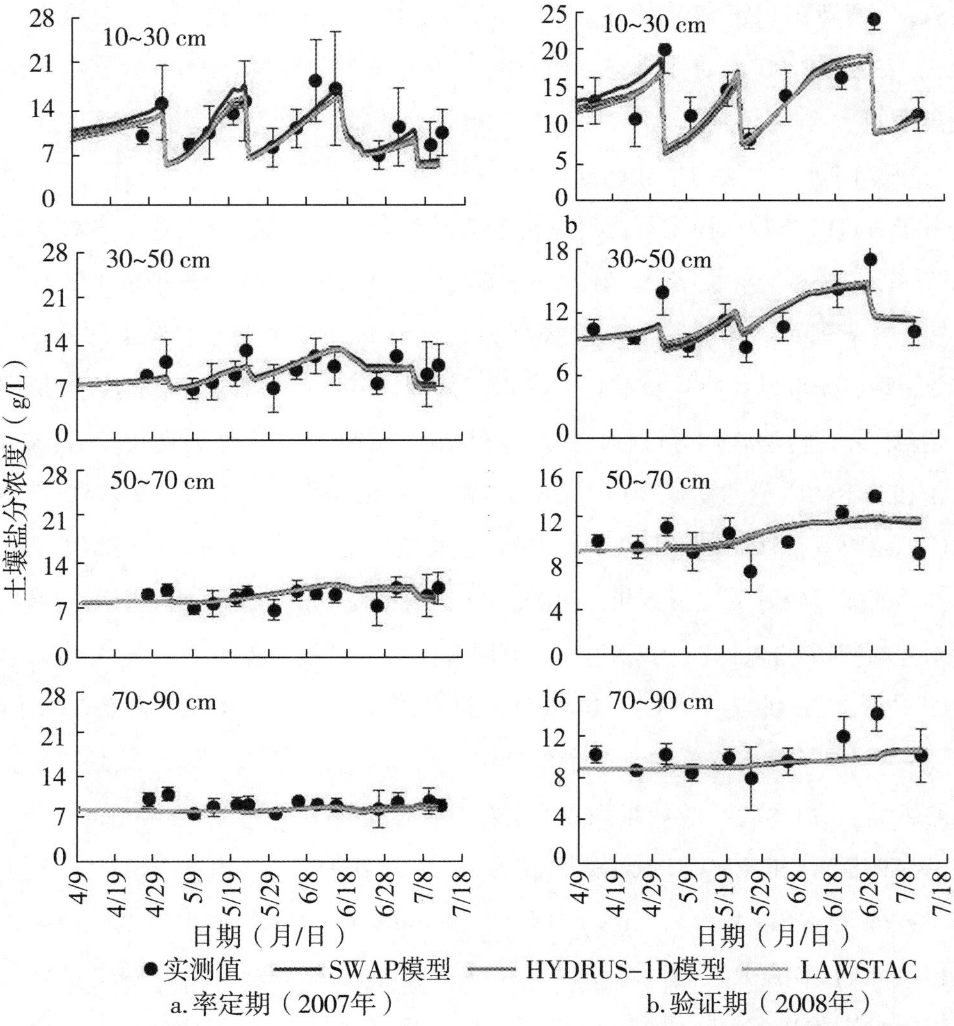

图3-5　SWAP、HYDRUS-1D和LAWSTAC模型模拟的不同深度土层中的盐分浓度与实测值对比

与实测值符合较好。3 个模型模拟的深层土壤中（30~90 cm）盐分浓度差异较小，而 SWAP 模拟的浅层土壤中（10~30 cm）盐分浓度较其他两个模型有一定的波动。这是由于 3 个模型求解盐分运移的对流-弥散方程的算法离散格式不同，HYDRUS-1D 和 LAWSTAC 采用隐式离散方式求解，具有较好的收敛稳定性；SWAP 采用显式离散方式求解，收敛性需要空间步长满足一定的要求。尽管 SWAP 实现了对层状土壤中盐分浓度的模拟，但显式离散格式在强异质层状土壤中对溶质的模拟，可能会产生一些数值不稳定问题。

根据 3 个模型模拟的土壤盐分浓度的评价指标，证明 SWAP、HYDRUS-1D 和 LAWSTAC 模型在率定和验证过程中模拟的土壤盐分浓度与实测值的 RMSE 为 1.59~3.73 g/L，MRE 为-4.41%~1.40%，表明模型对层状土壤中盐分浓度的模拟是合理的。

3.2.2.4　LAI、生物量和产量

由于 HYDRUS-1D 模型不能模拟地上作物生长过程，我们只对比了 SWAP 模型和 LAWSTAC 模型的模拟结果。在率定和验证过程中，两个模型模拟的 LAI 和干物质量如图 3-6 所示（彩插）。SWAP 模型和 LAWSTAC 模型均通过作物冠层截获的太阳有效辐射，来驱动作物生长过程的模拟。其中，SWAP 模型在作物生长模拟中考虑了光合作用、呼吸作用等过程，模拟过程要比 LAWSTAC 模型更复杂。尽管如此，在 LAI 和总干物质量的变化规律方面，LAWSTAC 模型仍然得到了与 SWAP 模型相近的模拟结果（图 3-6）。因此，可以用较少的数据去驱动 LAWSTAC 模型中的作物模块，并能取得较好的模拟效果。另外，与 LAI 实测值相比，两个模型均能够较好地刻画叶面积指数的变化，SWAP 模型模拟 LAI 的均方根误差 RMSE 为 0.43~0.46，平均相对误差 MRE 为 3.88%~14.86%，而 LAWSTAC 模型 RMSE 为 0.29~0.43、MRE 为-0.27%~13.57%。由于两个模型中作物模块模拟原理的差异及其特有作物参数的影响，LAI 和总干物质量在数值上存在少许差异。

SWAP 模型和 LAWSTAC 模型在率定期（2007 年）模拟的产量分别为 4 610 kg/ha 和 4 619 kg/ha，比实测值（4 600 kg/ha）稍大，两个模型模拟产量与实测值之间的 MRE 分别为 0.21%和 0.41%。在验证期（2008 年）两个模型的产量模拟值分别为 4 423 kg/ha 和 4 372 kg/ha，与实测值（4 771 kg/ha）差异也较小，模拟产量与实测值之间的 MRE 分别为 7.29%和 8.36%。结果表明，LAWSTAC 模型可较好地应用于作物生长过程及产量的模拟。

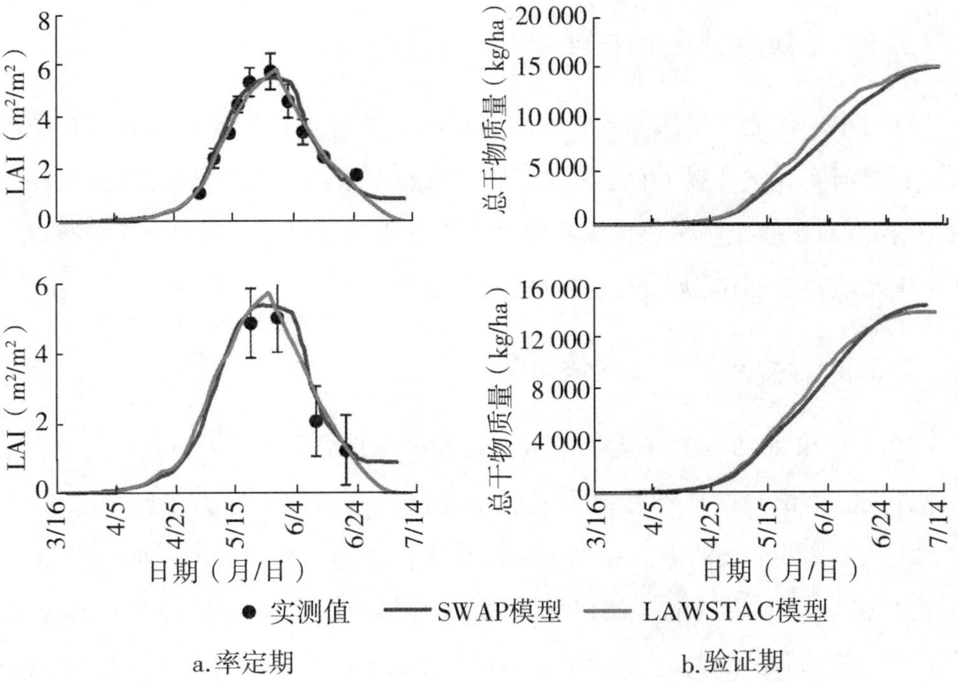

图 3-6 SWAP、LAWSTAC 模型在率定期和验证期模拟的叶面积指数 LAI、总干物质量与实测值对比

3.2.2.5 模型效率评价

由于 HYDRUS-1D 模型不能模拟地上作物生长过程，模型效率评价只针对 SWAP 和 LAWSTAC 两个模型开展。在土壤水分、盐分和作物生长的耦合模拟中，SWAP 模型和 LAWSTAC 模型中的率定参数分别有 77 个和 50 个，如表 3-5 所示，SWAP 模拟的土壤含水率、盐分浓度和叶面积指数的 AIC 值都比 LAWSTAC 模型的模拟结果要大，表明 LAWSTAC 模型的模拟参数效率更高，减小了多参同效作用发生的可能性。因此，LAWSTAC 模型更便于在数据资料较少的地区应用。

表 3-5 SWAP 和 LAWSTAC 模型模拟的土壤含水率、盐分浓度和叶面积指数的 AIC（-）值

时期	模型类型	土壤含水率（cm^3/cm^3）	盐分浓度（g/L）	LAI（m^2/m^2）
率定期（2007 年）	SWAP	-243.8	205.1	138.3
	LAWSTAC	-297.9	151.7	76.7
验证期（2008 年）	SWAP	-65.2	259.3	147.2
	LAWSTAC	-122.0	201.6	80.2

3.3　土壤水热传输与作物生长试验及模拟研究

针对中国西北石羊河流域农田水热状况与作物生长的相互关系，在中国农业大学石羊河实验站开展了春小麦生长特性及土壤水热动态的试验监测。利用 LAWSTAC 模型对田间土壤水热传输和作物生长过程进行模拟，评价了 LAWSTAC 模型在土壤水热动态和作物生长过程的耦合模拟效果。

3.3.1　试验设计与方法

2014 年和 2015 年春小麦种植试验在我国西北干旱区的中国农业大学石羊河试验站开展。该试验站位于甘肃省武威市凉州区，地理坐标为东经 102°50′、北纬 37°52′，海拔高度 1580 m。春小麦品种是永良 4 号，播种和收获时间分别为 2014 年 3 月 24 日与 7 月 24 日，2015 年 3 月 21 日与 7 月 20 日，播种方向为南北穴播，穴距 12 cm，行距 15 cm，试验小区面积为 41. 25 m^2（5. 5 m×7. 5 m）。试验设置两种水处理（W1 和 W2），其中 W1 代表当地的灌溉定额，W2 代表当地灌溉定额的 50%；W1 处理为充分灌溉，而 W2 为亏水灌溉；每种处理设置 3 个重复，具体的灌溉制度如表 3-6 所示。试验为畦灌，灌溉水为当地地下水，地下水矿化度约为 0. 5 g/L，灌溉中用水表记录并控制灌溉用水量，田间其他管理措施与当地保持一致。

表 3-6　2014 年和 2015 年春小麦的灌溉制度

年份	日期（月/日）	W1 灌水量（mm）	W2 灌水量（mm）	年份	日期（月/日）	W1 灌水量（mm）	W2 灌水量（mm）
2014	5/12	90. 6	45. 3	2015	5/1	105. 0	52. 5
	6/2	90. 6	45. 3		5/21	112. 0	56. 0
	6/22	90. 6	45. 3		6/18	112. 0	56. 0
	7/7	67. 9	34. 0				

为了调查试验地的土壤物理性质，在试验地开挖了两个深度为 1. 5 m 的土壤垂向剖面，距地面 1 m 土层内土壤取样间隔为 20 cm，1 m 以下土层取样间隔为 50 cm，在每个取样点用环刀取 100 cm^3 原状土，测定土壤的干容重和田间持水量。同时取一定量的扰动土样，测定土壤的粒径分布（激光粒度仪，MS2000）。根据

试验测量结果，通过将粒径分布相似的土壤层合并，研究区的土壤垂向剖面可分为三层，其土壤物理性质如表 3-7 所示。

表 3-7 田间试验土壤的物理性质

土层深度（cm）	黏粒含量（%）	粉粒含量（%）	砂粒含量（%）	土壤质地	干容重（g/cm^3）	田间持水量（cm^3/cm^3）
0~40	9.9	61.5	28.6	粉壤土	1.51	0.29
40~100	12.5	67.6	19.9	粉壤土	1.49	0.33
100~150	4.3	33.4	62.3	砂壤土	1.57	0.26

在试验过程中，土壤含水率采用 Trime-TDR 时域反射仪测定。在每个试验小区中间埋设一根 Trime 管，埋设深度为 1.8 m，每隔 7~10 d 测定一次土壤含水率，并分别在灌溉前后和降雨后加测，测量深度分别为 10 cm、30 cm、50 cm、70 cm、90 cm、110 cm、130 cm 和 150 cm。

在两个水分处理中各选择一个小区埋设土壤温度探头（HZ-TJ1），埋设深度为 10 cm、20 cm、40 cm、80 cm 和 120 cm，数据采集设备每隔 1 h 自动记录一次温度数据。

从春小麦出苗到收获期间，对叶面积指数（LAI）、干物质等作物生长指标进行监测，在作物成熟后测定作物产量及其构成。其中 LAI 每隔 7~10 天测量一次，采用叶面积仪（SunScan，UK）进行测量，每个小区重复测量 3 次，取其平均值作为叶面积指数的实测值。干物质每隔 15 天取样一次，采用烘干称重法测量，每个小区取 5 株中等长势的小麦（仅地上部分），在实验室烘箱烘干至恒重，测定其干物质量。小麦产量采用人工收割的方式测量，在每个小区随机划定两个 1 m^2 的取样点，分别测定其株数、穗粒数和千粒重。

试验期间的气象数据由标准气象站（HOBO H21-001，Oneset Computer Corp，Cape Cod MA，USA）进行连续监测，监测时间间隔为 0.5 h，监测要素包括太阳辐射量、气温、相对湿度、风速和降雨量。

3.3.2 模型输入和评价方法

在田间土壤水热传输和作物生长过程的模拟中，模拟区域为地表以下 0~120 cm。根据研究区的土壤质地分布（表 3-7），土壤剖面分为 3 层，共离散为

121个节点，节点间距均为1 cm。土壤剖面上含水率和温度的初始分布，根据作物生育期内第一次剖面实测值来确定。对于土壤水分运动的模拟，采用由降雨、灌溉和蒸发等条件控制的大气边界作为上边界，由于研究区地下水位较深，模拟下边界采用自由排水边界。对于土壤温度的模拟，模型上边界和下边界均采用给定温度的第一类边界，其中下边界温度为温度探头监测的实测值；对于上边界温度，由于本研究未监测土壤表面温度，采用经验公式确定。根据赵引等（2018）的研究结果，土壤表层温度与气温具有较好的相关关系，本研究拟用此方法对不同水分处理下10 cm、20 cm和40 cm深度处土壤温度与气温进行回归，其回归方程如下：

W1处理：$Y=1.659-0.0214X_1+0.7998X_2-0.0015X_1X_2$，（$R^2=0.79$）（式3-4）

W2处理：$Y=5.075-0.0151X_1+0.6097X_2-0.0015X_1X_2$，（$R^2=0.77$）（式3-5）

式中，Y为土壤温度，X_1为土层深度，X_2为气温。根据以上经验公式，可以估算出不同气温条件下的地表温度（$X_1=0$）。

分别采用2014年和2015年的春小麦种植试验数据，对LAWSTAC模型进行率定和验证。模拟中作物实际根系吸水速率采用线性分布函数（式2-36）和S型水分胁迫函数（式2-32）来计算，需要率定土壤水力参数、土壤热特性参数、作物生长参数。其中土壤水力参数初始值，采用Rosetta软件，根据土壤颗粒粒径分布和干容重来预测。土壤热特性参数和作物生长参数初始值，均从Chung等（1987）、Williams等（1989）参考文献中获取。在模型率定过程中，将模型的模拟值与实测土壤含水率、土壤温度、叶面积指数、生物量和产量进行对比，采用试错法不断对模型参数进行调整，直到所有模拟值能较好地刻画实测值变化规律，并用2015年试验数据对模型率定参数进行验证。率定后的土壤水力参数、土壤热特性参数和作物参数，如表3-8和表3-9所示。

在模型率定和验证过程中，模拟效果用统计方法进行定量化分析，采用的统计分析指标包括均方根误差（RMSE）、纳什系数（NSE）和决定系数（R^2），其中NSE和R^2的表达式为：

$$\mathrm{NSE}=1-\frac{\sum_{i=1}^{N}(P_i-O_i)^2}{\sum_{i=1}^{N}(O_i-\bar{O})^2}$$（式3-6）

$$R^2=\frac{[\sum_{i=1}^{N}(O_i-\overline{O})(P_i-\overline{P})]^2}{\sum_{i=1}^{N}(O_i-\overline{O})^2\sum_{i=1}^{N}(P_i-\overline{P})^2} \quad (式3-7)$$

式中，P_i 和 O_i（$i=1, 2, \cdots, N$）分别为模拟值和实测值，$\overline{P}$和 $\overline{O}$ 分别为模拟值和实测值的平均值，N 为实测值数目。其中，RMSE 越接近于 0，NSE 和 R^2 越接近于 1，表示模型的模拟效果越好。

表 3-8　土壤水力参数和热特性参数的率定值

深度（cm）	水力参数					热特性参数			
	θ_r（cm^3/cm^3）	θ_S（cm^3/cm^3）	α（1/cm）	n（-）	K_S（cm/d）	C_S（$J/cm^3\cdot$℃）	b_1（W/cm·℃）	b_2（W/cm·℃）	b_3（W/cm·℃）
0~40	0.05	0.41	0.017	1.6	15	1.92	0.243	0.393	1.534
40~100	0.04	0.4	0.022	1.5	40	1.92	0.243	0.393	1.534
100~120	0.04	0.34	0.04	1.6	41	1.92	0.243	0.393	1.534

表 3-9　LAWSTAC 模拟中作物生长参数及取值

参数	取值
作物生长的基点温度 T_b（℃）	3
作物生长的最适温度 T_0（℃）	20
潜在最大叶面积指数 LAI_{max}（m^2/m^2）	6.6*，5.4#
叶面积减小速率 L_r（-）	0.5
最大根系长度 RD_{max}（cm）	100
从播种至叶面积开始下降阶段占总生长期的比例 HUI_0（-）	0.7
生物量-能量转化参数 BE［（$kg\cdot ha^{-1}$）/（$MJ\cdot m^{-2}$）］	29.1
收获指数 HI（-）	0.3
消光系数 β（-）	0.38
作物成熟所需最大热量单位 PHU（℃）	1 800
蒸发胁迫的低临界含水率 θ_1（cm^3/cm^3）	0.07
蒸发胁迫的高临界含水率 θ_1（cm^3/cm^3）	0.26
根系层上半部的根系吸水量与根系层总吸水量之比 m_r（-）	0.72
作物根系吸水速率减少 50%时对应的土壤基质势 h_{50}（cm）	4 000

注：* 和# 分别代表 W1 和 W2 水分处理。

3.3.3 模型率定结果

（1）土壤含水率：W1 和 W2 水分处理下土壤含水率实测值和模拟值的比较情况如图 3-7 所示，不同水分处理下各层土壤水分实测值和模拟值的变化趋势基本一致。受灌溉、降雨和蒸发条件的影响，土壤表层（0～20 cm）的含水率波动较大，而深层土壤中含水率的波动主要受大水量灌溉的影响。由于 W1 水分处理灌水量较多，灌溉水对土壤剖面含水率的影响深度为 0～80 cm，明显大于 W2 水分处理的 0～40 cm。在 W2 水分处理的模拟中，40～80 cm 土壤含水率的模拟值与实测值差异较大，这可能是由于土壤质地的空间变异性造成的，土壤含水率与土壤质地密切相关。

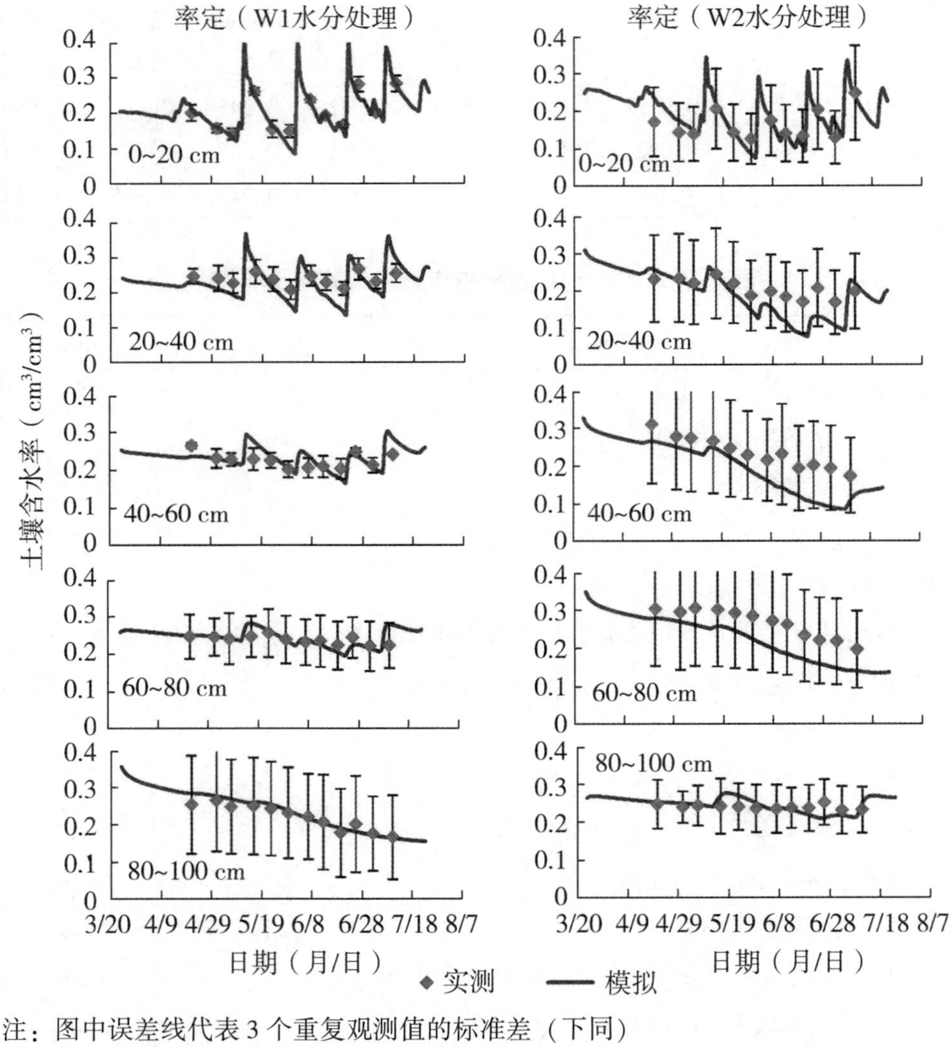

注：图中误差线代表 3 个重复观测值的标准差（下同）

图 3-7　率定期（2014 年）W1 和 W2 水分处理下土壤含水率模拟值与实测值的比较

通过计算土壤含水率模拟值与实测值的统计指标，W1 和 W2 水分处理下根区土壤含水率模拟值与实测值的 RMSE 均为 0.03 cm^3/cm^3，NSE 分别为 0.21 和 0.53，R^2 分别为 0.79 和 0.8。结果表明，LAWSTAC 模型能够较好地模拟不同水分处理下的土壤含水率变化。

（2）土壤温度：W1 和 W2 水分处理下土壤温度实测值和模拟值的对比情况如图 3-8 所示（彩插），模型较好地刻画了春小麦农田土壤温度的变化情况。受干旱区昼夜温差大、降雨和灌溉的影响，浅层（0~40 cm）土壤温度波动幅度较大，而深层土壤温度受外界环境影响较小，保持相对平稳且比表层土壤温度低。从春小麦播种到收获，受太阳辐射和气温增加的影响，各层土壤温度呈逐渐上升的趋势。W1 和 W2 水分处理下各层土壤温度没有明显的差异，作物生育期内平均土壤温度为 13.7 ℃（W1）和 13.6 ℃（W2），表明土壤温度主要受太阳辐射和气温影响。另外，W1 和 W2 水分处理下土壤温度模拟值与实测值的 RMSE 均小于 1.31℃，NSE 均大于 0.85，R^2 均大于 0.87，表明模型可以很好地模拟田间土壤温度变化。

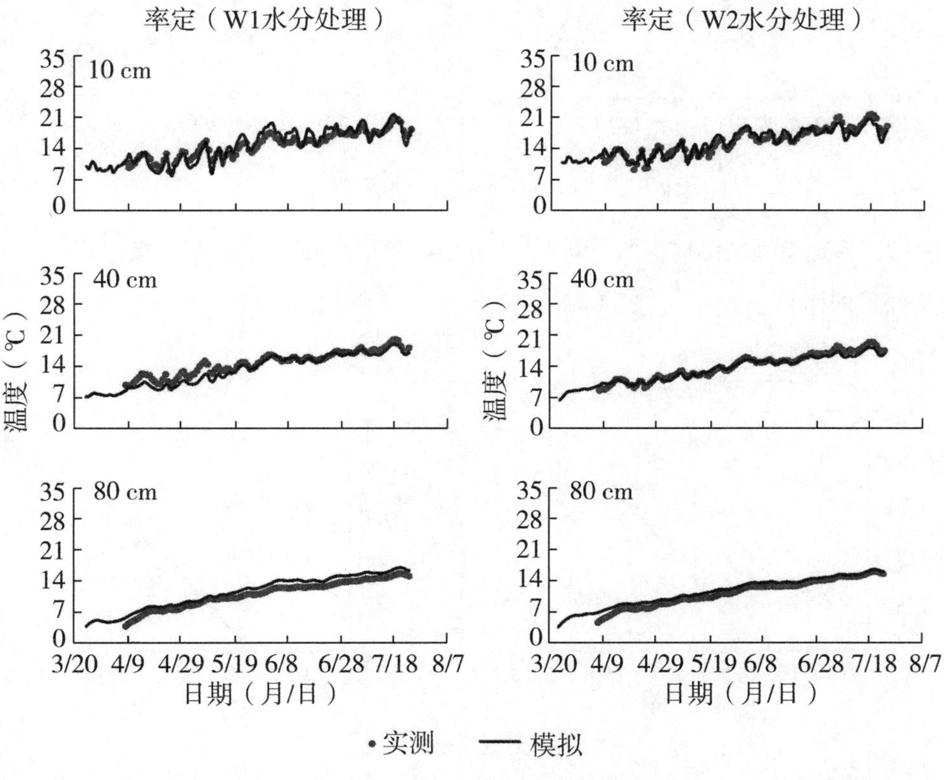

图 3-8 率定期（2014 年）W1 和 W2 水分处理下土壤温度模拟值与实测值的比较

(3) LAI、生物量和产量：不同水分处理下春小麦 LAI 和生物量的模拟值与实测值基本一致（图 3-9 和图 3-10）。从图中可以看出，W2 处理下，由于灌水量较少，作物生长受到水分胁迫影响，相同生育阶段的 LAI 和生物量的值相对 W1 较小。在对 LAI 的模拟中，作物生长后期的模拟值比实测值偏低，主要原因是 SunScan 叶面积测量仪未能扣除叶片衰老部分，造成后期叶面积指数测量值偏高。尽管如此，不同水分处理下，LAI 模拟值与实测值的 NSE ≥ 0.3，R^2≥ 0.8，生物量的模拟值与实测值的 NSE ≥ 0.9，R^2≥ 0.9，表明模型对作物生长指标的模拟精度较高。

2014 年 W1 和 W2 水分处理下春小麦产量的模拟值分别为 6 119 kg/ha 和 5 300 kg/ha，与产量实测值较为接近，且产量模拟值均在实测值误差范围内（表 3-10）。因此，结果表明，LAWSTAC 模型能够用于全水和亏水条件下作物产量的模拟。

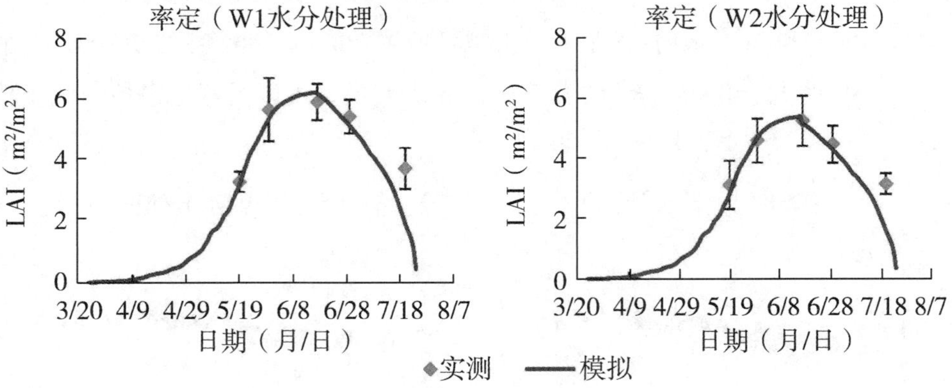

图 3-9　率定期（2014 年）W1 和 W2 水分处理下叶面积指数（LAI）模拟值与实测值的比较

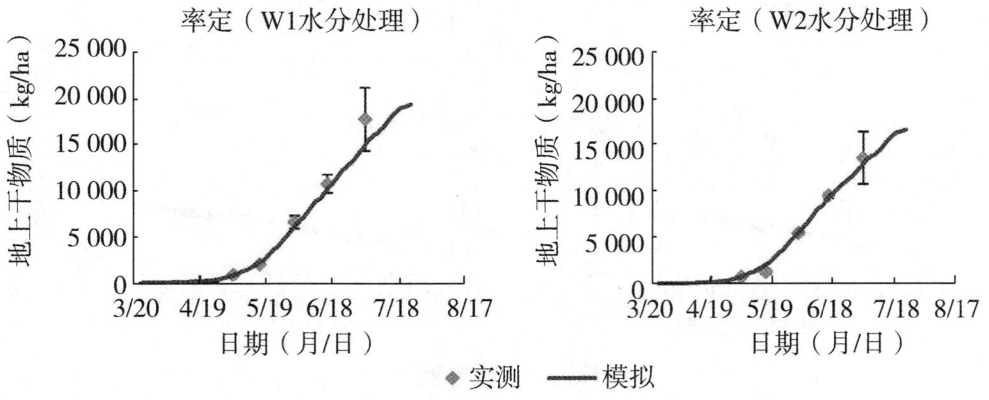

图 3-10　率定期（2014 年）W1 和 W2 水分处理下地上干物质模拟值与实测值的比较

表 3-10　2014 年和 2015 年不同水分处理下作物产量模拟值与实测值的对比

年份	处理	实测值均值±标准差（kg/ha）	模拟值（kg/ha）
2014（率定）	W1	6 326±890	6 119
	W2	4 973±813	5 300
2015（验证）	W1	6 262±616	5 797
	W2	4 864±599	5 298

3.3.4　模型验证结果

在保持土壤水分参数、土壤热特性参数、作物参数不变的情况下，采用 2015 年作物生育期内的气象条件和灌溉制度，应用 LAWSTAC 模型对春小麦田间土壤水热传输和作物生长过程进行模拟，根据 2015 年田间实测数据对模型进行验证。

（1）土壤含水率：LAWSTAC 模型模拟的 W1 和 W2 水分处理下各层土壤含水率如图 3-11 所示。从图中可以看出，土壤含水率的模拟值与实测值较为接近，且大部分模拟值都在实测值误差范围内。W1 和 W2 水分处理下土壤含水率模拟值与实测值的 RMSE 分别为 0. 04 和 0. 05 cm^3/cm^3，NSE 分别为 0. 61 和 0. 18，R^2 分别为 0. 62 和 0. 65。

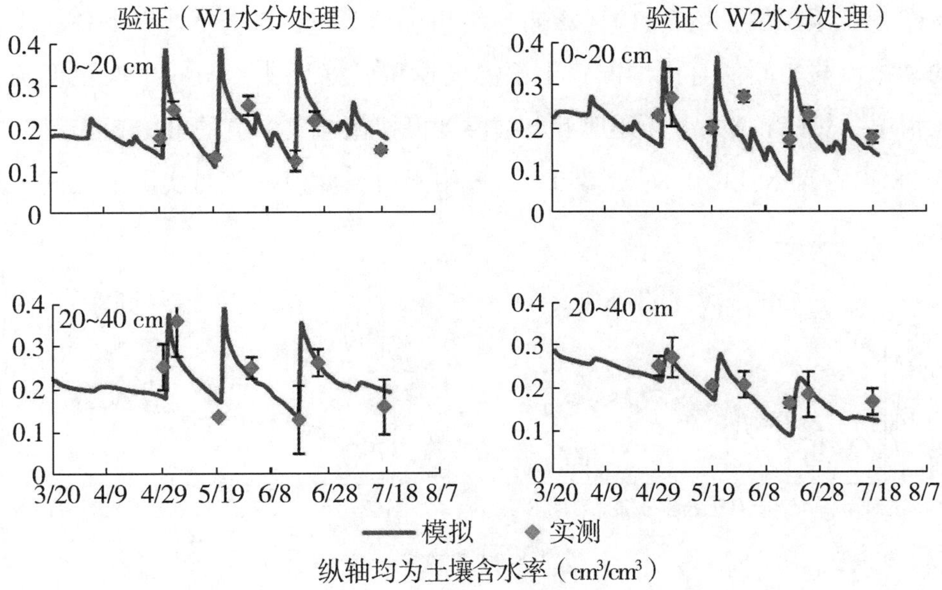

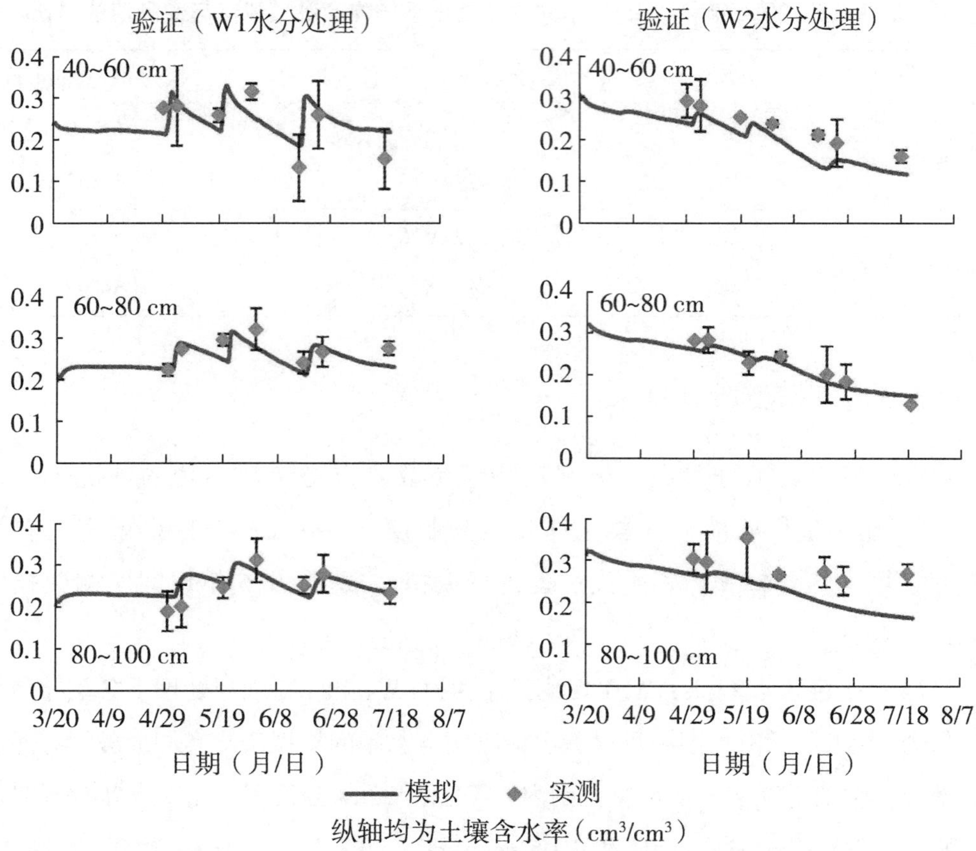

图 3-11　验证期（2015 年）W1 和 W2 水分处理下土壤含水率模拟值与实测值的比较

（2）土壤温度：图 3-12（彩插）给出了 W1 和 W2 水分处理下各层土壤温度的模拟值与实测值对比情况，土壤温度模型较好反映了田间土壤温度的实际变化情况。W1 和 W2 水分处理下土壤温度模拟值与实测值的 RMSE 分别为 1.38 和 1.28 ℃，且 NSE >0.8，R^2> 0.9，表明土壤温度模拟值与实测值之间的差异较小。

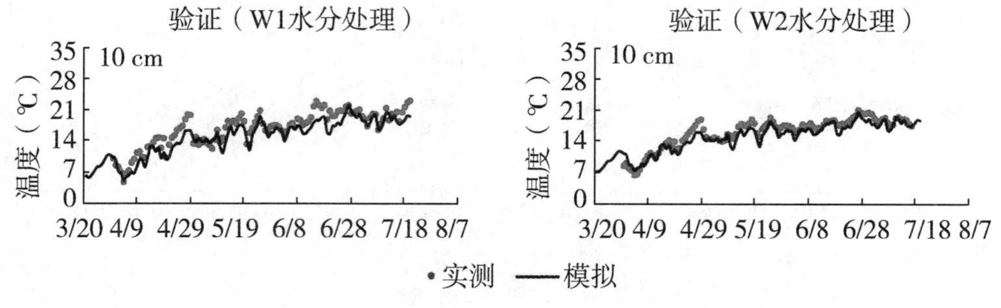

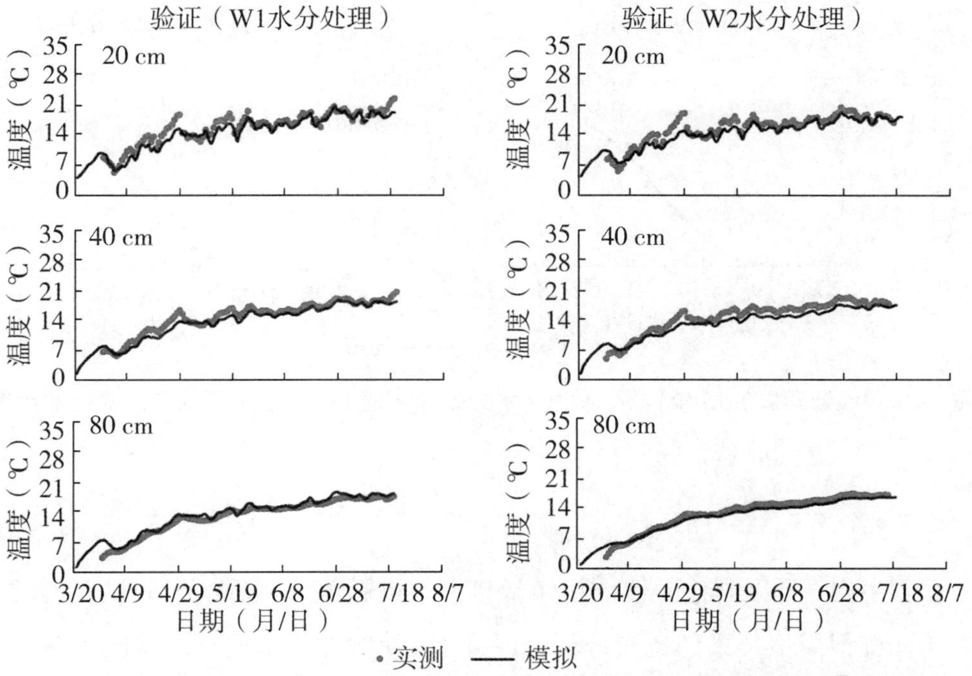

图 3-12　验证期（2015 年）W1 和 W2 水分处理下土壤温度模拟值与实测值的比较

（3）LAI、生物量和产量：图 3-13 和图 3-14 分别为不同水分处理下叶面积指数（LAI）和生物量的模拟值和实测值对比情况，可以看出，模型能够较好地描述作物生长过程。W1 和 W2 水分处理下 LAI 和生物量模拟值与实测值的 NSE≥0. 79，R^2≥0. 85。两种水分处理下模型模拟的产量分别为 5 797 kg/ha（W1）和 5 298 kg/ha（W2），均在实测值的误差范围内（表 3-10）。

综上所述，验证结果表明，LAWSTAC 模型能够对田间土壤水热传输和作物生长过程进行准确且可靠的模拟。

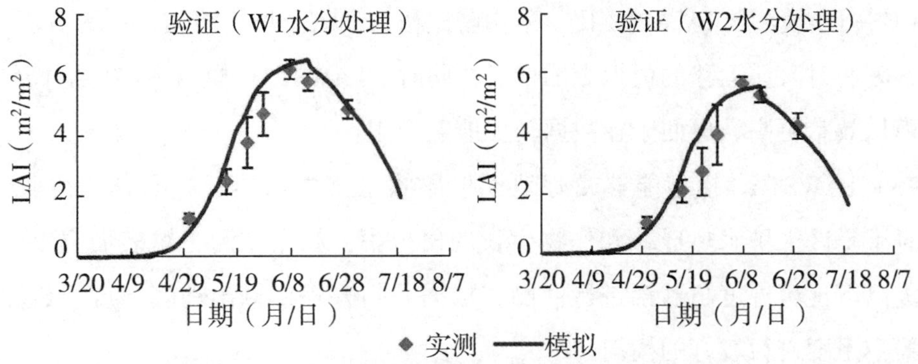

图 3-13　验证期（2015 年）W1 和 W2 水分处理下叶面积指数（LAI）模拟值与实测值的比较

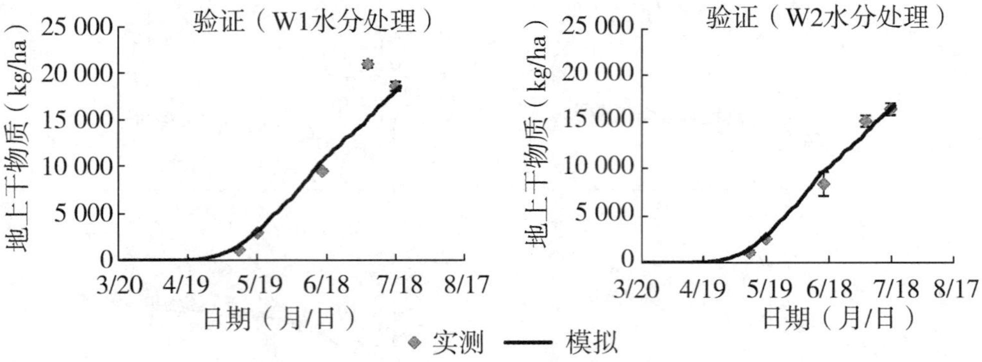

图 3-14 验证期（2015 年）W1 和 W2 水分处理下地上干物质模拟值与实测值的比较

3.4 小结

根据室内试验及在宁夏惠农引黄灌区、甘肃石羊河流域的田间试验的结果，结合不同模型模拟结果的比较分析，评价了 LAWSTAC 模型对层状土水分运动、热量迁移、盐分运移和作物生长过程的模拟效果，取得了以下主要结论：

（1）对于多层（>10 层）土壤水分运动的模拟，半节点导水率采用算术平均、几何平均和三点平均 3 种方式，都能够较好地刻画多层土壤中含水率的变化。在适当采用粗空间网格的条件下，这 3 种参数平均方式能够提高模型的计算效率，同时具有较好的计算准确性，其中几何平均方式的表现更佳。

（2）HYDRUS-1D、SWAP 和 LAWSTAC 模型对田间层状土壤中水盐动态的描述基本一致。HYDRUS-1D 模型与 SWAP 和 LAWSTAC 模型相比，没有作物生长模块，不能动态反映作物生长过程和土壤水盐动态变化的反馈关系；LAWSTAC 和 HYDRUS-1D 模型与 SWAP 相比，采用隐式格式离散土壤中溶质运移的对流-弥散方程，因而对溶质运移的模拟更加稳定；同时，LAWSTAC 模型中作物生长参数更少，模拟效率更高，更便于在数据较少地区应用。

（3）LAWSTAC 模型能够较好地模拟层状土壤中水热迁移和作物生长过程。在针对干旱区土壤水热迁移和作物生长的模拟中，如未监测土壤表面温度，通过对地表以下土壤温度与气温进行回归，根据回归方程估算出地表温度，也能实现对土壤中温度进行较好的模拟。

综上所述，LAWSTAC 模型能够较好模拟层状土壤中的水分运动、热量迁移、溶质运移和作物生长过程。该模型操作简单，所需参数较少，是不同水分、盐分和温度条件下干旱区农业生产的可靠模拟工具。

参考文献

薄丽媛,赵引,毛晓敏,等.农田水盐运移与作物生长对亏水滴灌的响应和模拟研究[J].农业机械学报,2021,52(1):248-255.

陈帅,毛晓敏,胡海珠.参数平均方式对层状夹砂土壤积水入渗数值模拟的影响[J].中国农业大学学报,2017,22(1):76-84.

郝远远.内蒙古河套灌区水文过程模拟与作物水分生产率评估[D].北京:中国农业大学,2015.

冀蒙蒙.作物生长与SPAC水热传输的耦合模拟研究[D].北京:中国农业大学,2013.

李军,邵明安,张兴昌,等. EPIC模型中作物生长与产量形成的数学模拟[J].西北农林科技大学学报(自然科学版),2004(S1):25-30.

刘昌明,王会肖.土壤-作物-大气界面水分过程与节水调控[M].北京:科学出版社,1999.

马欢,杨大文,雷慧敏,等. Hydrus-1D模型在田间水循环规律分析中的应用及改进[J].农业工程学报,2011,27(3):6-12.

毛晓敏.干旱区绿洲潜水-土壤水-植物-大气系统水热传输模拟研究[D].北京:清华大学,1998.

乔冬梅.盐渍化地区SPAC系统能态分析及根系吸水模型研究[D].呼和浩特:内蒙古农业大学,2005.

吴擎龙,雷志栋,杨诗秀.求解SPAC系统水热输移的耦合迭代计算方法[J].水利学报,1996(2):1-9.

杨建.西北地区覆膜春小麦田间水热传输机制与模拟研究[D].北京:中国农业大学,2019.

叶德智.宁夏引黄灌区微咸水灌溉条件下水盐运移规律及其模拟[D].北京:中国农业大学,2008.

易小波.西北干旱区土壤含水量时空变化特征及土壤物理性质模拟试验研究[D].咸阳:西北农林科技大学,2017.

张姗姗,岳善超,崔振岭,等. Sunscan冠层分析仪在测量小麦叶面积指数中的应用[J].中国农学通报,2013,29(36):215-218.

张友良.膜下滴管马铃薯田间水热传输机制与模拟[D].北京:中国农业大学,2017.

赵引,毛晓敏,薄丽媛.覆膜和灌水处理下土壤水分动态与玉米生长模拟研究[J].农业机械学报,2018,49(9):195-204.

赵引,毛晓敏,段萌.覆膜和灌水量对农田水热动态和制种玉米生长的影响[J].农业机械学报,2018,49(8):275-284.

Akaike H. A new look at the statistical model identification [J]. IEEE Transactions on Automatic

Control,1975,19(6):716-723.

Chen S,Mao X,Barry D A,et al. Model of crop growth,water flow,and solute transport in layered soil [J]. Agricultural Water Management,2019,221:160-174.

Chen S,Mao X,Shang S. Response and contribution of shallow groundwater to soil water/salt budget and crop growth in layered soils [J]. Agricultural Water Management,2022.

Chen S,Song C,Mao X,et al. Modeling response of spring wheat yield to soil water and slat contents and its application in scheduling brackish water irrigation [J]. Computers and Electronics in Agriculture,2022.

Chung S Q, Horton R. Soil heat and water flow with a partial surface mulch[J]. Water Resources Research. 1987,23(12):2175-2186.

Dam J C,Huygen J,Wesseling J G,et al. Theory of SWAP version 2.0 [R]. DLO Winand Staring Centre,Wageningen,Netherlands,1997.

Feddes R A,Bresler E,Neuman S P. Field test of a modified numerical model for water uptake by root systems [J]. Water Resources Research,1974,10(6):1199-1206.

Gasto J M,Grifoll J. Estimation of internodal permeabilities for numerical simulation of unsaturated flows [J]. Water Resources Research,2002,38(12):1326.

Hills R G,Hudson D B,Porro I,et al. Modeling one-dimensional infiltration into very dry soils,2, Estimation of the soil water parameter and model predictions [J]. Water Resources Research, 1989,25(6):1271-1282.

Hills R G,Porro I,Hudson D B,et al. Modeling one-dimensional infiltration into very dry soils,1, Model development and evaluation [J]. Water Resources Research,1989,25(6):1259-1269.

Legates D,McCabe G. Evaluating the use of "goodness-of-fit" measures in hydrologic and hydroclimatic model validation [J]. Water Resources Research,1999,35(1):233-241.

Mokhtari A,Noory H,Vazifedoust M. Improving crop yield estimation by assimilating LAI and inputting satellite-based surface incoming solar radiation into SWAP model [J]. Agricultural and Forest Meteorology,2018,250-251:159-170.

Moriasi D,Arnold J G,van Liew M W,et al. Model evaluation guidelines for systematic quantification of accuracy in watershed simulations [J]. Transactions of the ASABE,2007,50(3): 885-900.

Schaap G M,Leij J F,Genuchten V T M. ROSETTA:a computer program for estimating soil hydraulic parameters with hierarchical pedotransfer functions [J]. Journal of Hydrology,2001,251(3-4):163-176.

Simunek J,Genuchten V T M,Sejna M. The HYDRUS-1D software package for simulating the one -dimensional movement of water,heat,and multiple solutes in variably-saturated media version 4.0 [R]. Department of Environmental Sciences, University of California Riverside,

California,2005.

Szymkiewicz A,Helmig R. Comparison of conductivity averaging methods for one-dimensional unsaturated flow in layered soils [J]. Advances in Water Resources,2011,34(8):1012-1025.

Wesseling J G, Elbers J A, Kabat P, et al. SWATRE: instructions for input [M]. Wageningen, Netherlands: Winand Staring Centre, 1991.

Williams J R, Jones C A, Kiniry J R, et al. The EPIC crop growth model [J]. Transactions of the Asae, 1989, 32(2):497-511.

Xu X, Huang G, Sun C, et al. Assessing the effects of water table depth on water use, soil salinity and wheat yield: Searching for a target depth for irrigated areas in the upper Yellow River basin [J]. Agricultural Water Management, 2013, 125:46-60.

Xu X, Huang G, Zhan H, et al. Integration of SWAP and MODFLOW-2000 for modeling groundwater dynamics in shallow water table areas [J]. Journal of Hydrology, 2012, 412-413:170-181.

Xu X, Sun C, Huang G, et al. Global sensitivity analysis and calibration of parameters for a physically-based agro-hydrological model [J]. Environmental Modelling & Software, 2016, 83: 88-102.

Zhou J, Cheng G, Li X, et al. Numerical modeling of wheat irrigation using coupled HYDRUS and WOFOST models [J]. Soil Science Society of America Journal, 2012, 76(2):648-666.

第4章

层状土对土壤水分入渗特征的影响

为探讨层状土对土壤水分入渗过程的影响，在室内开展了均质土柱和层状夹砂土柱的入渗试验。在上边界薄层积水和下边界自由排水条件下，观测土壤入渗强度和土壤含水率的变化。对比分析均质土壤和层状土壤入渗过程及规律的差异。在积水入渗试验的基础上，利用 LAWSTAC 模型对不同土柱入渗过程和土柱剖面土壤水分变化规律进行模拟分析，评价非饱和土壤水分运动模型模拟层状夹砂土壤水分入渗过程的能力，并基于模型模拟结果深入分析层状夹砂土壤的入渗规律。

4.1 夹砂土影响水分入渗的试验观测与机理分析

4.1.1 室内入渗试验设计与监测方法

4.1.1.1 供试土壤

试验中使用了 1 种细质壤土和 3 种粗质砂土，其颗粒组成和土壤水力特性参数分别见表 4-1 和表 4-2。在表 4-2 的土壤水力特性参数中，通过用公式 2-27 拟合试验得到的土壤含水率与基质吸力关系确定 θ_r、α 和 n；在相应均质土柱薄层积水入渗试验结束时立即取土样，根据实测得到的土柱剖面含水率和试验过程中的稳定入渗率来确定 θ_S 和 K_S。

表 4-1 试验土壤颗粒组成（%）

土壤种类	砾石（>2 mm）	砂粒（0.05~2 mm）	粉粒（0.005~0.05 mm）	黏粒（<0.005 mm）
壤土 L1		42.2	45.8	12
砂土 S1	0.95	97.85	1	0.2
砂土 S2	14.3	83.7	1.8	0.2
砂土 S3		96.9	2.7	0.4

表 4-2 土壤水力特性参数

土壤类型	θ_r（cm^3/cm^3）	θ_S（cm^3/cm^3）	α（1/cm）	n（-）	K_s（cm/min）	l（-）
壤土 L1	0.014	0.40	0.009	1.58	0.057	0.5
砂土 S1	0.010	0.275	0.050	2.5	0.16	0.5
砂土 S2	0.005	0.30	0.025	2.5	0.07	0.5
砂土 S3	0.005	0.30	0.018	4.3	0.22	0.5

4.1.1.2 试验仪器与设备

本研究开展了层状夹砂土柱薄层积水入渗试验，同时进行了相同条件下均质土（壤土和 3 种砂土）的入渗试验，试验装置如图 4-1 所示。采用马氏瓶固定水头供水并进行入渗量的记录。有机玻璃柱内插入 6 个土壤水分传感器探头（型号 ECH_2O），分别位于土柱上表面以下 5 cm、15 cm、25 cm、35 cm、45 cm、55 cm 深处。将传感器探头与数据采集器连接，观测记录土壤剖面含水率随时间的变化。有机玻璃柱侧面设有排气孔，土柱下部设有排气、排水室，设置侧面排气孔（在湿润锋到达该处后封闭该排气孔，以防漏水）和底部排气的目的是减少禁锢空气对入渗过程的影响。

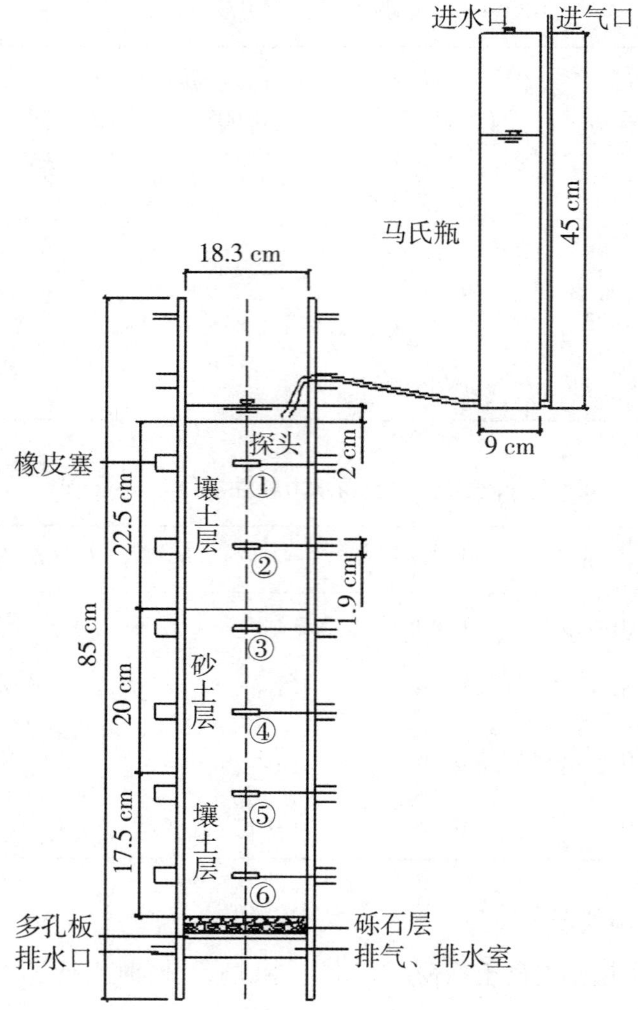

图 4-1 薄层积水入渗试验装置

4.1.1.3 试验步骤与方案

均质土柱（壤土和砂土）和层状夹砂土柱（壤土 22.5 cm +砂土 20 cm +壤土 17.5 cm）填装高度均为 60 cm，在层状夹砂土柱中砂层埋深为 22.5 cm、厚度为 20 cm。

试验步骤：①按照设计干容重（壤土和砂土分别为 1.40 g/cm^3、1.75 g/cm^3）对壤土和砂土进行分层填装，每层厚度为 5 cm，层间打毛。②土柱装好后，调整马氏瓶高度，保证土柱在恒定水头 2 cm 情况下开始入渗。③试验过程中记录不同时刻湿润锋的位置和马氏瓶读数，同时通过数据采集器自动记录土壤水分传感器探头处土壤含水率变化情况。④当排水室有水流溢出时，试验结束。由于试验持续时间较短，试验分析中可以忽略蒸发对入渗过程的影响。

试验方案：试验分三组进行，每组试验均包括一个均质壤土土柱、一个均质砂土土柱和一个层状夹砂土柱。三组试验使用的壤土一致，砂土不同，分别对每组中的 3 个土柱开展入渗试验，试验设计方案如图 4-2 所示。每组入渗试验中设置的初始条件和边界条件如表 4-3 所示。

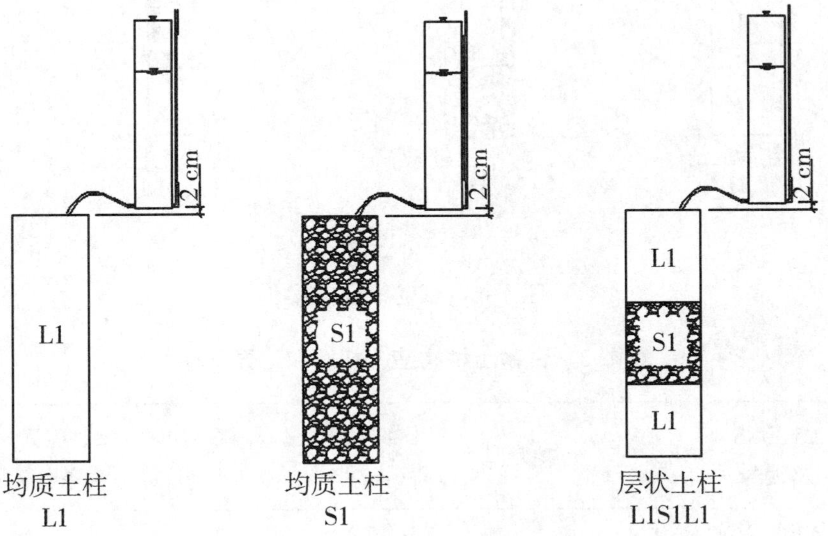

a. 第一组试验

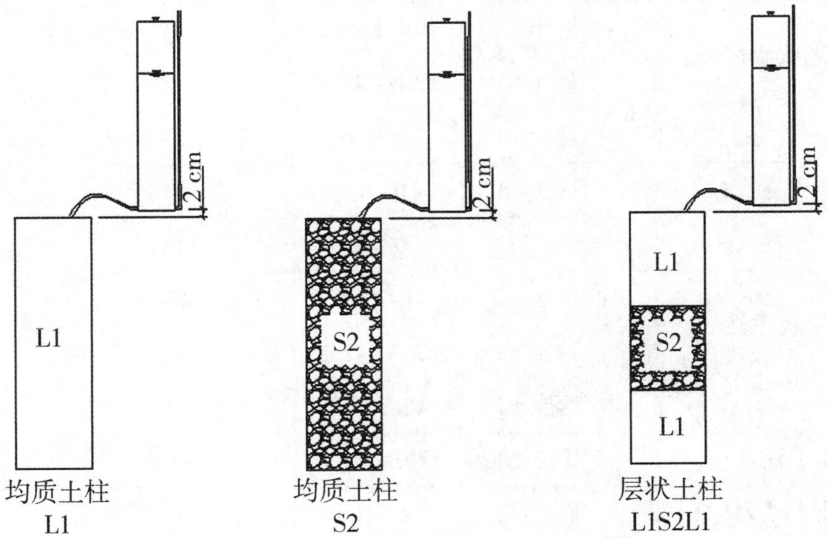

b. 第二组试验

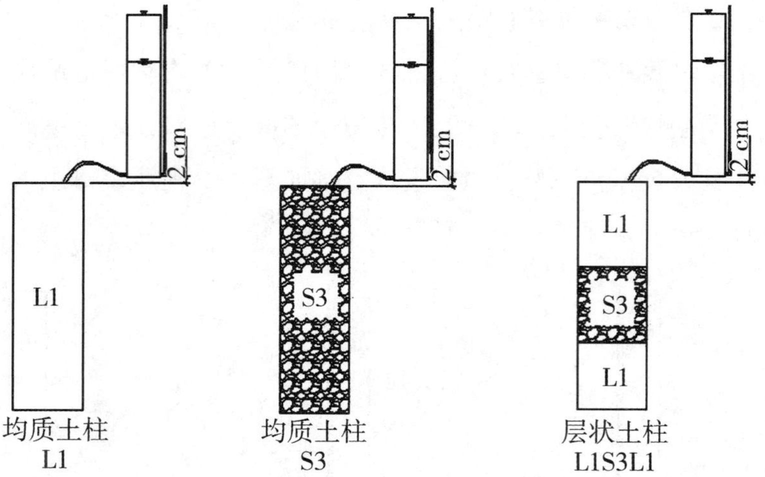

c. 第三组试验

图 4-2 试验设计方案

表 4-3 试验土柱构造、初始和边界条件

组号	土柱类型及编号	层数	土壤类型	土壤深度（cm）	初始基质势 h_0(cm)	上边界条件	下边界条件
1	均质土柱（L1）	1	壤土 L1	0~60	-2 340	h_{top} = 2 cm	自由排水
	均质土柱（S1）	1	砂土 S1	0~60	-55		
	层状土柱（L1S1L1）	1	壤土 L1	0~22. 5	-2 340		
		2	砂土 S1	22. 5~42. 5	-55		
		3	壤土 L1	42. 5~60	-2 340		
2	均质土柱（L1）	1	壤土 L1	0~60	-2 340		
	均质土柱（S2）	1	砂土 S2	0~60	-120		
	层状土柱（L1S2L1）	1	壤土 L1	0~22. 5	-2 340		
		2	砂土 S2	22. 5~42. 5	-120		
		3	壤土 L1	42. 5~60	-2 340		
3	均质土柱（L1）	1	壤土 L1	0~60	-2340		
	均质土柱（S3）	1	砂土 S3	0~60	-140		
	层状土柱（L1S3L1）	1	壤土 L1	0~22. 5	-2 340		
		2	砂土 S3	22. 5~42. 5	-140		
		3	壤土 L1	42. 5~60	-2 340		

4.1.2 试验结果分析

4.1.2.1 入渗率

第一组、第二组、第三组试验中均质壤土土柱入渗试验都使用壤土 L1，三组入渗试验中均质壤土土柱（L1）和层状夹砂土柱（L1S1L1、L1S2L1、L1S3L1）的入渗率变化如图 4-3 所示（图中入渗率短时间内的上下波动，是由于观测时间间隔太短引起马氏瓶读数误差）。将相同时刻均质壤土土柱和层状夹砂土柱入渗率随时间变化规律进行对比。结果表明，对于 0~22.5 cm 深度的土壤，由于土壤质地相同，均质壤土土柱和层状夹砂土柱在入渗过程的开始阶段（0~25 min），入渗率随时间变化规律基本一致，入渗率下降均较快。120 min 后，均质壤土土柱（L1）入渗率基本保持稳定，稳定入渗率为 0.061 cm/min。层状土入渗 30 min 时湿润锋到达夹砂层上交界面处，5 min 后入渗过程进入稳渗阶段，对于层状夹砂土柱 L1S1L1、L1S2L1、L1S3L1，稳渗率分别为 0.068 cm/min、0.075 cm/min 和 0.097 cm/min。湿润锋进入夹砂层后，相应时刻层状夹砂土柱 L1S1L1 的入渗率开始低于均质土柱（L1）的入渗率，说明夹砂层 S1 起到了降低入渗率（阻渗）的作用。120 min 后，相应时刻层状夹砂土柱 L1S1L1 的入渗率与均质土柱（L1）的入渗率基本一致，夹砂层 S1 不再具有降低入渗率的作用。对于层状夹砂土柱 L1S2L1，湿润锋进入砂层 S2 后，相应时刻层状夹砂土柱 L1S2L1 的入渗率开始小于均质土柱（L1）的入渗率，说明夹砂层 S2 对入渗率的也起到了降低作用，但作用效果小于砂土 S1。100 min 后，层状夹砂土柱 L1S2L1 的入渗率开始稍大于均质土柱（L1）的入渗率。对于层状夹砂土柱 L1S3L1，当湿润锋进入砂层 S3 后，其入渗率小于均质土柱（L1）的入渗率。60 min 后，层状夹砂土柱 L1S3L1 的入渗率开始稍大于均质土柱（L1）的入渗率。以上结果说明，砂层在湿润锋到达该层后起到了降低入渗率的作用。随着土壤含水率的增大，其对入渗过程的阻水减渗作用逐渐消失，并可能起到促进水分入渗的作用。该实验观测结果与以往一些学者提出的砂层阻水减渗作用有一定差异。

前期研究表明，当入渗水流的湿润锋到达两种不同土质的交界面时，入渗率的变化主要受到上下两层土壤的进水吸力和导水率的影响。当细质土覆盖粗质土时，由于下层粗质土中的吸力较小，在土壤交界面处会形成毛管障碍。首先入渗水流会在上层细质土中聚积，上层土壤在交界面处的吸力逐渐减小。当吸力值等于下层土壤的进水吸力时，入渗水流才会进入下层粗质土壤中，从而造成土壤水分入渗率的降低，起到阻水减渗的作用。这与本研究中水分进入层状夹砂土柱（L1S1L1、L1S2L1、L1S3L1）中砂土上界面后一段时间内的入渗率变化规律一致。随着入渗砂土含水率不断增加，导水率不断增加，砂土对水分入渗的阻碍作用逐渐减弱并最终消失，这与前期研究结果也一致。在本研究中，对于 3 种层状夹砂土柱（L1S1L1、L1S2L1、L1S3L1），夹砂层为 S1 时稳定入渗率与均质土的稳定入渗率接近，但夹砂层为 S2 和 S3 时稳定入渗率都大于均质土的稳定入渗率，砂层 S2 和 S3 在入渗后期起到了增大入渗率的作用。砂土阻水减渗效果不同的原因可能是砂土物理性质不同。由表 4-1 土壤颗粒组成可以看出，砂土 S1 与砂土 S2 相比，二者黏粒含量一样，但是砂土 S2 的粉粒含量比砂土 S1 多，即砂土 S2 的细颗粒（黏土和粉粒）含量比砂土 S1 高。砂土 S3 与砂土 S1 和砂土 S2 相比，细颗粒含量是最高的，说明砂土颗粒组成中细颗粒含量越高，阻水减渗作用越小，稳渗率越大。其原因可能是细颗粒含量越高，湿润锋处的基质吸力越大。根据 Green-Ampt 模型，基质吸力越大，则入渗率越大。

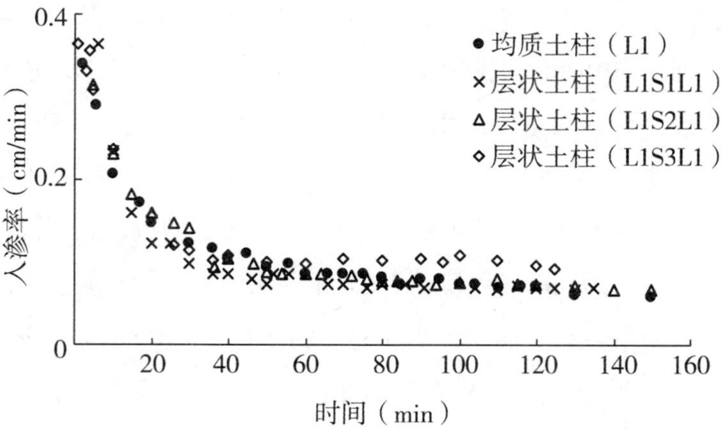

图 4-3 均质壤土土柱和层状夹砂土柱（第一、二、三组）入渗率动态变化过程

4.1.2.2 累积入渗量

第一组、第二组和第三组入渗试验中层状夹砂土柱（L1S1L1、L1S2L1、L1S3L1）与均质土柱（L1）的累积入渗量变化过程对比如图 4-4 所示。由图中可以看出，入渗开始至 30 min 左右（湿润锋到达夹砂层上界面），层状土柱与均质土柱累积入渗量随时间变化基本一致。在入渗初期入渗率比较大，累积入渗量曲线斜率也比较大，累积入渗量相应增加较快。湿润锋穿过夹砂层上界面后层状土柱入渗率接近常数，累积入渗量随时间变化的关系趋于线性。对比分析表明，湿润锋穿过夹砂层上界面后 40~90 min，均质壤土（L1）的累积入渗量大于层状夹砂土柱（L1S1L1、L1S2L1、L1S3L1），主要是由于此时段内土壤内部的夹砂土减小了水分入渗率。由于层状土柱（L1S1L1）的稳定入渗率小于均质土柱，层状土柱（L1S1L1）的累积入渗量始终小于均质土柱的。在 100 min 后，层状土柱（L1S2L1）的稳定入渗率大于均质土柱，累积入渗量逐渐接近均质土柱（L1）。层状土柱（L1S3L1）的稳定入渗率最大且大于均质土柱的值，在 60 min 后累积入渗量逐渐逼近均质土柱（L1），并在 90 min 超过均质土柱（L1）。以上结果表明，层状夹砂土柱（L1S1L1、L1S2L1、L1S3L1）的累积入渗量受水分入渗率的影响，变化规律符合现实情况。

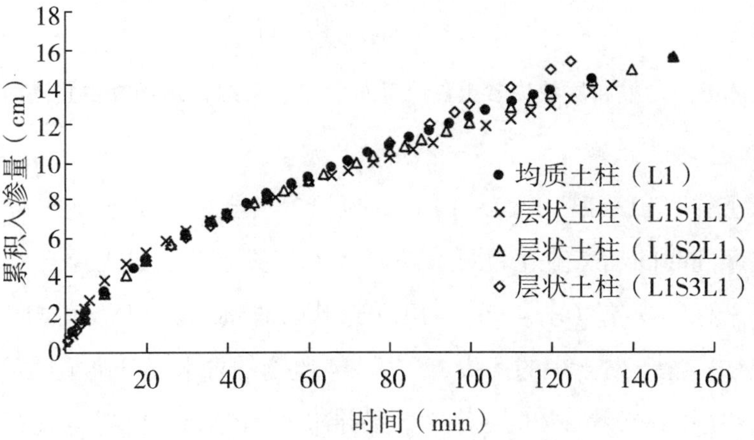

图 4-4　均质壤土土柱和层状夹砂土柱（第一、二、三组）累积入渗量动态变化过程

4.1.2.3　湿润锋

层状土柱（L1S1L1、L1S2L1、L1S3L1）与相应均质土柱（L1）湿润锋位置随时间动态变化过程对比如图 4-5 所示。湿润锋到达夹砂层前，层状土柱与均质土柱的湿润锋行进规律基本一致。虽然砂层开始阶段具有降低入渗率和减小累积入渗量的阻水减渗作用，但随着入渗进行，砂层 S2 和 S3 具有增大入渗率和增加累积入渗量的作用，在层状土柱中湿润锋到达夹砂层上边界后，其行进速度均比相应均质土柱均增加。在图中表现为斜率增大，这主要是由于夹砂土的饱和含水率小于均质壤土。根据前期研究表明在湿润过程中夹砂土始终处于非饱和状态，砂土中储存的水量小于均质土，使得更多的水分形成水流，向前推进。但当湿润锋再次进入下层壤土层后，即土壤深度为 42.5 cm 时，湿润锋行进速度出现减小趋势。在图中表现为斜率减小，这与前期研究的多个层状土交界面能够多次折减入渗率的结论一致。

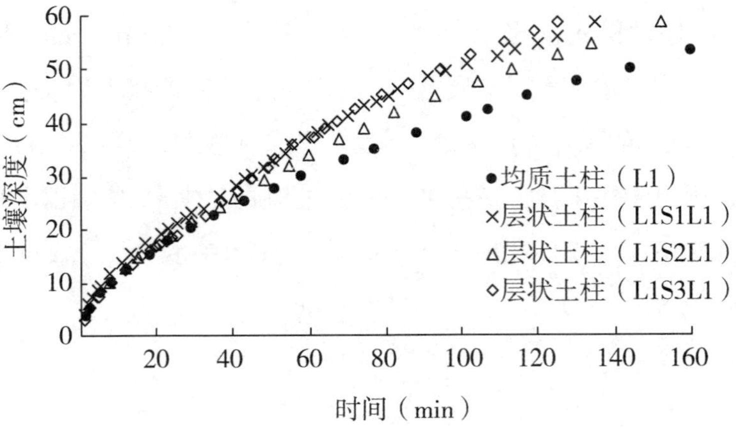

图 4-5　均质壤土土柱和层状夹砂土柱（第一、二、三组）湿润锋位置随时间变化过程

4.1.2.4 土壤含水率

以层状土柱（L1S1L1 和 L1S2L1）为例，分析土柱内部土壤水分传感器探头处土壤含水率随时间动态变化过程。随着入渗，从上至下各土层含水率依次出现骤升并趋于平稳的现象（图 4-6），出现骤升的时刻与湿润锋经过的时刻是一致的。层状土柱中埋于砂土中的探头 3、探头 4 监测的含水率升高值明显小于其饱和含水率，说明湿润锋经过砂土层后砂土层并未达到饱和，仍有空气存在。在两土柱入渗 140 min 时，湿润锋已经到达土柱底部滤层（砾石层），上、下壤土层含水率均大于砂土层含水率，且壤土层含水率趋于饱和。

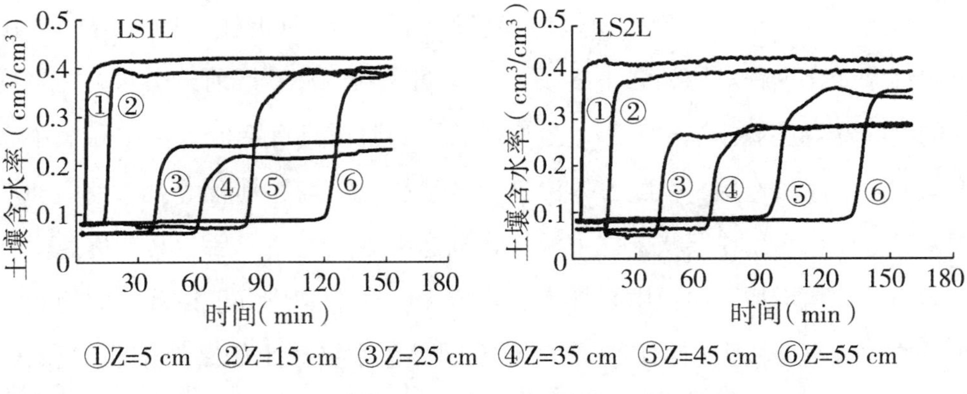

图 4-6　土柱传感器探头实测含水率变化（Z 为探头埋深）

4.2 层状夹砂土壤入渗模拟与分析

利用LAWSTAC模型模拟均质壤土、均质砂土和层状夹砂土入渗过程。研究基于传统Richards方程的单相流数值模拟，利用模型LAWSTAC模拟层状夹砂土入渗规律。

4.2.1 数值模型的建立

根据土柱薄层积水入渗试验的实际情况，在数值模拟中土柱长度为60 cm，在垂直方向均匀划分为61个网格节点，节点间距为1 cm。土柱中土壤质地分布和初始土壤含水率，与试验条件保持一致。模拟中土壤上边界条件采用定水头，土壤下边界条件采用自由排水，利用构建的LAWSTAC模型模拟均质土壤和层状土壤的入渗率、累积入渗量和土壤含水率的变化过程。由于模拟中只考虑水分入渗过程，因此，只用到了模型中的水分模块。

利用LAWSTAC模型分别模拟了均质壤土土柱、均质砂土土柱入渗过程，当LAWSTAC模型可以较好地描述均质土柱入渗过程时，得到壤土和砂土的土壤水力特性参数。若利用以上参数可以很好地描述层状夹砂土柱入渗规律，则认为壤土与砂土的土壤水力特性参数合理，最终确定壤土和砂土的土壤水力特性参数如表4-4所示。

表4-4 壤土和砂土的水力特性参数

土壤	θ_r(cm^3/cm^3)	θ_S(cm^3/cm^3)	α(1/cm)	n(-)	l(-)	K_S(cm/min)
壤土 L1	0.014	0.40	0.009	1.58	0.5	0.057
砂土 S1	0.010	0.27	0.050	2.50	0.5	0.160
砂土 S2	0.005	0.30	0.025	2.50	0.5	0.070
砂土 S3	0.005	0.30	0.018	4.30	0.5	0.220

4.2.2 均质与层状土壤入渗模拟结果与实测结果的比较

均质土柱（L1、S1、S2和S3）入渗过程中模拟、实测的入渗率和累积入渗量，随时间变化过程的对比如图4-7所示（彩插）。基于Richards方程的模拟结果与相应的实测值吻合较好。根据统计分析结果，均质土柱L、S1、S2和S3入渗率模拟值与实测值之间的均方根误差（RMSE）分别为 0.018、0.042、0.035 和 0.101 cm/min，模型纳什效率（NSE）分别为 0.95、0.54、0.90 和 0.78。均质土柱 L1、S1、S2 和 S3 累积入渗量模拟值与实测值之间的 RMSE 值均小于 0.52 cm，NSE 值均大于 0.92。

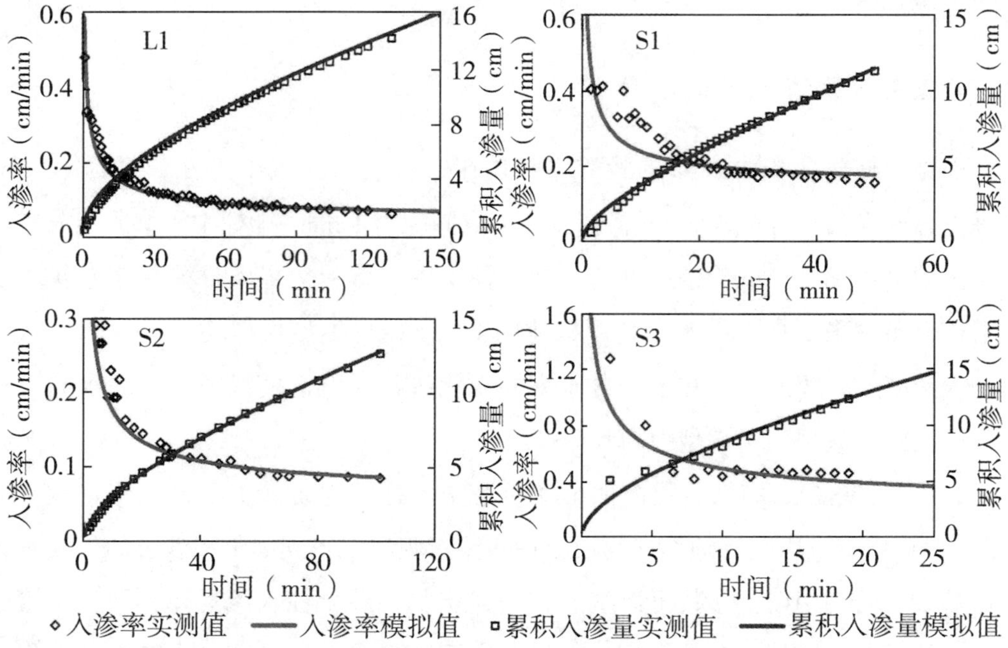

图 4-7　均质土柱（L1、S1、S2 和 S3）入渗率与累积入渗量实测结果与 LAWSTAC 模型模拟结果对比

采用均质土壤水力特性参数（见表 4-4）模拟层状夹砂土（L1S1L1、L1S2L1、L1S3L1）的入渗过程，入渗率和累积入渗量模拟结果与实测结果对比如图 4-8 所示（彩插）。可以看出，Richards 方程同样很好地描述了层状土壤在薄层积水条件下入渗率和累积入渗量的变化过程。当湿润锋到达壤土层和砂土层的交界面时（36 min），入渗率迅速下降。当水流通过两土层交界面继续向下运动时，入渗率随时间保持相对稳定，累积入渗量随时间的非线性变化转变为线性变化。层状土壤 L1S1L1、L1S2L1 和 L1S3L1 中模拟和实测入渗率的 RMSE 值分别为 0.050 cm/min、0.046 cm/min 和 0.039 cm/min，NSE 值分别为 0.82、0.72 和 0.74。对于层状土壤中的累积入渗量，模拟值与实测值的 RMSE 值均小于 0.39 cm，NSE 值均大于 0.99。

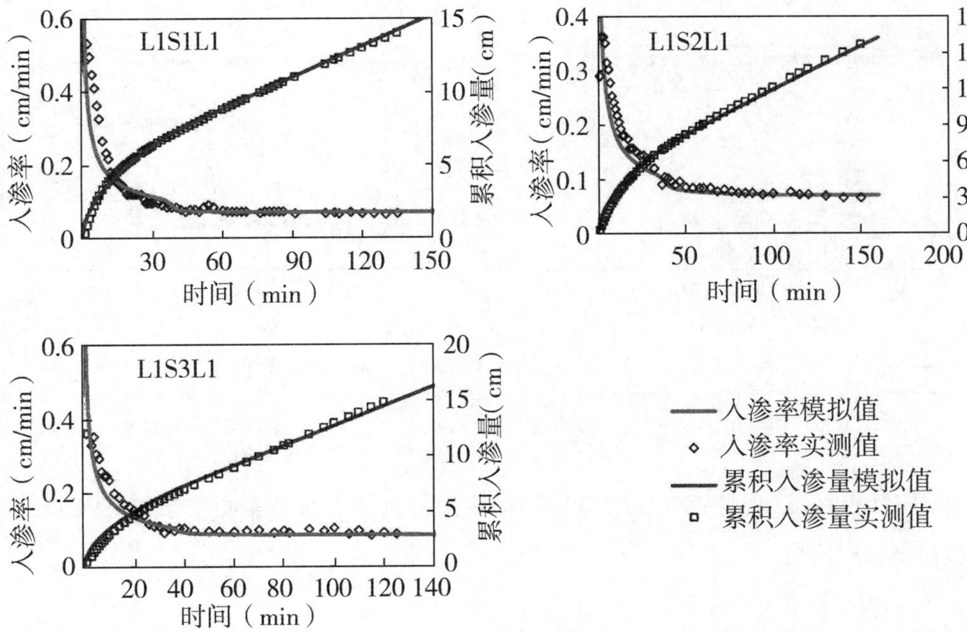

图 4-8　层状土柱（L1S1L1、L1S2L1 和 L1S3L1）入渗率与累积入渗量实测结果与 LAWSTAC 模型模拟结果对比

在层状土壤 L1S1L1 和 L1S2L1 中，模拟的 5 cm、15 cm、25 cm、35 cm、45 cm 和 55 cm 深度处的土壤含水率及其实测值如图 4-9 所示（彩插）。上层壤土（5 cm 和 15 cm）和中间砂土（25 cm 和 35 cm）中土壤含水率的模拟值与实测值吻合较好，而下层壤土（45 cm 和 55 cm）中土壤含水率的模拟变化过程稍滞后于实测过程，这可能是由于水流在粗砂土层中发生的非稳定流动引起的。尽管如此，L1S1L1 和 L1S2L1 中各深度处土壤含水率模拟值与实测值之间的 RMSE 分别为 0.028 cm^3/cm^3 和 0.025 cm^3/cm^3，NSE 分别为 0.98 和 0.99，模拟的土壤含水率总体上与实测值匹配良好。

以上结果表明，LAWSTAC 模型可以较好地描述层状夹砂土的入渗过程，从而证明基于传统 Richards 方程的数值方法模拟层状夹砂土入渗规律是可行的。

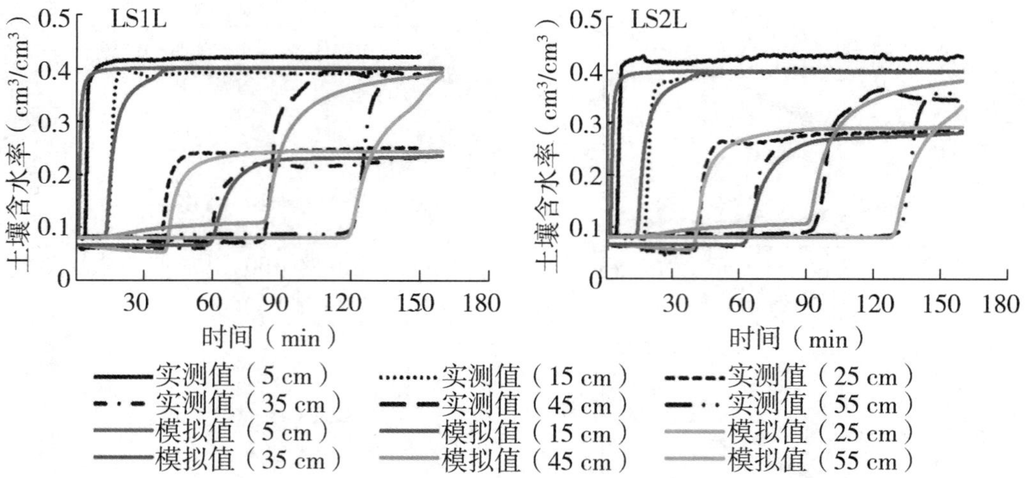

图 4-9　层状土柱（L1S1L1 和 L1S2L1）不同深度处土壤含水率实测结果与 LAWSTAC 模型模拟结果对比

4.2.3　层状土壤入渗规律

由图 4-8 可以看出，LAWSTAC 模型可以很好地描述层状夹砂土柱（L1S1L1、L1S2L1、L1S3L1）的入渗过程。模拟结果表明，虽然上层壤土相同，但稳渗率随夹砂层的不同而不同。利用 LAWSTAC 模型可进一步模拟分析不同夹砂层的入渗规律及其影响机理。

4.2.3.1　层状夹砂土柱上交界面处基质吸力与入渗率规律

湿润锋进入夹砂层后，夹砂层上交界面处（22.5 cm 深度处）基质吸力和入渗率随时间变化过程，分别如图 4-10 和图 4-11 所示。结果表明，在夹砂层 S3 影响下上交界面处基质吸力最大，入渗率最大；在夹砂层 S1 影响下上交界面处基质吸力最小，入渗率也是最小的。湿润锋进入夹砂层后上交界面处基质吸力和入渗率随时间变化有降低趋势，但波动不大，这与前文试验观测到的湿润锋进入夹砂层后就进入稳渗阶段的结果是一致的。

图 4-10 和图 4-11 对比发现，层状夹砂土上交界面处基质吸力变化趋势与入渗率变化趋势相似。上交界面处基质吸力与入渗率关系如图 4-12 所示，二者基本呈现线性关系，入渗率随上交界面处基质吸力的增大而增大。层状土上交界面处基质吸力较大时，基质势较小，与上部土层的水力梯度更大，导致入渗率较大。这一结果表明，层状土薄层积水的入渗过程与上部均质土类似，都可以用 Green-

Ampt（1911）模型来描述。

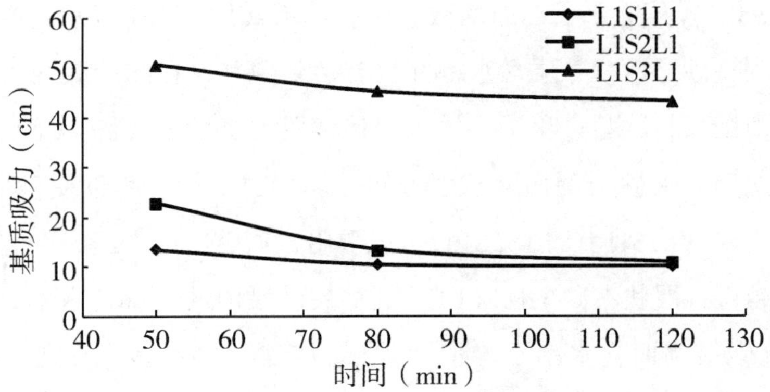

图 4-10　夹砂层上交界面处基质吸力变化

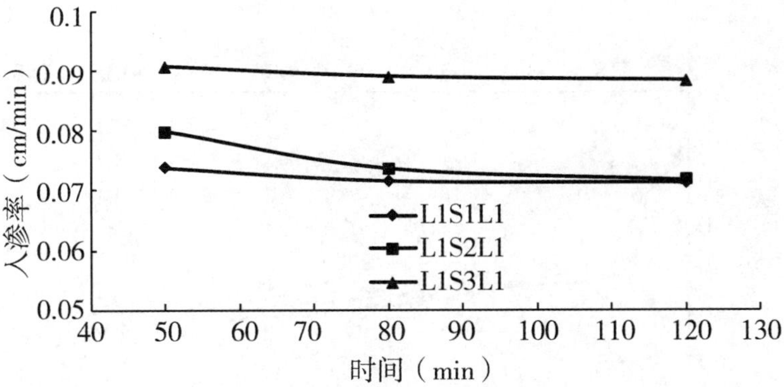

图 4-11　层状夹砂土柱入渗率变化

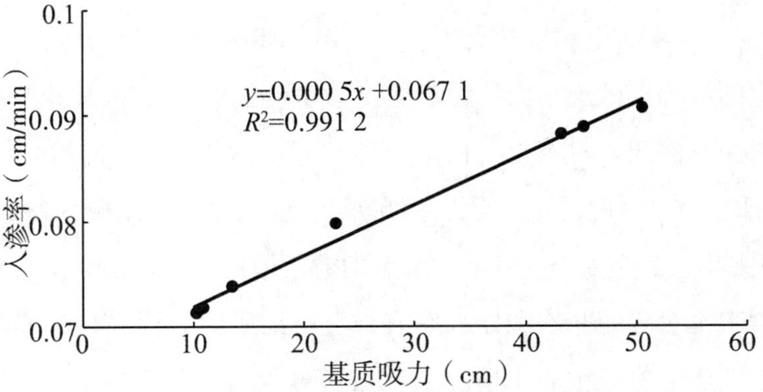

图 4-12　夹砂层上交界面处基质吸力与入渗率的关系

4.2.3.2　层状夹砂土柱夹砂层稳定含水率

当湿润锋再次进入下层壤土层后（120 min），层状夹砂土柱（L1S1L1、L1S2L1、L1S3L1）压力水头剖面的数值模拟结果如图 4-13 所示。可以看出，湿润锋穿过中间夹砂层后，砂层含水率并没有达到饱和，在图中表现为基质势仍为负值，该模拟结果与试验过程中土壤水分传感器观测结果（图 4-6）一致。湿润锋穿过夹砂层后，夹砂层剖面含水率分布不均匀，不均匀程度受砂层质地影响。从层状夹砂土柱（L1S1L1、L1S2L1）可以看出，夹砂层内土壤深度越深基质势越小，含水率越低；层状夹砂土柱（L1S3L1）夹砂层内的土壤含水率比较均匀。取 120 min 时夹砂层剖面含水率平均值为砂层稳定含水率（θ_{st}），则层状夹砂土柱 L1S1L1、L1S2L1 和 L1S3L1 中砂层稳定含水率分别为 0.24 cm^3/cm^3、0.29 cm^3/cm^3 和 0.23 cm^3/cm^3，均小于相应砂土的饱和含水率（表 4-4）。

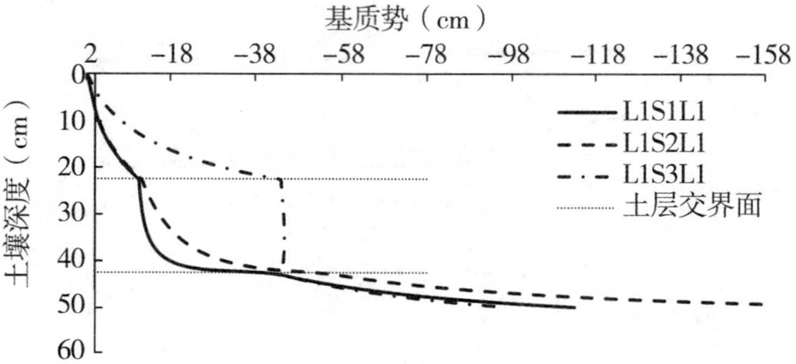

图 4-13　层状夹砂土柱基质势剖面分布（120 min）

4.2.3.3　上层细质土对层状夹砂土柱入渗规律的影响

借助率定的壤土和砂土水力特性参数（表 4-4），利用 VGM 模型拟合导水率与含水率函数关系曲线，对壤土（L1）、砂土（S1、S2、S3）的拟合结果如图 4-14 所示（彩插）。θ_{st1}、θ_{st2}、θ_{st3} 分别为层状夹砂土柱 L1S1L1、L1S2L1、L1S3L1 入渗过程中夹砂层 S1、S2、S3 稳定含水率的数值模拟结果。由图 4-14 可以看出，夹砂层稳定含水率对应的非饱和导水率值与上层细质壤土层（L1）的饱和导水率接近，说明在细质土覆盖粗质土情况下，入渗过程由细质土控制，该研究结果与 Colman 和 Bodman（1945）提出的观点一致。因此，如果已知层状夹砂土薄层积水入渗试验中各类土壤导水率与含水率函数关系曲线，则可以预测夹砂层的稳定含水率值。

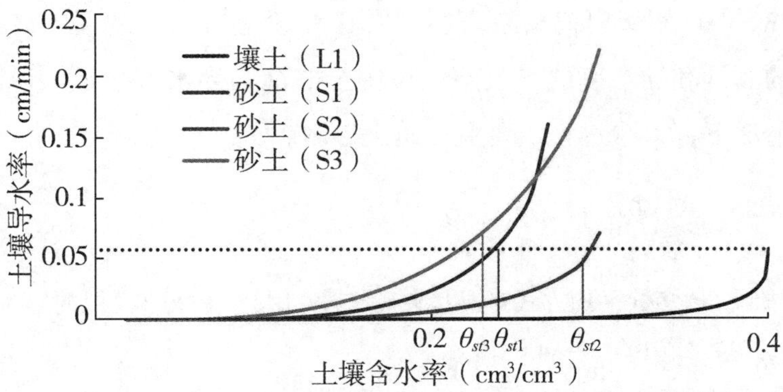

图4-14　壤土（L1）和砂土（S1、S2和S3）非饱和导水率与含水率函数关系曲线

4.3　小结

通过室内均质土柱和层状夹砂土柱的一维薄层积水入渗试验，可以观测夹砂层影响下的土壤入渗率变化、累积入渗量变化、湿润锋行进、土壤水分变化等过程。在均质壤土土柱、均质砂土土柱和层状夹砂土薄层积水入渗试验基础上，利用LAWSTAC模型分别模拟分析了均质壤土土柱、均质砂土土柱、层状夹砂土柱的入渗过程，得出以下主要结论：

（1）层状夹砂土入渗过程中，当湿润峰穿过夹砂层上界面时入渗率有波动，较低含水率的砂土具有一定的阻水减渗作用，开始时其入渗率小于均质土壤的入渗率；最终进入稳渗阶段后，受夹砂层含水率增加和导水率增大的影响，其入渗率开始接近同时刻均质土入渗率，而粉粒和黏粒含量高的砂土可能促进水分入渗，使其入渗率大于同时刻均质土入渗率。

（2）湿润锋穿过夹砂层上界面时稍有停顿，之后行进速度明显加快，其经过的砂土层并未达到饱和，使得层状夹砂土柱的湿润锋行进速度明显大于均质土柱的湿润锋行进速度。

（3）如果LAWSTAC模型中各类土壤的水力特征参数合理，基于传统Richards方程的数值模拟，利用模型LAWSTAC描述均质土柱与层状夹砂土入渗规律是可行的。

（4）LAWSTAC模型的模拟结果表明，湿润锋进入夹砂层后，层状夹砂土柱上交界面处基质吸力和入渗率随时间变化不大，湿润锋进入夹砂层后入渗过程进入稳渗阶段。此时层状夹砂土上交界面处基质吸力与入渗率呈线性关系，符合Green-Ampt（1911）入渗模型。

（5）LAWSTAC模型模拟结果表明，层状夹砂土柱入渗过程中夹砂层的稳定含水率对应的非饱和导水率值与上层细质壤土的饱和导水率接近，说明在细质土覆盖粗质土情况下，入渗过程主要由细质土控制。

参考文献

陈帅,毛晓敏,胡海珠.参数平均方式对层状夹砂土壤积水入渗数值模拟的影响[J].中国农业大学学报,2017,22(1):76-84.

雷志栋,杨诗秀,谢森传.土壤水动力学[M].北京:清华大学出版社,1988.

卢修元,魏新平,邱玥,等.砂土中黏土夹层对入渗过程影响的试验分析[J].灌溉排水学报,2009,28(6):39-41.

毛晓敏,尚松浩.计算层状土稳定入渗率的饱和层最小通量法[J].水利学报,2010,41(7):810-817.

邵明安,王全久,黄明斌.土壤物理学[M].北京:高等教育出版社,2006.

史文娟,沈冰,汪志荣.层状土壤水盐动态研究与分析[J].干旱地区农业研究,2005(5):250-254.

汪志荣,王文焰.砂土夹层的阻水减渗机制及合理埋深[J].西安理工大学学报,2000,16(2):170-174.

王春颖,毛晓敏,赵兵.层状夹砂土柱室内积水入渗试验及模拟[J].农业工程学报,2010,26(11):61-67.

王全九,汪志荣,张建丰,等.层状土入渗机制与数学模型[J].水利学报,1998(S1):77-80.

王文焰,张建丰,汪志荣,等.砂层在黄土中的减渗作用及其计算[J].水利学报,2005,36(6):650-655.

王文焰,张建丰,汪志荣,等.砂层在黄土中的阻水性及减渗性的研究[J].农业工程学报,1995,11(1):104-111.

王文焰,张健丰,汪志荣,等.黄土中砂层对入渗特性的影响[J].岩土工程学报,1995,17(5):33-41.

许尊秋,毛晓敏,陈帅.层状土层序排列对水分运移影响的室内土槽试验[J].中国农村水利水电,2016(8):59-62.

张建丰,王文焰,汪志荣,等.具有砂质夹层的土壤入渗计算[J].农业工程学报,2004,20(2):27-30.

Alfnes E,Kinzelbach W,Aagaard P. Investigation of hydrogeologic processes in a dipping layer structure[J]. Journal of Contaminant Hydrology,2004,69(3-4):157-172.

Brunone B,Ferrante M,Romano N,et al. Numerical simulations of one-dimensional infiltration into layered soils with the Richards equation using different estimates of the interlayer conductivity

[J]. Vadose Zone Journal,2003,2(2):193-200.

Colman E A, Bodman G B. Moisture and energy conditions during downward entry of water into moist and layered soils [J]. Soil Science Society Proceedings,1945,9:3-11.

Gasto J M,Grifoll J. Estimation of internodal permeabilities for numerical simulation of unsaturated flows [J]. Water Resources Research,2002,38(12):1326.

Green W H,Ampt G A. Studies on soil physics:1. Flow of air andwater through soils [J]. Journal of Agricultural Science,1911,4:1-24.

Hill D E,Parlange J Y. Wetting front instability in layered soil [J]. Soil Science Society of America Journal,1972,36(5):697-702.

Hills R G,Hudson D B,Porro I,et al. Modeling one-dimensional infiltration into very dry soils,2, Estimation of the soil water parameter and model predictions [J]. Water Resources Research, 1989,25(6):1271-1282.

Hills R G,Porro I,Hudson D B,et al. Modeling one-dimensional infiltration into very dry soils,1, Model development and evaluation [J]. Water Resources Research,1989,25(6):1259-1269.

Huang M,Elshorbagy A,Barbour S L,et al. System dynamics modeling of infiltration and drainage in layered coarse soil [J]. Canadian Journal of Soil Science,2011,91(2):185-197.

Ityel E,Lazarovitch N,Silberbush M,et al. An artificial capillary barrier to improve root-zone conditions for horticultural crops:response of pepper,lettuce,melon,and tomato [J]. Irrigation Science,2012,30(4):293-301.

Miller D E,Gardner W H. Water infiltration into stratified soil [J]. Soil Science Society of America Journal,1962,26(2):115-119.

Romano N,Brunone B,Santini A. Numerical analysis of one-dimensional unsaturated flow in layered soils [J]. Advances in Water Resources,1998,21:315-324.

Rooney D J,Brown K W,Thomas J C. The effectiveness of capillary barriers to hydraulically isolate salt contaminated soils [J]. Water Air and Soil Pollution,1998,104(3-4):403-411.

Stormont J C,Anderson C E. Capillary barrier effect from underlying coarser soil layer [J]. Journal of Geotechnical and Geoenvironmental Engineering,1999,125(8):641-648.

van Genuchten M Th. A closed-form equation for predicting the hydraulic conductivity of unsaturated soils [J]. Soil Science Society of America Journal,1980,44(5):892-898.

Wang C,Mao X,Hatano R. Modeling Ponded infiltration in fine textured soils with coarse interlayer [J]. Soil Science Society of America Journal,2014,78(3):745-753.

Wehr J B,So H B,Menzies N W,et al. Hydraulic properties of layered soils influence survival of Rhodes grass (Chloris gayana Kunth.) during water stress [J]. Plant and Soil,2005,270(1-2):287-297.

第5章 夹砂土对玉米农田土壤水盐动态和作物生长的影响

土壤中的水分运动、盐分运移及其与作物生长的关系，是农田水利、水文水资源和农业科学等领域共同关心的话题。目前，人们已经对农田土壤中的水分运动、盐分运移和作物生长规律做了大量的试验研究，但试验研究存在耗时长、成本高等不足，相关数学模型和数值模拟则快捷有效。例如，国内外应用比较广泛的农田生态水文模型有 SWAP（Soil-Water-Atmosphere-Plant）和 HYDRUS 等。但在地下水浅埋的盐渍化地区，利用模型研究夹砂土对根区水盐累积特征和作物生长影响还比较少。本章基于田间试验和 LAWSTAC 模型模拟分析的方法，对地下水浅埋条件下层状夹砂土壤中水盐动态和作物生长规律开展研究。

5.1 试验概况

2012 年和 2013 年中国农业大学在内蒙古河套灌区解放闸灌域的羊场渠（40°48′N，107°05′E，1 039 m）开展试验（任东阳，2018）。河套灌区属于干旱-半干旱大陆性气候区，年均降雨量为 160 mm，年均蒸发量（直径 20 cm，蒸发量）为 2 240 mm。年日照时长为 3 100~3 300 h，年平均气温为 8.2℃，每年无霜期有 135~150 d。河套灌区的土壤质地分布有较大差异。南部土壤主要由冲积沉淀物形成，土壤质地以砂壤土和粉壤土为主；北部土壤的质地变得更细，多为粉土和黏土。由于灌区常年大水量灌溉，使得地下水位较浅，全年在地面以下 0.5~3.0 m 变化。因此，在干旱区强烈蒸发条件下，深层土壤及地下水中的盐分易随着毛细管上升水迁移至作物根区，加上该地区较差的排水条件，使得盐分不断在上层土壤累积，导致发生次生盐渍化。通常在休耕季节（9~11 月）进行大水量灌溉（秋浇），将盐分从作物根区淋洗出去，将水分储存在土壤层中，以满足翌年作物播种期及苗期需水要求。

2012 年和 2013 年试验者在试验区内种植玉米，试验田块面积分别为 0.7 ha 和 0.8 ha。2012 年玉米播种期为 5 月 1 日，收获期为 9 月 25 日；2013 年播种期为 5 月 2 日，收获期为 9 月 21 日。在整个玉米生育期内，共对试验田块进行了 3 次畦灌，灌溉水量与当地经验灌水量保持一致（表 5-1）。灌溉水为引黄河水，平均矿化度为 0.5 g/L，属于淡水。从附近的临河气象站（41°46′ N，107°24′E）获取逐日气象数据，主要包括日照时数、最高和最低气温、降雨量、风速和相对湿度等。

表 5-1　2012 年和 2013 年玉米试验田灌溉水量

年份	月/日	灌水量（mm）	年份	月/日	灌水量（mm）
2012	6/22	117	2013	6/27	112
	8/2	114		7/17	94
	8/28	75		8/8	108

根据试验田不同土层的颗粒组成，将 0~300 cm 深度土壤剖面划分为 4 层。表 5-2 为 4 层土壤的主要物理特性，包括土壤颗粒组成、干容重、饱和导水率和饱和含水率。为了测定玉米生育期内土壤含水率和盐分含量，每隔 6~15 d 用土钻采集一次土壤样品，取样深度分别为 0~10 cm、10~20 cm、20~40 cm、40~60 cm、60~80 cm 和 80~100 cm。采用烘箱干燥法（105℃）烘干土样并称量计算土壤含水率，再根据相应深度土层的干容重（表 5-2）换算成体积水含率。土壤含盐量（g/kg）与土壤浸取液（土水质量比为 1∶5）的电导率具有较好相关性，根据当地的经验公式，由浸提液的电导率计算得到土壤含盐量，并利用土壤含水率和干容重将土壤含盐量换算成土壤溶液中的含盐量（g/L）。试验期间通过地下水观测井监测地下水位埋深，每隔 7~10 d 监测一次。根据监测结果，2012 年和 2013 年作物生育期内的地下水位平均埋深分别为 117 cm 和 131 cm。同时在作物生育期内每隔 7~15 d 取一次地下水样，采用电导率仪测定其电导率。

表 5-2 玉米试验田土壤的物理特性

深度（cm）	砂粒含量（2.0~0.05 mm，%）	粉粒含量（0.05~0.002 mm，%）	黏粒含量（<0.002 mm，%）	土壤质地	干容重（g/cm^3）	K_S（cm/d）	θ_S（cm^3/cm^3）
0~40	30.4	57.5	12.1	粉壤土	1.43	13.9	0.41
40~130	29.5	59.6	10.9	粉壤土	1.38	18.6	0.49
130~240	3.8	75.2	21.0	粉壤土	1.52	2.4	0.49
240~300	34.0	58.3	7.7	粉壤土	1.39	29.6	0.46

在作物生育期内每隔 10~15 d 测量一次株高和叶面积指数，每次测量 3 株玉米，取 3 次测量结果的平均值作为实际测量值。收获时，每个田块随机选取 3~5 株玉米，采用称重法测其籽粒质量，并根据作物的株距和行距计算作物单位面积产量。根据 FAO 标准（Allen 等，1998）划分玉米各发育阶段，试验期间玉米的生育阶段和持续天数如表 5-3 所示。

表 5-3 划分玉米生育阶段

年份	播种日期（月/日）	不同生育阶段的天数（d）				总天数（d）
		生长初期	快速生长期	生长中期	生长后期	
2012	5/1	31	40	43	34	148
2013	5/2	30	40	33	40	143

5.2 模型验证和模拟方法

采用第 2 章中构建的用于模拟土壤-作物系统中蒸散发、水分运动、溶质运移、根系吸水和作物生长过程的耦合机理模型 LAWSTAC，模拟分析地下水浅埋条件下作物根区以下砂土层对根区水盐动态和作物产量的影响，如图 5-1 所示。基于在内蒙古河套灌区开展的盐渍土农田中土壤水盐动态和春玉米生长的试验数据资料，验证农田生态水文模型 LAWSTAC，再进一步模拟分析在地下水浅埋条件下根区土壤中水盐动态和作物产量对夹砂土厚度和埋深的响应规律。

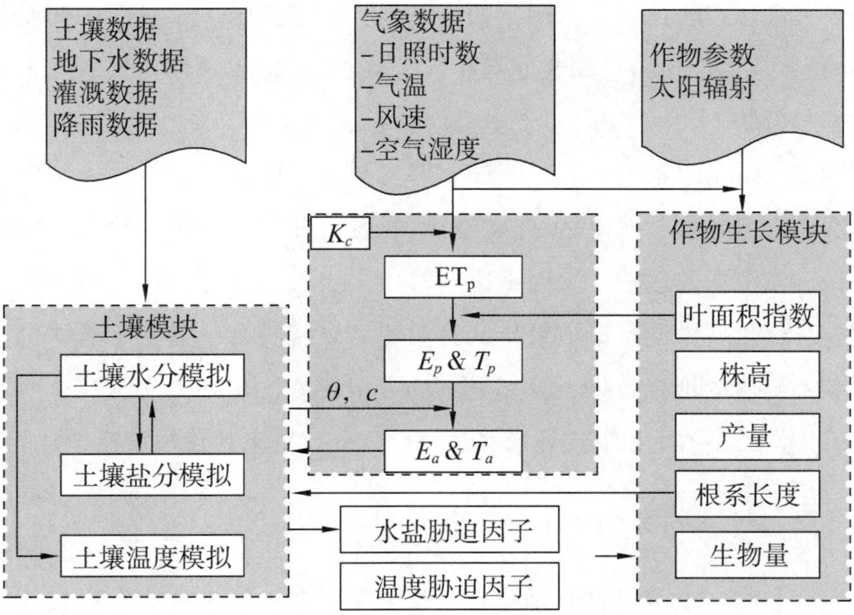

注：图中 ET_p 为潜在作物腾发量，K_c 为单作物系数，E_p 和 T_p 分别为土壤潜在蒸发和作物潜在蒸腾，E_a 和 T_a 分别为土壤实际蒸发、作物实际蒸腾，θ 为土壤含水率，c 为盐分浓度。

图 5-1　LAWSTAC 模型对土壤水盐动态和作物生长的耦合模拟过程

5.2.1　模型率定和验证方法

根据玉米播种当天土样的取样测量结果，确定模拟初始时刻的土壤含水率和盐分浓度在土壤剖面上的分布。对于土壤水分运动模拟，采用大气边界作为上边界，边界上的水分通量是在灌溉、降雨和蒸发共同作用下确定的。下边界设置在地下水位以下，因此，边界条件采用变水头，根据实测地下水位埋深和下边界深度计算边界水头大小。对于盐分运移模拟，上边界条件采用溶质通量。在降水和蒸发过程中，没有盐分进入或离开土壤，此时盐分通量为零；随着灌溉水进入土壤，盐分浓度采用黄河水平均矿化度（0.5 g/L）。下边界条件采用实测的地下水矿化度。

在水分运动模拟中土壤水力特性由 VG-M 模型（公式 2-27）和（公式 2-28）来描述，VG-M 模型中土壤水力特性参数（θ_r、θ_S、α、n 和 K_S）的初始值利用 Rosetta 土壤转换函数，根据实测的土壤颗粒组成和干容重估算得到（见表 5-2）。根据 Jury 和 Horton（2004）研究结果，设定土壤中溶质运移参数（D_L 和 D_0）的初始值。采用 Williams 等（1989）研究结果，设定玉米生长参数的初始值。采用 Feddes 模型（公式 2-30）和 S 型函数（公式 2-34）表示作物根系吸水受到的水分胁迫和盐分胁迫。

利用 2012 年和 2013 年玉米生育期内实测的土壤含水率、盐分浓度、作物叶面积指数和产量数据，对 LAWSTAC 模型的参数进行了率定和验证。根据模型模拟值和试验实测值的比较，采用试错法对以上土壤、溶质的数据和作物生长参数进行调整，尽量使模型模拟结果与试验实测结果相吻合。为了定量评价模型模拟值与试验实测值的拟合效果，分别采用均方根误差（RMSE，公式 3-1）、纳什系数（NSE，公式 3-6）和决定系数（R^2，公式 3-7）来评价模型模拟性能。

5.2.2 设置情景分析

据研究表明，土壤剖面中存在的粗质土夹层对土壤水分运动有较大影响。对于在地下水位较浅的农田中，根区以下粗质土夹层如何影响根区盐分累积和作物生长，仍缺乏研究。因此，本研究设置了一系列的层状土壤剖面情景（图 5-2），并应用 LAWSTAC 模型来研究层状夹砂土的影响。大量试验研究表明，向日葵、玉米和小麦根系主要分布在土壤 0~80 cm 深度处，因此，本研究中夹砂土的埋深（即从地面到砂土层上表面）设置在 80 cm 以下。如表 5-4 所示，情景模拟中针对夹砂土层设置了 4 组埋深（80 cm、90 cm、100 cm、110 cm）和 5 组厚度（10 cm、20 cm、30 cm、40 cm、50 cm），共 20 组模拟情景。

另外设置模拟情景 A 中无夹砂土层，模拟中采用的土壤剖面与试验地实际的土壤质地分布保持一致，作为模拟分析的对照组（CK）。模拟情景 B-E 中使用的粗质砂土是来自于河套灌区土壤，组成为 87%砂粒、10%粉粒和 3%黏粒（Gao 等，2017）；砂土的土壤水力特性（VG-M 模型）参数：残余含水率（θ_r）0.04 cm^3/cm^3、饱和含水率（θ_S）0.4 cm^3/cm^3、进气参数（α）0.04 cm^{-1}、孔隙大小分布参数（n）2.06、饱和导水率（K_S）150 cm/d；砂土的溶质运移参数：纵向弥散度（D_L）为 20 cm、分子扩散系数（D_0）为 10 cm^2/d。在情景模拟中，假设初始时刻土壤剖面含水率处于稳定状态，即不同土壤深度处的土水势相等。

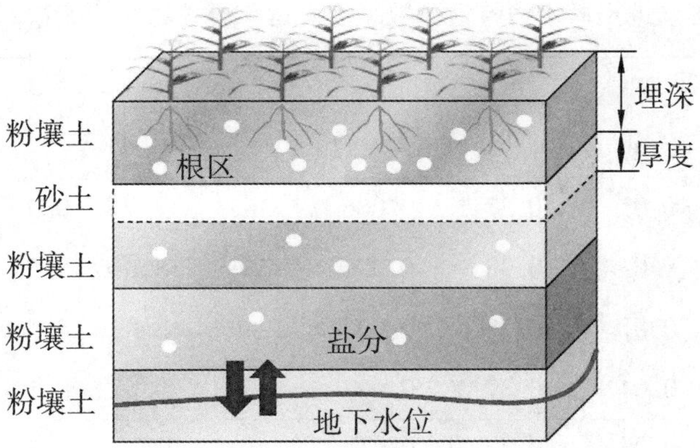

图 5-2　模拟情景分析中不同质地土壤的剖面

表 5-4　模拟情景中土壤夹砂层的埋深和厚度组合

加砂层厚度 T	夹砂层埋深编号及埋深 D（cm）				
（cm）	A（0）	B（80）	C（90）	D（100）	E（110）
0	CK				
10		$D_{80}T_{10}$	$D_{90}T_{10}$	$D_{100}T_{10}$	$D_{110}T_{10}$
20		$D_{80}T_{20}$	$D_{90}T_{20}$	$D_{100}T_{20}$	$D_{110}T_{20}$
30		$D_{80}T_{30}$	$D_{90}T_{30}$	$D_{100}T_{30}$	$D_{110}T_{30}$
40		$D_{80}T_{40}$	$D_{90}T_{40}$	$D_{100}T_{40}$	$D_{110}T_{40}$
50		$D_{80}T_{50}$	$D_{90}T_{50}$	$D_{100}T_{50}$	$D_{110}T_{50}$

在模型率定和验证过程中，虽然土壤剖面中不同深度土层的土壤颗粒组成和干容重有差异，但试验地作物根区及根区以下的土壤质地相对均质（见表 5-2）。为了进一步验证 LAWSTAC 模型对根区以下存在夹砂土的农田生态水文过程模拟的能力，基于 2012 年作物生长条件和模拟情景 B 中的土壤剖面设置（砂层深度为 80 cm，厚度为 10 cm），将 LAWSTAC 模型模拟结果与 HYDRUS-1D 模拟结果进行了对比分析，两个模型的初始条件、边界条件和输入参数均保持一致。

5.3　模型率定和验证结果

评价模型率定和验证结果，主要包括土壤含水率、盐分浓度、叶面积指数、作物产量实测值和模拟值的对比。根据 2012 年实测资料率定得到的不同土壤层的水力特性参数和溶质运移参数（表 5-5），玉米生长参数如表 5-6 所示。

表 5-5　玉米地土壤水力特性参数、溶质运移参数的初始值和率定值对比

初始值/率定值	深度 (cm)	θ_r (cm^3/cm^3)	θ_S (cm^3/cm^3)	α (1/cm)	n -	K_S (cm/d)	l -	D_L (cm)	D_0 (cm^2/d)
初始值	0~40	0. 05	0. 37	0. 006	1. 63	13. 9	0. 5	19	10
	40~130	0. 05	0. 38	0. 006	1. 66	18. 6	0. 5	19	
	130~240	0. 07	0. 42	0. 006	1. 60	2. 4	0. 5	19	
	240~300	0. 04	0. 37	0. 007	1. 61	29. 6	0. 5	19	
率定值	0~40	0. 05	0. 42	0. 013	1. 50	8. 0	0. 5	20	10
	40~130	0. 05	0. 46	0. 011	1. 50	18. 0	0. 5	20	
	130~240	0. 07	0. 49	0. 007	1. 20	2. 4	0. 5	20	
	240~300	0. 04	0. 46	0. 012	1. 70	29. 6	0. 5	20	

表 5-6　作物生长模型、根系吸水模型和蒸发胁迫模型中参数的初始值与率定值对比

参数	初始值	率定值
作物生长最低温度 T_b（℃）	8	8
作物生长最佳温度 T_0（℃）	25	25
最大植株高度 H_{max}（cm）	250	250
最大根系深度 RD_{max}（cm）	200	90
潜在最大叶面积指数 $LAI_{max}$$(m^2/m^2)$	5. 0	5. 2
叶面积指数下降速率 L_r(-)	1. 0	0. 8
生物量-能量转化参数 BE[$(kg \cdot m^2)/(ha \cdot MJ)$]	40	50
从出苗至叶面积开始下降阶段占总生长期的比例 HUI_0(-)	0. 80	0. 81
消光系数 β(-)	0. 70	0. 70
收获指数 HI(-)	0. 50	0. 52
作物成熟所需最大热量单位 PHU（℃）	2 000	2 000
根系层上半部的根系吸水量与根系层总吸水量之比 m_r(-)	0. 70	0. 75
根系能够从土壤中吸收水分的土壤基质势上限 h_1（cm）	-15	-0. 1
根系吸水不受水分胁迫的土壤基质势上限 h_2（cm）	-30	-15

（续表）

参数	初始值	率定值
高蒸发能力时根系吸水不受水分胁迫的土壤基质势上限 h_{3h}（cm）	-325	-325
低蒸发能力时根系吸水不受水分胁迫的土壤基质势下限 h_{3l}（cm）	-600	-450
根系能够从土壤吸水的土壤基质势下限 h_4（cm）	-8 000	-8 000
盐分胁迫造成根系吸水降为50%时的溶质势 h_{S50}（cm）	-4 700	-4 500
蒸发胁迫的下临界含水率 θ_1(cm^3/cm^3)	0.07	0.07
蒸发胁迫的上临界含水率 θ_2(cm^3/cm^3)	0.26	0.26

5.3.1 土壤含水率率定和验证结果

图5-3（彩插）给出了模型率定（左）和验证（右）期中不同深度土壤含水率的模拟值与实测值对比情况。从图中可以看出，不同土壤层内平均含水率的模拟值与实测值吻合较好。根据统计分析结果，在模型率定过程中整个土壤剖面上含水率模拟值与实测值之间的RMSE、NSE和R^2分别为0.03 cm^3/cm^3、0.73和0.76，在模型验证过程中以上指标分别为0.03 cm^3/cm^3、0.68和0.85。土壤含水率的模拟结果表明，在玉米生育期内土壤水分含量较高，其中2012年表层土壤（0～10 cm）平均含水率为0.30 cm^3/cm^3，2013年表层土壤平均含水率为0.29 cm^3/cm^3。由于玉米生育期内地下水位较浅，所以表层以下土壤含水率比表层土壤含水率更高。在作物生育期内不同深度土壤含水率有较大波动，其中含水率增加的原因为大水量灌溉或区域地下水位上升；随着土壤水分的蒸发和渗漏，在两次灌溉之间土壤含水率呈下降趋势。河套灌区的年降雨量较少，在2012年和2013年玉米生育期内降水量分别为202 mm和103 mm，仅对0~20 cm深度土壤含水率产生了明显影响。综上所述，土壤含水率模拟动态及其统计指标表明，LAWSTAC模型能较好地描述不同深度土层水分的动态变化。

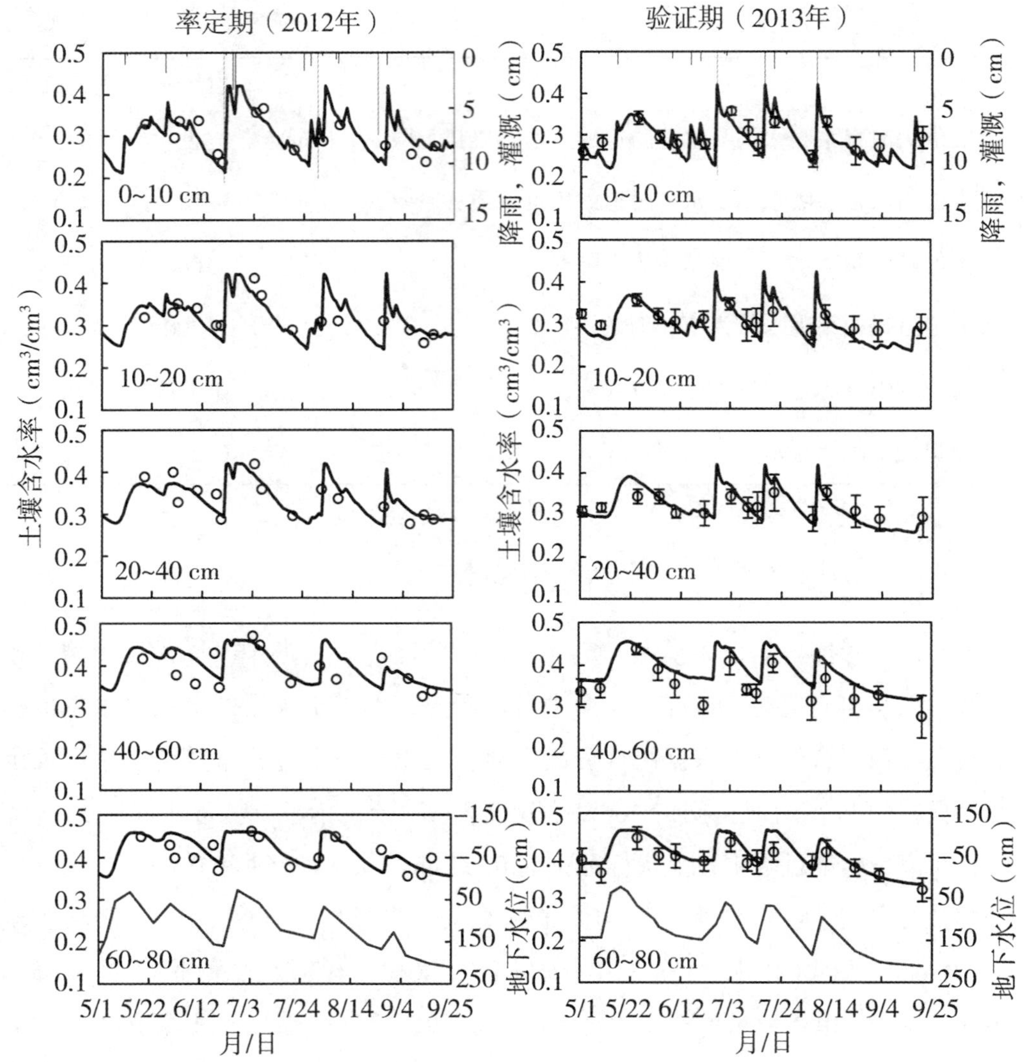

注：降雨量（|）、灌溉量（|）和地下水位埋深（—）

图 5-3　率定期和验证期不同深度土壤含水率的实测值（o）与模拟值（—）对比

5.3.2　土壤盐分率定和验证结果

图 5-4（彩插）给出了模型率定期（左）和验证期（右）不同深度土壤盐分浓度的模拟值与实测值对比结果，表明模型能够较好地描述土壤盐分浓度的动态变化。根据统计分析结果，模型率定过程中整个土壤剖面上盐分浓度模拟值与实测值之间的 RMSE、NSE 和 R^2 分别为 0.87 g/L、0.56 和 0.66，模型验证过程中以上指标分别为 1.13 g/L、0.78 和 0.79。在玉米生育期内 0~40 cm 深度土壤盐分浓度波动明显：在灌溉后盐分浓度急剧下降，在下一次灌溉前随着水分蒸发和蒸腾盐分浓度逐渐增

大，以上盐分浓度的变化过程与土壤水分变化趋势正好相反。盐分浓度的下降是由于在灌溉过程中土壤中盐分被水分稀释，并随着水分下渗而淋洗到更深的土层。然而，由于排水不畅，淋洗的盐分在下层土壤及地下水累积，并能够随着毛管上升水向上迁移至上层土壤，会再次增加上层土壤的盐分含量。玉米生育期内 40~80 cm 深度土壤盐分浓度，因上层土壤盐分被淋洗至该层而有小幅度增加，同时还受浅层地下水的影响。随着地下水分向上补给土壤水，深层土壤盐分向上迁移，40~80 cm 深度土壤中盐分含量逐渐增加。以上土壤含盐量的模拟变化过程及其与实测值的对比结果表明，LAWSTAC 模型能够较好地描述田间土壤盐分的动态变化。

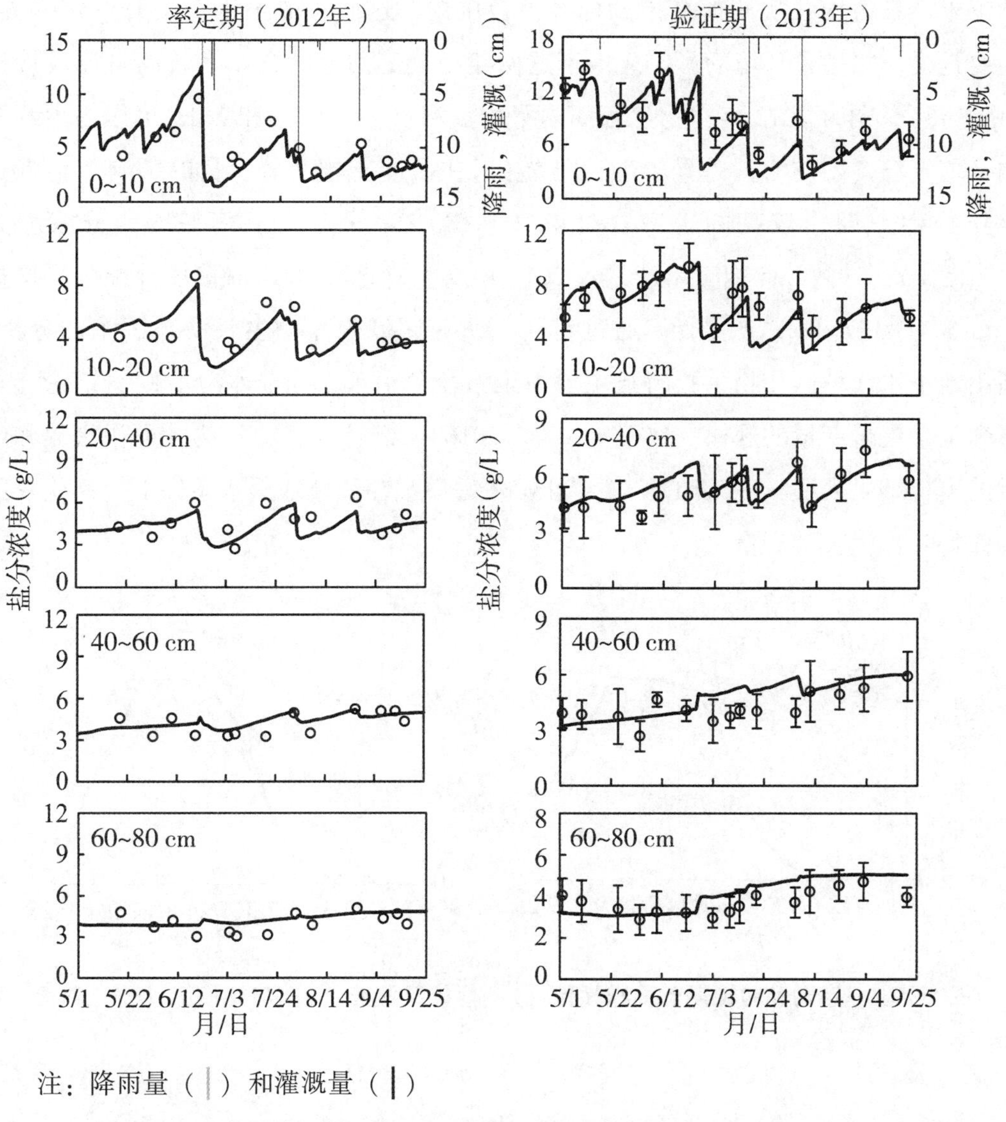

注：降雨量（|）和灌溉量（|）

图 5-4　率定期和验证期不同深度土壤盐分浓度的实测值（o）与模拟值（—）对比

5.3.3 叶面积指数和作物产量率定和验证结果

如图5-5所示，在模型率定期（左）和验证期（右）作物叶面积指数的模拟结果与实测值比较接近。根据统计分析结果，模型率定中叶面积指数模拟值与实测值之间的RMSE、NSE和R^2分别为0.53 m^2/m^2、0.85和0.95，模型验证中以上指标分别为0.67 m^2/m^2、0.77和0.90。模型模拟的玉米产量如表5-7所示，在模型率定期模拟的玉米产量为14.25 t/ha，比2012年玉米实测产量低5.0%；在模型验证期模拟的玉米产量为13.98 t/ha，比2013年玉米实测产量高8.3%。两年模拟的玉米产量值均在实测值结果的标准差范围内。这两年的玉米产量有一定差异，主要是受作物生长环境的影响。由于这两年土壤剖面上的含水率较高且比较接近（图5-3），同时2012年作物生育期内平均气温（20.9℃）和2013年作物生育期内平均气温（21.8℃）差异较小，作物生长主要受土壤盐分含量的影响，而2013年作物生育期内较高的土壤含盐量（0~80 cm深度处土壤平均盐分浓度为5.54 g/L），导致该年内玉米产量较2012年（生育期0~80 cm深度处土壤平均盐分浓度为4.57 g/L）产量低。通过对同一研究区域内作物生长胁迫因子的分析，指出地下水浅埋区作物生长胁迫主要由土壤盐分引起，而非水分亏缺，结论与本研究玉米模拟产量的规律一致（Ren等，2016）。总体而言，作物叶面积指数和产量的模拟结果表明，LAWSTAC模型能够较好模拟在浅埋地下水条件下盐渍化农田中作物叶片生长和产量。

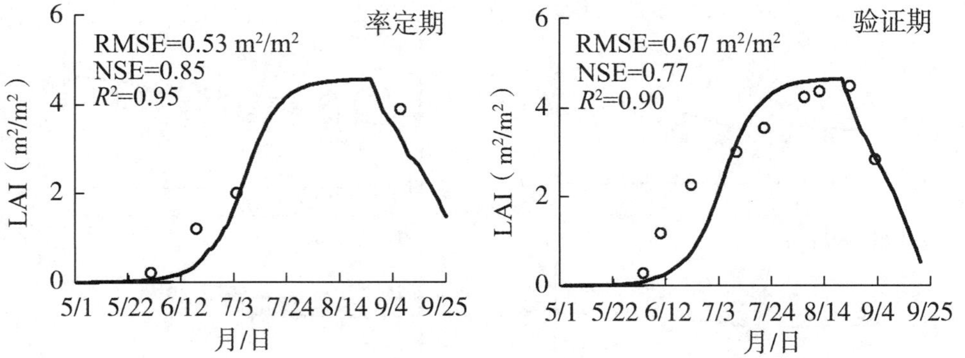

图5-5 率定期和验证期叶面积指数（LAI）的实测值（o）与模拟值（—）对比

表 5-7 2012 年和 2013 年实测与模拟的玉米产量

年份	产量（t/ha）	
	实测	模拟
率定（2012）	15.0±1.2	14.25
验证（2013）	12.9±1.6	13.98

“±”后面的数字代表实测产量的标准差

5.3.4 土壤剖面的水盐平衡

基于田间实际土壤剖面中水分和盐分的模拟结果，分析了 2012 年和 2013 年玉米生长初期、快速生长期、生长中期和生长后期 0～90 cm 深度土壤的水盐均衡状况。从图 5-6（彩插）可以看出，在作物冠层较小的生长初期和快速生长期，地面蒸发量较大，在 2012 年和 2013 年作物生育期总蒸发量的占比比较大，而在生长中期和生长后期土壤蒸发量占比大幅减小。在 2012 年和 2013 年玉米的蒸腾耗水总量分别为 351 mm 和 347 mm，其中玉米蒸腾主要集中在快速生长阶段到生育末期。玉米地土壤蒸发量和作物蒸腾量计算结果，与 Ren 等（2016）研究结果相一致。另外，在作物各生育时期均发现有根系层以下水分向上补给至根区，2012 年和 2013 年累积向上补给水量分别为 189 mm 和 163 mm，分别占作物全年总耗水量的 35%和 31%。虽然对于干旱区作物生长深层水分向根系层补给不可或缺，但不可避免地将盐分从深层土壤带到了上部根区，2012 年向根区迁移的盐分总量为 738 g/m^2，2013 年向根区迁移的盐分总量为 510 g/m^2。在作物快速生长期、生长中期和生长后期大水量灌溉，使得土壤发生了水分渗漏，同时也使得部分土壤盐分被淋洗到根区以下，2012 年和 2013 年根区淋洗盐量分别为 859 g/m^2 和 569 g/m^2。

在整个玉米生育期内，2012 年和 2013 年作物根区贮水量分别减少了 9 mm 和 30 mm，而土壤含盐量分别增加了 33 g/m^2 和 98 g/m^2。这表明，在现有条件下土壤盐分会逐年累积。如果播种前不使用足够的淡水将根区盐分淋洗出去，土壤盐分对作物生长的影响将会越来越大，最终将无法生产。

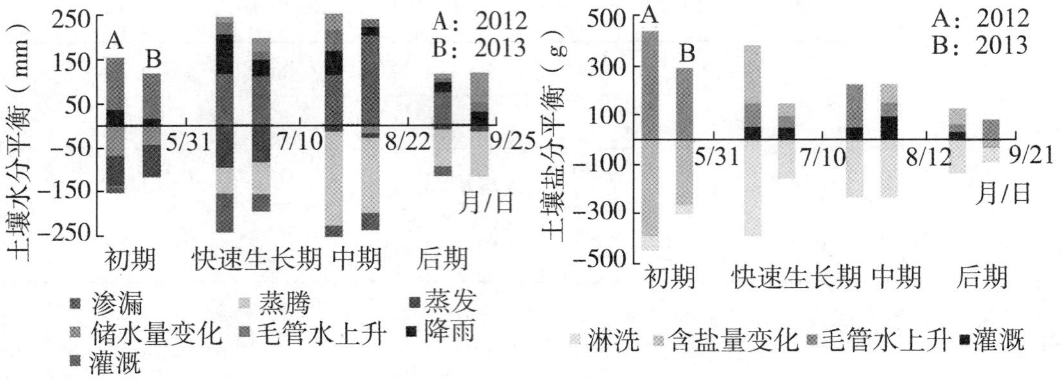

注：土壤盐分平衡中的单位 g，是指 0~90 cm 深度单位面积（1 m^2）土壤的总含盐量。

图 5-6 2012 年和 2013 年不同作物生长阶段内 0~90 cm 深度土壤的水分和盐分平衡

5.3.5 田间土壤存在粗质土夹层条件下的模型模拟评价

2012 年在玉米根区土壤下方设置一层砂土（深度为 80 cm，厚度为 10 cm），砂土的物理特征和水力特性见 5.2.2，土壤剖面其余土层的质地和分布与试验条件保持一致，分别采用 HYDRUS-1D 模型和 LAWSTAC 模型模拟层状夹砂土壤中水盐动态、作物生长过程。模型比较的指标为土壤蒸发量、作物蒸腾量、土壤含水率和盐分浓度（图 5-7，彩插）。两个模型模拟的累积蒸发量和蒸腾量随时间变化趋势基本相同。2012 年玉米生育期内各深度土层含水率和盐分浓度的模拟结果如图 5-8 所示（彩插），两个模型模拟的土壤含水率和盐分浓度均在 1∶1 线附近，包括夹砂层（80~90 cm）土壤含水率和盐分浓度。根据 HYDRUS-1D 模型和 LAWSTAC 模型模拟的层状夹砂土壤中土壤水盐动态、土壤蒸发量和作物蒸腾量结果，可以认为 LAWSTAC 模型能够对田间有粗质土夹层的土壤剖面水分运动和盐分运移进行可靠模拟。

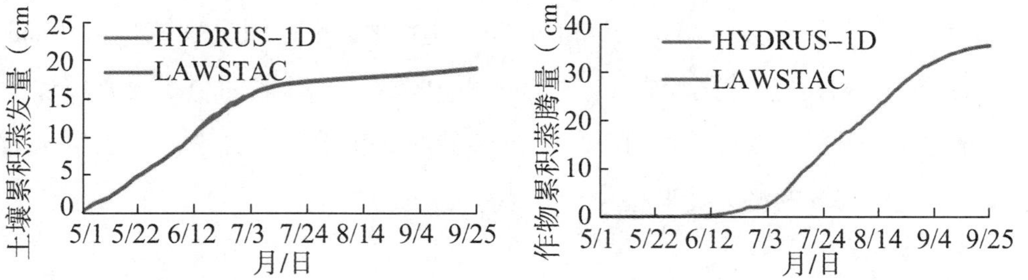

图 5-7 HYDRUS-1D 模型和 LAWSTAC 模型模拟的土壤累积蒸发量、作物累积蒸腾量对比

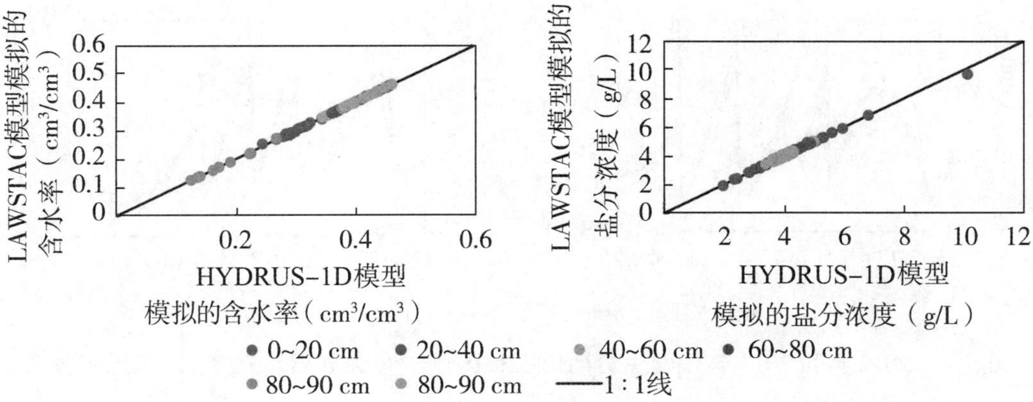

图 5-8 HYDRUS-1D 模型和 LAWSTAC 模型模拟的不同深度土层含水率、盐分浓度对比

5.4 夹砂土对土壤水盐动态及作物产量的影响

根据表 5-4 中设置的不同情景模拟结果，分析土壤剖面中夹砂层的埋深和厚度对土壤水盐动态及作物产量的影响。

5.4.1 夹砂层对根区水盐动态的影响

为了探索根区以下存在粗质土夹层对作物生育期内土壤水盐动态的影响，本研究选择了砂土层埋深 80 cm、厚度 50 cm 的层状土壤剖面（$D_{80}T_{50}$），模拟分析 0~80 cm 深度土壤水盐含量的变化规律，并将模拟值结果与土壤剖面相对均质的对照组结果进行比较。

在均质和层状夹砂土条件下，在作物生育期内 0~80 cm 深度土壤贮水量和含盐量的模拟结果如图 5-9（彩插）和图 5-10 所示（彩插）。在作物生长初期没有对试验地进行灌溉的条件下，由于区域地下水侧向补给造成的地下水位抬升，增加了根区贮水量。在情景模拟中，初始时刻均质和层状夹砂土壤剖面上采用的相同基质势分布，使得砂土层的初始含水率低于均质土壤剖面中相同深度处细质土的含水率，因此，在水分随着地下水位上升而向上运动时，砂土层会储存更多的来水，从而减少了向上层土壤补给的水量（图 5-11，彩插），造成 $D_{80}T_{50}$ 处理中 0~80 cm 深度土壤贮水量小于对照组贮水量。同时，$D_{80}T_{50}$处理中水分向上运动通量的减少，造成从深层土壤进入作物根区的盐分减少，在此期间根区含盐量也低于对照组含盐量。

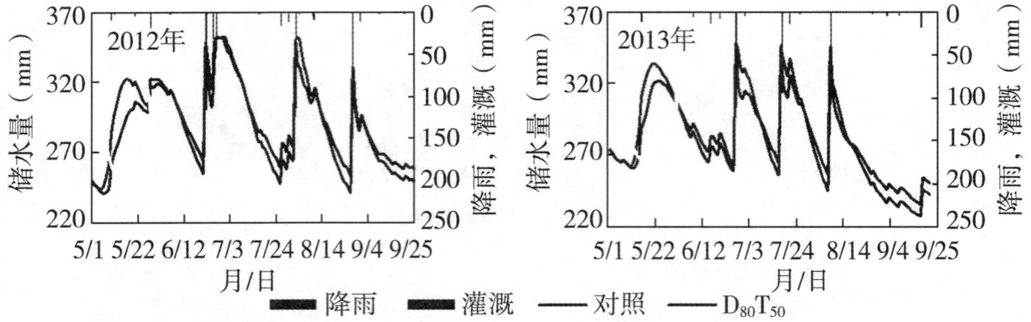

图 5-9　2012 年和 2013 年作物生育期内在根区以下有夹砂层（$D_{80}T_{50}$）和无夹砂层（对照）条件下 0~80 cm 深度土层内的贮水量变化

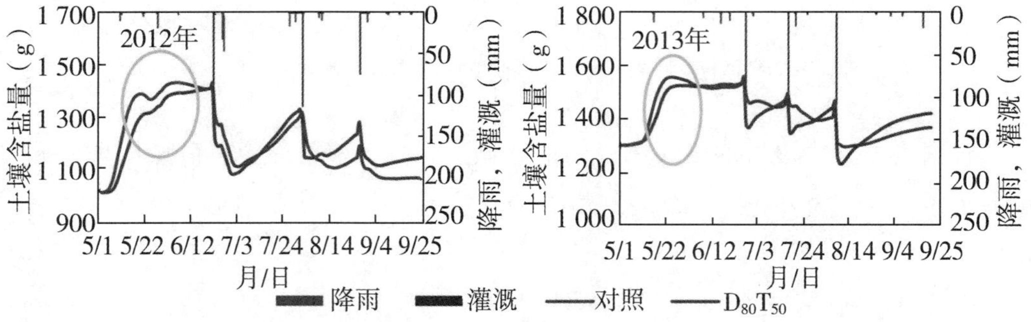

注：土壤含盐量是指盐分在单位面积（1 m^2）和深度为 80 cm 深度土层内的总含量。

图 5-10　2012 年和 2013 年作物生育期内在根区以下有夹砂层（$D_{80}T_{50}$）和无夹砂层（对照）条件下 0~80 cm 深度土壤含盐量变化

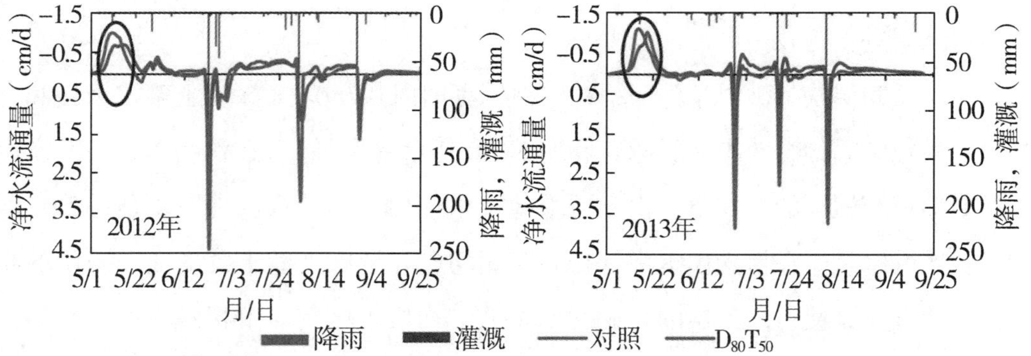

注：正值表示水分向下渗漏，负值表示水分向上运动。

图 5-11　2012 年和 2013 年作物生育期内在根区以下有夹砂层（$D_{80}T_{50}$）和无夹砂层（对照）条件下 80 cm 深度土壤净水流通量变化

在作物生长初期后，大水量灌溉和较浅的地下水位导致根区以下砂土层具有较高的含水率。2012 年和 2013 年作物生育期内砂土层的平均含水率分别为

0.32 cm³/cm³ 和 0.30 cm³/cm³，也因此具有较高的导水率（图 5-12，彩插）。从图 5-11 可以看出，对于夹砂层处理 $D_{80}T_{50}$，砂土层较高的导水率（较小的水流阻力）有利于灌溉水在土壤剖面中向下运动，即产生深层渗漏。在两次灌溉之间，由于砂土对水的吸持能力较小，砂土层内的水分更容易向周边质地较细的土壤中运动，由此也增加了从砂土层向上层细质土运动的水流通量。随着根区底部水分运动通量的增加，根区底部盐分向上的迁移量随向上水流通量的增加而增加，同时盐分向下的迁移量也随水分渗漏量的增加而增加（见图 5-10）。Shi 等（2005）在层状夹砂土壤中开展了水分蒸发试验，同样发现在蒸发过程中，当夹砂层在地下水位附近时，向上的水盐通量均会增加。因此，与对照组相比，夹砂层处理 $D_{80}T_{50}$ 在灌溉后水分通过砂土层向下渗漏过程中根区贮水量较低，盐分的淋洗量也较多（见图 5-9 和图 5-10）。在水分停止下渗并随着蒸发和蒸腾向上运动的过程中，夹砂层处理 $D_{80}T_{50}$ 中有更多水分经砂土层向上补给至作物根区，使得根区贮水量下降速度低于对照组，甚至增加了根区的贮水量，而盐分含量增加速度明显高于对照组。

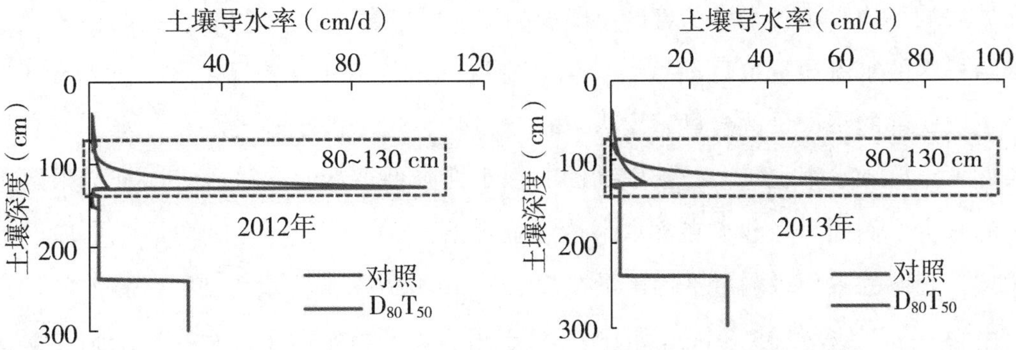

图 5-12　2012 年和 2013 年在根区以下有夹砂层（$D_{80}T_{50}$）和无夹砂层（对照）条件下土壤导水率垂直分布（首次灌溉的前一天）

以往的研究表明，由于粗质土具有较低的含水率，使得粗质土夹层在土壤中起到了毛管阻碍作用，抑制了上下层土壤之间的水分交换。以往的研究通常是在土壤含水率较低的非饱和土壤中进行的，粗质土壤的导水率较低，粗质土夹层起到了抑制水分运动的毛管阻碍作用。在本研究中，由于研究区地下水水位较浅，2012 年生育期内平均地下水位埋深为 117 cm，2013 年平均地下水位埋深为 131 cm。在地下水浅埋条件下，夹砂层处理 $D_{80}T_{50}$ 中砂土层一直保持较高的含水率，砂土层较高的导水率反而促进了水分的运动。以上结果表明，夹砂层的土壤含水率，特别是其与地下水位之间的距离对于水盐运移的影响至关重要。在研究及实际应用中应特别关注地下水埋深对水盐运移的影响。

5.4.2 夹砂层厚度和埋深对根区水盐状况的影响

本研究通过在田间原土壤剖面中设置不同厚度和埋深的夹砂土（表 5-4），开展了对根区水盐状况和作物产量影响的模拟分析。图 5-13 和图 5-15 分别展示了作物生育期内 0~80 cm 深度土壤平均贮水量、平均含盐量的模拟结果。从模拟结果可以看出，作物生育期内有夹砂层 0~80 cm 深度土壤的平均贮水量普遍比对照组的贮水量高（图 5-13a）。这与前面分析的浅埋地下水位条件下夹砂层可以增加向上水流通量，从而有利于根区蓄水的结论一致（见图 5-11）。0~80 cm 深度土壤中的贮水量，随着根区与砂层距离增加而减少。随着夹砂层厚度从 10 cm 增加到 50 cm，夹砂层埋深为 80 cm 时，0~80 cm 深度土壤贮水量呈增加趋势；夹砂层埋深为 90 cm、100 cm 和 110 cm 时，0~80 cm 深度土壤贮水量先增加后减少，贮水量转折处对应的临界夹砂土厚度分别为 40 cm、30 cm 和 20 cm。这主要是因为夹砂层的平均土壤含水率随着砂层厚度的增加而增大（图 5-13b），此时由砂土层补给根区的水流通量也逐渐增大。当砂土层的平均含水率高于 0.31 cm^3/cm^3 时，砂土层底部的渗漏量就会显著增大（图 5-14），这是由于砂土层在含水率较高的条件下土壤导水率也较大，土壤剖面的保水性降低，从而导致砂土层补给根区水量的减少。例如，当砂土层含水率达到临界值 0.31 cm^3/cm^3，随着砂土层厚度的增加，底部的累积渗漏量平均增量在 2012 年由 15.6 mm 突增为 29.9 mm，在 2013 年由 29 mm 突增为 35.8 mm。因此，对于根区以下特定砂土层存在一个临界含水率，对应根区土壤的最大持水量，超过临界含水率则根区贮水量会迅速降低。

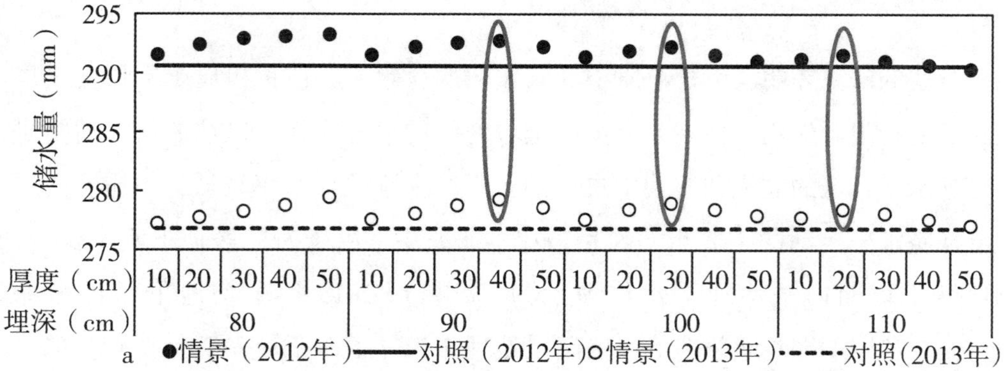

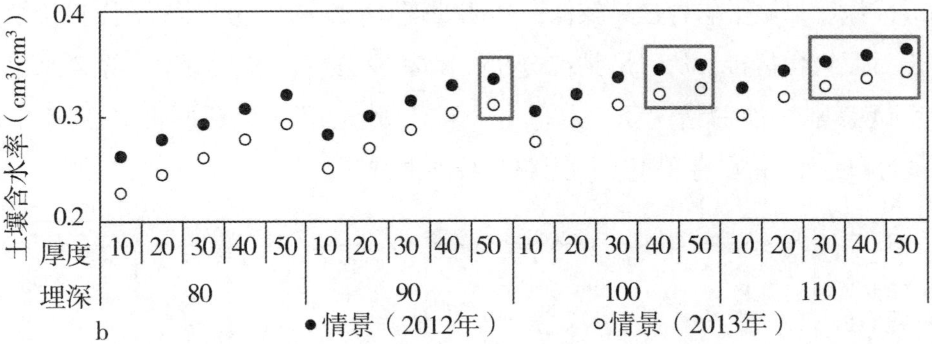

图 5-13　2012 年和 2013 年作物生育期内在不同夹砂土厚度和埋深（单位：cm）情景下模拟的 0~80 cm 深度土壤平均贮水量和砂土层平均含水率变化

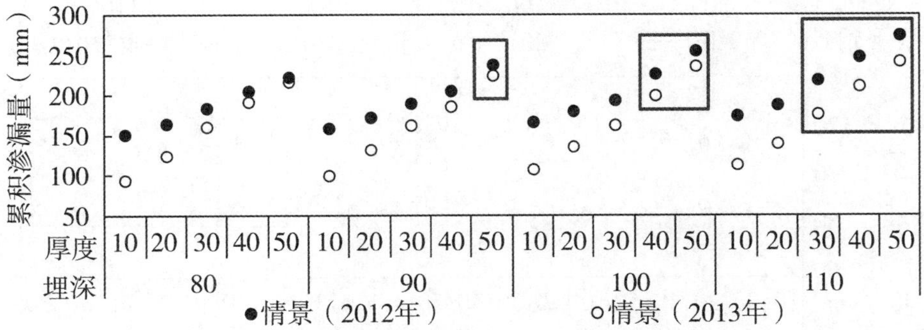

图 5-14　2012 年和 2013 年在作物生育期内不同夹砂土厚度和埋深（单位：cm）情景下模拟的砂土层底部累积渗漏水量变化

图 5-15 给出了 0~80 cm 深度土层和砂土层中的平均含盐量。从图中可以看出，砂土层的埋深和厚度在一定程度上影响了土壤盐分含量。一般在相同砂土层埋深条件下，0~80 cm 深度土壤盐分含量随着砂土层厚度的增加先略有增加或缓慢减小，而后下降趋势加快。主要是由于随着砂土层厚度的增加，砂土层对上层土壤的补给水量增多（见图 5-13a），向上层土壤迁移的盐量相对于向下的淋洗量有所增加；当砂土层达到一定厚度时（图 5-15 中被框出的模拟情景），土壤含水率较高（> 0.31 cm^3/cm^3），渗漏水量的急剧增加导致更多的盐分被淋洗至土壤深处（图 5-16），导致这些情景中 0~80 cm 深度土层和砂土层中盐分含量减小幅度较大。在相同砂土层厚度条件下，增加砂土层埋深，0~80 cm 深度土壤中的盐分含量有所降低。0~80 cm 深度土壤中的贮水量随砂土层埋深的增加而减少，表明通过向上水流运动进入根区的水量减少，随着水分进入上部土壤的盐分也相应减少。与对照组相比，在 $D_{90}T_{50}$、$D_{100}T_{40}$、$D_{100}T_{50}$、$D_{110}T_{30}$、$D_{110}T_{40}$ 和 $D_{110}T_{50}$ 处理

0~80 cm 深度土壤平均含盐量较低，其他处理 0~80 cm 深度土壤平均含盐量接近或高于对照组含盐量。从渗漏情况分析，随着砂土层含水率超过临界含水率，在渗漏水量急剧增加的情况下，与其相对应的砂土层埋深和厚度条件（如埋深 90 cm、厚度 50 cm）有利于上层土壤盐分的淋洗。

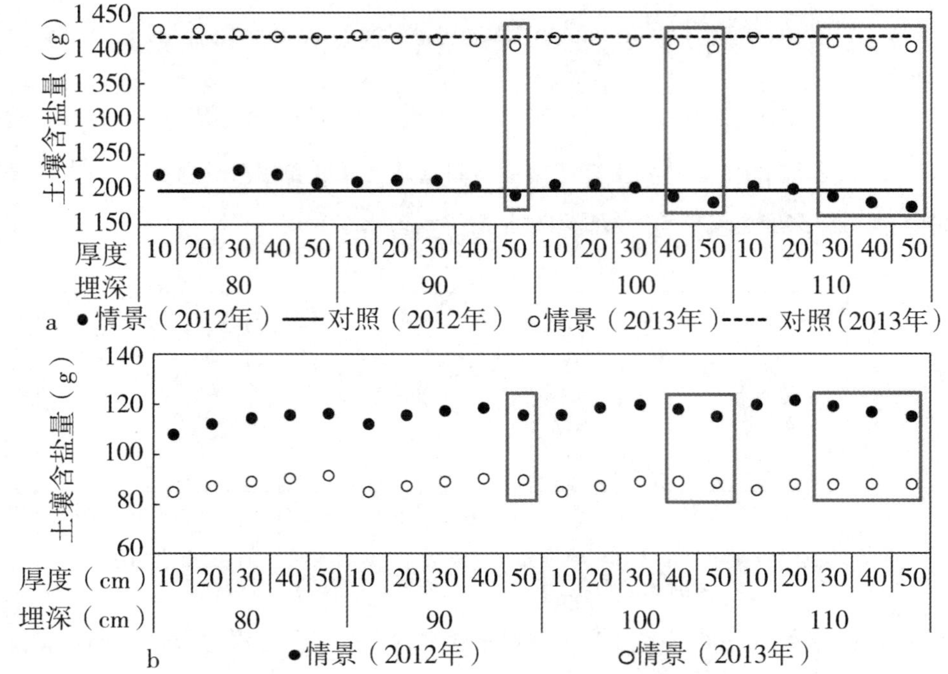

注：图 a 中土壤含盐量是指在单位面积（1 m^2）和 80 cm 深度土壤的总含盐量。图 b 中土壤含盐量是指在单位面积（1 m^2）和 10 cm 深度砂土层内的总含盐量。

图 5-15　2012 年和 2013 年作物生育期内 0~80 cm 深度土壤平均含盐量和砂土层平均含盐量变化

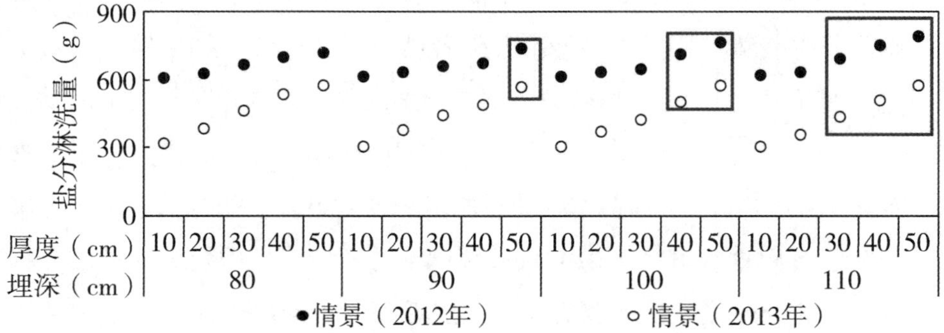

注：盐分淋洗量是指砂土层底部在单位面积上（1 m^2）淋洗的盐分总量。

图 5-16　2012 年和 2013 年作物生育期内在不同夹砂土厚度和埋深情景下模拟的砂土层底部盐分淋洗量变化

5.4.3 夹砂层厚度和埋深对作物产量的影响

土壤剖面中根区以下存在的砂土层能够影响根区底部的水分和盐分通量，从而引起作物根区水分含量和盐分累积量的变化。同时砂土层引起土壤剖面中水分和盐分通量的变化程度还受到砂土层厚度和埋深的影响，而土壤中的水分和盐分含量是影响作物生长和产量的关键因素。因此，受土壤剖面中根区以下砂土层影响，作物的生长和产量情况也会表现出与均质土中作物生长状况不同的规律。

基于层状夹砂土壤的设置及情景模拟结果，2012 年和 2013 年不同砂土层埋深和厚度条件下玉米模拟产量如图 5-17 所示。作物产量与砂土层厚度呈明显的正相关，而与砂土层埋深呈负相关。土壤剖面中砂土层埋深和厚度的改变引起作物产量变化，是由根区土壤水盐含量协同作用的结果。根据 5.4.1 和 5.4.2 小节的结果分析，作物根区以下有砂土层的情况下，在作物生育期内根区的平均贮水量普遍高于对照组中的土壤贮水量（图 5-13a）。在相同砂土层埋深条件下，砂土层的厚度越大，根区土壤盐分含量越低，盐分对作物生长产生的胁迫减弱，从而促进了作物生长和提高了产量。在相同砂土层厚度的前提下，随着砂土层埋深从 80 cm 增加至 110 cm，根区土壤贮水量和盐分含量均减少。水分胁迫的增加相对于盐分胁迫的降低，可能对作物产量产生更大的不利影响。在不同砂土层埋深条件下，在砂土层厚度较大（30~50 cm）的情景中，作物根区贮水量大于或接近对照组的贮水量（图 5-13a），而此时盐分淋洗量较大，作物根区盐分含量普遍低于对照组中的盐分含量（图 5-15a），作物生长受到的盐分胁迫更小，使得 2012 年和 2013 年作物产量均高于对照组的产量。

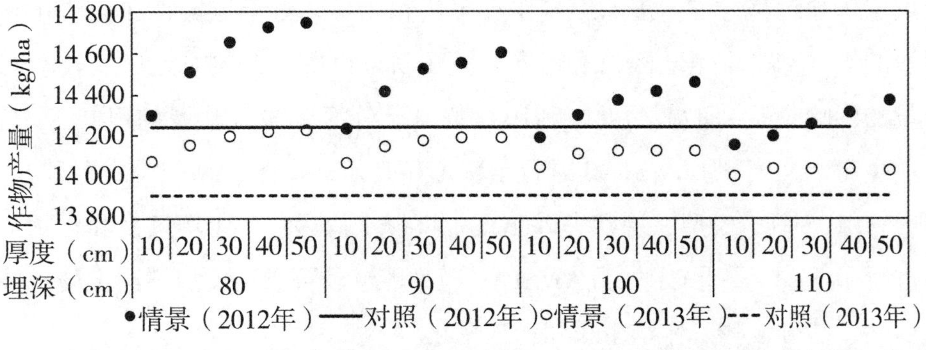

图 5-17　2012 年和 2013 年作物生育期内在不同夹砂土厚度和埋深情景下模拟的作物产量

5.5 夹砂土条件下农田节水控盐增效的调控措施

研究结果表明，在地下水浅埋区，作物根区和根区以下夹砂层的贮水量随着砂土层厚度的增加而增大，直到砂土层的平均含水率超过临界值（0.31 cm^3/cm^3），作物根区的贮水量随着砂土层厚度增加而又减小。作物根区的含盐量随着砂土层厚度的增加，而略有增加或缓慢减少。当砂土层的含水率达到临界值后，根区含盐量则急剧下降。在根区水盐双重胁迫影响下，在砂土层埋深一定的条件下，砂土层厚度越厚，作物产量越高。在砂土层厚度不变的情况下，土壤含水率、含盐量和作物产量均与砂土层埋深呈负相关。

基于以上结果，与均质土壤相比，根区以下存在粗质土夹层的土壤剖面，在粗质土含水率小于某一临界值时，有利于根区水分的贮存；粗质土含水率超过这一临界值后土壤渗漏水量会增加，有利于土壤盐分的淋洗。因此，对于作物根区以下存在粗质土夹层的地区，若土壤盐渍化比较严重，粗质土中的含水率应达到或者高于该粗质土的临界含水率，促进盐分从作物根区淋洗出去，为作物发芽和生长创造一个低含盐量的土壤环境。对于水资源短缺、土壤盐渍化较轻的地区，应保持粗质土中的含水率低于粗质土的临界含水率，减少土壤水分向深层渗漏，让更多的水分保持在作物根区。这将有助于创造一个多水少盐的土壤环境，从而提高根区以下粗质土夹层土壤的生产能力。

5.6 小结

自然界中的土壤多呈非均质状态，土壤垂向剖面中存在的粗质土夹层能够改变土壤中水盐运移过程，进而影响作物生长和产量。对于土壤存在盐渍化和地下水位浅的干旱和半干旱地区，了解作物根区以下粗质土夹层对土壤水盐动态和作物产量的影响是重要的。为此，利用在黄河上游河套灌区开展的田间玉米试验，对农业生态水文模型 LAWSTAC 进行了率定和验证，并将 LAWSTAC 模型与广泛应用的 HYDRUS-1D 模型在层状夹砂土壤中模拟水盐运移、土壤蒸发和作物蒸腾的能力进行了比较。结果表明，LAWSTAC 模型能够较可靠地模拟不同土壤条件下的水分运动、盐分运移、作物生长和产量变化。

为进一步探索根区以下粗质土夹层对作物根区贮水量、盐分含量和作物产量的影响，设计了 20 种不同埋深（80 cm、90 cm、100 cm 和 110 cm）和厚度

（10 cm、20 cm、30 cm、40 cm 和 50 cm）的夹砂层模拟情景。模拟结果表明，在地下水浅埋的地区，粗质土夹层较高的含水率和导水率促进了水盐向上迁移和向下渗漏的过程。同时作物根区以下粗质土夹层的厚度和埋深，与根区的水分和盐分状态密切相关。在相同夹砂土埋深下，砂土层含水率随着砂层厚度的增加而增大，在未达到砂土层临界含水率（0.31 cm^3/cm^3）之前，作物根区含水率先随着砂层厚度的增加而增大，此时根区内含盐量保持相对稳定或略有减小。当砂土层内含水率超过临界含水率后，随着砂土层厚度继续增加，根区底部水分渗漏量迅速增加，作物根区贮水量开始递减，根区含盐量也开始低于对照组（均质土）中的含盐量，此时有利于根区盐分淋洗，而不利于根区水分的保持。在根区水盐双重胁迫影响下，在砂土层埋深一定的条件下，砂土层厚度越厚，作物产量越高。在砂土层厚度不变的情况下，砂土层埋深增加会减少土壤含水率、含盐量和作物产量。本研究结果有助于理解在地下水浅埋区存在的粗质土夹层对作物根区贮水量和盐分淋洗的影响规律，并为盐渍化灌区制定合理的灌溉制度提供科学指导。

参考文献

冯壮壮，史海滨，苗庆丰，等. 基于 HYDRUS-1D 模型的河套灌区典型夹砂层耕地水分利用分析[J]. 农业工程学报，2021，37(18)：90-99.

冯壮壮. 内蒙古河套灌区夹砂层农田节水控盐条件下水盐运移模拟与灌溉制度优化[D]. 呼和浩特：内蒙古农业大学，2023.

郝远远. 内蒙古河套灌区水文过程模拟与作物水分生产率评估[D]. 北京：中国农业大学，2015.

穆文彬. 华北平原农田层状土壤水分运动试验及数值模拟[D]. 郑州：华北水利水电学院，2012.

乔冬梅. 盐渍化地区 SPAC 系统能态分析及根系吸水模型研究[D]. 呼和浩特：内蒙古农业大学，2005.

任东阳. 灌区多尺度农业与生态水文过程模拟[D]. 北京：中国农业大学，2018.

任利东. 层状土壤水分运动及其对紫花苜蓿生长的影响[D]. 咸阳：西北农林科技大学，2016.

史文娟，沈冰，汪志荣，等. 蒸发条件下浅层地下水埋深夹砂层土壤水盐运移特性研究[J]. 农业工程学报，2005，21(9)：23-26.

Allen R G，Pereira L S，Raes D，et al. Crop evapotranspiration-guidelines for computing crop water requirements-FAO Irrigation and drainage paper 56 [R]. Food and Agriculture Organization of the UN, Rome, Italy, 1998.

Chen S, Mao X, Barry D A, et al. Model of crop growth, water flow, and solute transport in layered soil [J]. Agricultural Water Management, 2019, 221: 160-174.

Chen S, Mao X, Shukla M K. Influence of coarse-textured soil layers under crop root zone on soil water and salt dynamics and crop yield in shallow groundwater areas [J]. Soil Science of America Journal, 2021, 85: 1479-1495.

Feddes R A, Kowalik P J, Zaradny H. Simulation of field water use and crop yield [M]. Simulation Monographs. Pudoc, Wageningen, the Netherlands, 1978.

Gao X, Bai Y, Huo Z, et al. Deficit irrigation enhances contribution of shallow groundwater to crop water consumption in arid area [J]. Agricultural Water Management, 2017, 185: 116-125.

Hillel D, Baker R S. A descriptive theory of fingering during infiltration into layered soils [J]. Soil Science, 1988, 146: 51-56.

Huang M, Zettl J D, Barbour S L, et al. The impact of soil moisture availability on forest growth indices for variably layered coarse-textured soils [J]. Ecohydrology, 2013, 6(2): 214-227.

Ityel E, Lazarovitch N, Silberbush M, et al. An artificial capillary barrier to improve root-zone conditions for horticultural crops: response of pepper, lettuce, melon, and tomato [J]. Irrigation Science, 2012, 30(4): 293-301.

Jury W A, Horton R. Soil Physics [M]. 6th ed. John Wiley & Sons, Inc, 2004.

Legates D R, McCabe G J. Evaluating the use of "goodness of fit" measures in hydrologic and hydroclimatic model validation [J]. Water Resources Research, 1999, 35(1): 233-241.

Miao Q, Rosa R D, Shi H, et al. Modeling water use, transpiration and soil evaporation of spring wheat-maize and spring wheat-sunflower relay intercropping using the dual crop coefficient approach [J]. Agricultural Water Management, 2016, 65: 211-229.

Ren D, Xu X, Hao Y, Huang G. Modeling and assessing field irrigation water use in a canal system of Hetao, upper Yellow River basin: Application to maize, sunflower and watermelon [J]. Journal of Hydrology, 2016, 532: 122-139.

Ren L, Huang M. Fine root distributions and water consumption of alfalfa grown in layered soils with different layer thicknesses [J]. Soil Research, 2016, 54(6): 730-738.

Rooney D J, Brown K W, Thomas J C. The effectiveness of capillary barriers to hydraulically isolate salt contaminated soils [J]. Water Air and Soil Pollution, 1998, 104(3-4): 403-411.

Schaap G M, Leij J F, Genuchten V T M. ROSETTA: a computer program for estimating soil hydraulic parameters with hierarchical pedotransfer functions [J]. Journal of Hydrology, 2001, 251(3-4): 163-176.

Simunek J, Sejna M, van Genuchten M Th, et al. The HYDRUS-1D software package for simulating the one-dimensional movement of water, heat, and multiple solutes in variably saturated media, version 2.0 [R]. International Ground Water Modelling Center, Colorado School of Mines, Report No. IGWMC- TPS-70, 1998.

van Dam J C, Huygen J, Wesseling J G, et al. Theory of SWAP version 2.0, Simulation of water flow, solute transport and plant growth in the Soil-Water-Atmosphere-Plant environment [R]. Wageningen Agricultural University, 1997.

van Genuchten, M. Th., and G. J. Hoffman. Analysis of crop production [M]. In: Shainberg, I, Shalhevet, J (Eds.), Soil Salinity Under Irrigation. Berlin: Springer, 1984.

Wehr J B, So H B, Menzies N W, et al. Hydraulic properties of layered soils influence survival of Rhodes grass (Chloris gayana Kunth.) during water stress [J]. Plant and Soil, 2005, 270(1): 287-297.

Williams J R, Jones C A, Kiniry J R, Spanel D A. The EPIC Crop Growth Model [J]. Transactions of the ASABE, 1989, 32(2): 497-511.

Xu X, Huang G, Sun C, et al. Assessing the effects of water table depth on water use, soil salinity and wheat yield: Searching for a target depth for irrigated areas in the upper Yellow River basin [J]. Agricultural Water Management. 2013, 125: 46-60.

Xu X, Sun C, Qu Z, et al. Groundwater recharge and capillary rise in irrigation areas of the upper Yellow River Basin assessed by an agro-hydrological model [J]. Irrigation and Drainage, 2015, 64(5): 587-599.

Zettl J D, Barbour S L, Huang M, et al. Influence of textural layering on field capacity of coarse soils [J]. Canadian Journal of Soil Science. 2011, 91(2): 133-147.

第6章

地表覆土对农田土壤水盐动态和作物生长的影响

我国西北干旱区盐渍化土地分布范围广，对当地林草等天然植被生长和粮食作物生产具有较大的不利影响。受到气候干旱、灌溉方式不合理、排水条件不畅等条件影响，地下水浅埋地区土壤盐渍化的治理工作面临巨大挑战。土壤剖面重塑可以为植被和作物生长创造良好的土壤环境条件，其中地表覆土作为一种可操作性较强的土壤改良措施，已被广泛应用于生态植被修复。地表覆土改良方法常使用细质土材料，这类土壤在含水率较低的情况下仍然能够保持较大的导水率，但在强烈蒸发条件下容易将深层土壤中的盐分携带至覆土层，盐分的长期聚积会削弱地表覆土的改良效果。研究表明，细质土覆盖粗质土这类土壤剖面结构，由于土壤水力特性差异产生的毛管阻碍，能够阻碍深层土壤盐分向上迁移，并能有效提高上层细质土中的贮水量，从而为作物生长创造良好的土壤水盐环境。然而，对于“上细下粗”的土壤剖面结构，如何设置上下层土壤的厚度，达到增加土壤贮水量、抑制土壤盐分和提高作物产量的最优效果，还需要进一步探讨。本章主要介绍利用LAWSTAC模型对这一问题进行模拟分析，以期为通过地表覆土减轻土壤盐渍化提供参考依据。

6.1 田间试验及模拟情景设计

LAWSTAC模型常用于模拟分析在地下水浅埋条件下，地表覆土对根区水盐动态和作物产量的影响（图6-1）。为此，我们收集了在西北干旱区开展的盐渍土农田中水盐动态和向日葵生长的试验数据资料，用于验证LAWSTAC模型在刻画土壤-作物系统过程的可靠性，并模拟分析土壤中水盐动态和作物产量对地表覆土的响应规律，提出地表覆土改造中合理的土壤剖面构型。

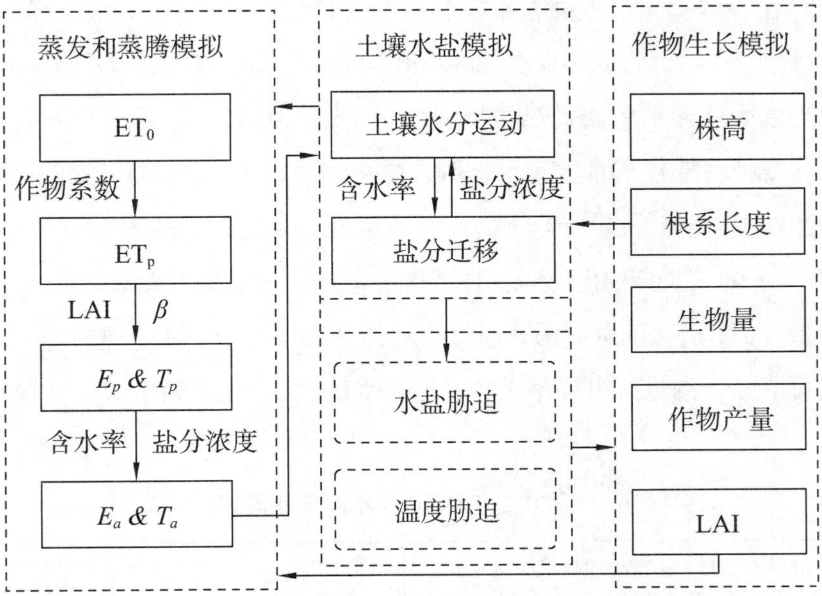

注：ET_0 为参考作物腾发量，ET_p 为潜在作物腾发量，E_p 和 T_p 分别为潜在的土壤蒸发和作物蒸腾，E_a 和 T_a 分别为实际的土壤蒸发和作物蒸腾，LAI 为叶面积指数，beta 为消光系统（beta 是图中变量符号的音译，这里不方便输入）。

图 6-1　农田系统中蒸发、蒸腾、作物生长和土壤水盐动态过程耦合模拟

6.1.1　试验资料搜集

2012 年和 2013 年由中国农业大学在我国内蒙古河套灌区解放闸灌域的羊场渠（40°48′N，107°05′E，1 039 m）开展试验（任东阳，2018）。2012 年和 2013 年试验地种植河套灌区主要的油料作物向日葵。两年试验中向日葵的种植面积均为 0.4 ha，播种日期分别为 2012 年的 5 月 31 日和 2013 年的 6 月 3 日，收获日期分别为 2012 年的 9 月 20 日和 2013 年的 9 月 21 日。在向日葵生育期内进行 2~3 次畦灌（表 6-1），引黄灌溉水的平均矿化度约为 0.5 g/L。作物生育期内的逐日气象数据（包括日照时数、最高和最低气温、降雨量、风速和相对湿度）从附近的临河气象站（41°46′ N，107°24′E）获取。

为了表征土壤的物理特性，在 0~300 cm 深度土壤剖面中取样，测定不同深度处的饱和导水率（定水头法）、饱和含水率（浸泡-烘干法）、干容重（烘干法）和土壤颗粒组成（马尔文激光粒度仪-2 000）。根据土壤采样分析结果，试验地

0~300 cm 深度土壤大致可分为 4 层（表 6-2）。尽管各层土壤质地均为粉壤土，但不同土层的颗粒组成和干容重随深度变化而有较大改变，土壤的水力特性在不同土层会存在一定差异。土壤含水率和盐分含量每间隔 7~15 d 取土样监测一次，取样深度分别为 0~10 cm、10~20 cm、20~40 cm、40~60 cm、60~80 cm 和 80~100 cm。土壤质量含水率通过烘箱干燥法（8 h，105℃）测得，并根据相应深度土层的干容重换算成体积水含率。土壤含盐量（*SSC*，g/kg）与实测的土壤浸取液（土水质量比为 1∶5）的电导率 $EC_{1:5}$ 具有较好相关性，根据 $SSC=EC_{1:5}\times 2.882+0.183$（$R^2=0.98$），并利用土壤含水率和干容重，将土壤含盐量换算成土壤溶液中的含盐量（g/L）。每隔 7~10 d 通过附近的观测井对地下水位进行监测，同时对地下水进行取样，测量其电导率 EC_w，地下水矿化度 C_w 可通过 $C_w=0.69EC_w$ 计算得到。

表 6-1　2012 年和 2013 年向日葵灌溉制度

年份	日期（月/日）	灌水量（mm）	年份	日期（月/日）	灌水量（mm）
2012	6/22	90	2013	6/27	103
	8/2	92		7/17	106
				8/8	90

表 6-2　向日葵地的土壤物理特征

深度（cm）	砂粒含量（2.0~0.05 mm，%）	粉粒含量（0.05~0.002 mm，%）	黏粒含量（<0.002 mm，%）	土壤质地	干容重（g/cm³）	K_S（cm/d）	θ_S（cm³/cm³）
0~40（SL1）	25.7	63.8	10.5	粉壤土	1.51	7.6	0.43
40~170（SL2）	32.4	61.2	6.4	粉壤土	1.44	27.8	0.47
170~250（SL3）	2.1	72.6	25.3	粉壤土	1.51	2.0	0.51
250~300（SL4）	20.1	67.5	12.4	粉壤土	1.44	22.2	0.44

作物监测指标主要包括株高、叶面积指数和产量。作物株高采用卷尺每隔10~15 d测量一次，作物叶面积指数采用植物冠层分析仪（AccuPAR LP-80，美国METER公司）每隔15 d监测一次。作物成熟时，在试验田随机选择3行，每行连续选取10株向日葵，对每行植株分别收割，烘干至恒重后，通过对每行10株向日葵质量进行平均即可获得单株产量，再根据向日葵的种植密度计算得到单位种植面积产量。

6.1.2 模型验证方法

采用第2章中构建的一维农田生态水文模型LAWSTAC，耦合了土壤蒸发、作物蒸腾、土壤水分运动、盐分运移和作物生长等物理过程。在模型验证过程中，模拟土壤剖面深度为300 cm，由4层土壤组成（表6-2），为便于数值求解，土壤剖面进一步划分为等间距的301个节点。采用播种当天的实测值作为初始含水率和盐分浓度。对于土壤水分运动模拟，上边界条件采用大气边界，边界水分通量由灌溉、降雨和蒸发共同控制；下边界条件采用变水头，边界上压力水头大小由地下水位埋深和下边界深度共同决定。对于盐分运移模拟，上边界条件采用溶质通量边界，在灌溉过程中灌溉水矿化度为0.5 g/L，在降雨和蒸发过程中不考虑盐分在土壤表面的进出，即盐分通量为零；下边界条件采用设定的盐分浓度（第一类边界），为实测的地下水矿化度。

模型参数主要包括土壤水力特性参数、溶质运移参数和作物参数，根据2013年和2012年的试验资料率定和验证。土壤水力特性参数（θ_r、θ_S、α、n和k_S）的初始值采用Rosetta土壤传递函数，根据实测土壤颗粒组成和干容重预测得到，溶质运移参数（D_L和D_0）和根系吸水参数（h_1、h_2、h_{3h}、h_{3l}和h_4）的初始值根据相关文献确定（Ren等，2016；Wesssling等，1991），作物参数的初始值采用Williams等（1989）有关向日葵生长推荐值。利用作物生育期内实测的土壤含水率、盐分浓度和向日葵生长指标，通过调整模型参数，使得模型模拟值与试验实测值接近。在模型率定和验证过程中，模型模拟效果采用定量化的统计指标，包括均方根误差（RMSE，式3-1）、纳什系数（NSE，式3-6）和决定系数（R^2，式3-7）。

模型参数的不确定性对模拟结果具有较大影响，因此，对率定后的模型开展了参数不确定性分析。对于基于Richards方程、对流-弥散方程和EPIC作物生长原理的耦合机理模型，Xu等（2016）使用全局方法开展了参数敏感性分析，发现土壤水力特性参数（θ_S、α、n 和 k_S）、溶质运移参数（D_L）和作物生长参数（T_b、LAI_{max}、L_r、HUI_0 和 PHU）高度敏感。将高度敏感参数的率定值作为基准值，使参数值在一定范围内变化，这些参数的变化控制在基准值的±10%～50%（表 6-3）。假设所有参数服从均匀分布，表 6-3 中的 16 个参数组成一组，每生成一组参数值时仅对其中一个参数进行随机抽样，抽中参数在其取值范围内产生随机数值，总共产生 50 组参数值，驱动模型对作物生育期内土壤水盐动态和作物生长过程进行模拟。将 50 次模拟结果中的土壤含水率、盐分浓度等参数，作为不确定分析的度量标准。

表 6-3　不确定分析中高度敏感参数

敏感参数	单位	取值范围
θ_{S1}	cm^3/cm^3	0.378～0.462
θ_{S2}	cm^3/cm^3	0.423～0.517
α_1	1/cm	0.006～0.014
α_2	1/cm	0.007～0.017
n_1	(-)	1.2～1.8
n_2	(-)	1.2～1.8
k_{S1}	cm/d	6.5～19.5
k_{S2}	cm/d	9.2～27.6
D_L	cm	10.0～30.0
EC_{max}	(dS/m)	3.6～4.4
EC_{slop}	(%，m/dS)	5.76～7.4
T_b	(℃)	5.4～6.6
LAI_{max}	(m^2/m^2)	4.0～6.0
L_r	(-)	0.48～0.72
HUI_0	(-)	0.504～0.616
PHU	(℃)	1 850.0～2 150.0

注：敏感参数下角标 1 和 2，分别代表第一层和第二层土壤。

6.1.3 模拟情景设置

前期研究表明，细质土下面存在的粗质土能够降低土壤水分入渗速率，在地下水位较深时又可以抑制蒸发过程中的水盐运移。因此，本研究设置了一系列的模拟情景来揭示“上细下粗”的土壤剖面构型去覆盖盐渍土，将如何影响土壤水盐运动和作物生长过程。“上细下粗”的土壤剖面构型中，上层细质土可以作为贮水层，而下层粗质土可以作为毛管阻隔层来阻碍盐分向上迁移。在情景模拟中，组成覆盖土的上层细质土为河套灌区当地的粉壤土（SL1），水力特性参数如表 6-2 所示；组成覆盖土的下层粗质土为当地的砂土（砂粒：87%，粉粒：10%，黏粒：3%），水力特性及溶质运移参数如下：$\theta_r=0.04\ cm^3/cm^3$，$\theta_S=0.4\ cm^3/cm^3$，$\alpha=0.04\ cm^{-1}$，$n=2.06$，$K_S=150\ cm/d$，$D_L=20\ cm$，$D_0=10\ cm^2/d$。

地表覆土层的设计总厚度为 20 cm，覆土层以下为试验地原有的土壤，因此，覆土后设定的土壤剖面厚度由原来的 300 cm 变为 320 cm。情景模拟中采用的土壤剖面构型如图 6-2 所示（彩插），剖面 A 代表覆土之前的土壤剖面构型，剖面 B~F 代表覆土后的土壤剖面构型，覆土层中粉壤土厚度分别为 20 cm、19 cm、17 cm、15 cm 和 10 cm，对应砂土层厚度分别为 0 cm、1 cm、3 cm、5 cm 和 10 cm。

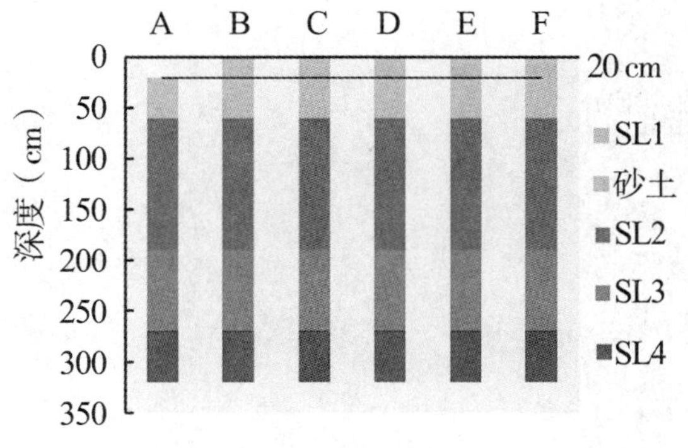

注：图中土壤深度从覆土层表面开始算起。

图 6-2 表层有覆土（B~F）和无覆土（A）条件下土壤质地分布

为进一步分析地下水位变动对表层覆土条件下根区水盐动态和作物产量的影响，本研究针对土壤剖面 C 和 D 设计了不同的地下水位情景，以原有地下水埋深（R+0）作为基准，通过抬升或降低地下水位，共设置 4 组地下水位情景：R-20、R-10、R+10 和 R+20。其中，R-10 和 R-20 分别代表基准地下水位抬升 10 cm 和 20 cm，R+10 和 R+20 分别代表基准地下水位降低 10 cm 和 20 cm。

6.2 模型率定和验证结果

6.2.1 参数率定结果

根据模型率定结果，不同土壤层的水力特性参数和溶质运移参数如表 6-4 所示，有关向日葵的作物生长参数如表 6-5 所示。

表 6-4 率定的向日葵田块土壤水力特性参数和溶质运移参数

深度 (cm)	θ_r (cm^3/cm^3)	θ_S (cm^3/cm^3)	α (1/cm)	n -	K_S (cm/d)	l -	D_L (cm)	D_0 (cm^2/d)
0~40	0.05	0.42	0.010	1.5	13.0	0.5	20	10
40~130	0.04	0.47	0.012	1.5	18.4	0.5	20	
130~240	0.08	0.51	0.007	1.2	4.8	0.5	20	
240~300	0.06	0.44	0.012	1.7	22.2	0.5	20	

表 6-5 作物生长模型、根系吸水模型和蒸发胁迫模型中参数的率定值

参数（单位）	率定值
作物生长最低稳定 T_b（℃）	6.0
作物生长最佳温度 T_0（℃）	24.0
最大植株高度 H_{max}（cm）	177
最大根系深度 RD_{max}（cm）	90
潜在最大叶面积指数 LAI_{max}(m^2/m^2)	5.0
叶面积指数下降速率 l（-）	0.6
生物量-能量转化参数 BE[（kg · m^2）/（ha · MJ）]	40
从出苗至叶面积开始下降阶段占总生长期的比例 HUI_0（-）	0.56
消光系数 β（-）	0.55
收获指数 HI（-）	0.25
作物成熟所需最大热量单位 PHU（℃）	2 000
根系层上半部的根系吸水量与根系层总吸水量之比 m_r（-）	0.70

（续表）

参数（单位）	率定值
根系能够从土壤中吸收水分的土壤基质势上限 h_1（cm）	-0.1
根系吸水不受水分胁迫的土壤基质势上限 h_2（cm）	-5
高蒸发能力时根系吸水不受水分胁迫的土壤基质势上限 h_{3h}（cm）	-300
低蒸发能力时根系吸水不受水分胁迫的土壤基质势下限 h_{3l}（cm）	-400
根系能够从土壤吸水的土壤基质势下限 h_4（cm）	-10 000
开始产生盐分胁迫时土壤浸提液的电导率 EC_{max}(dS/m)	4.0
盐分胁迫作用下根系吸水速率的下降斜率 EC_{slop}(%·m/dS)	6.4
蒸发胁迫的下临界含水率 θ_1(cm^3/cm^3)	0.07
蒸发胁迫的上临界含水率 θ_2(cm^3/cm^3)	0.26

6.2.2 模型率定结果

6.2.2.1 土壤含水率和盐分浓度

图6-3（左）给出了率定期（2013年）不同深度土层内实测与模拟的土壤含水率在作物生育期内的变化，从图中可以看出，LAWSTAC模型能够较好描述实测土壤含水率的趋势变化和具体数值。根据统计计算，实测与模拟土壤含水率之间的RMSE为0.02 cm^3/cm^3，NSE为0.79，R^2为0.86。从模拟结果来看，土壤含水率在接近地表的土层内（0~40 cm）波动更为明显；在深层土壤内，只有3次大水量灌溉引起的土壤含水率有较为明显的波动。受浅层地下水补给和地表强烈蒸发的影响，深层土壤中平均含水率较上层土壤内的含水率高。

图6-3（右）给出了在作物生育期内不同深度土层内土壤盐分浓度的实测值和模拟值变化。土壤盐分浓度随时间的波动变化与含水率的变化趋势相反，表明土壤盐分在灌溉时向下淋洗，但在土壤水分蒸发过程中向上聚积。从统计结果来看，实测与模拟土壤盐分浓度之间的RMSE为0.74 g/L，NSE为0.40，表明模型对土壤盐分的模拟效果较好。

另外，模型模拟的土壤含水率和盐分浓度的不确定性条带覆盖了大部分观测值，表明模型能够在参数的一定变化范围内对土壤水盐动态进行合理模拟。

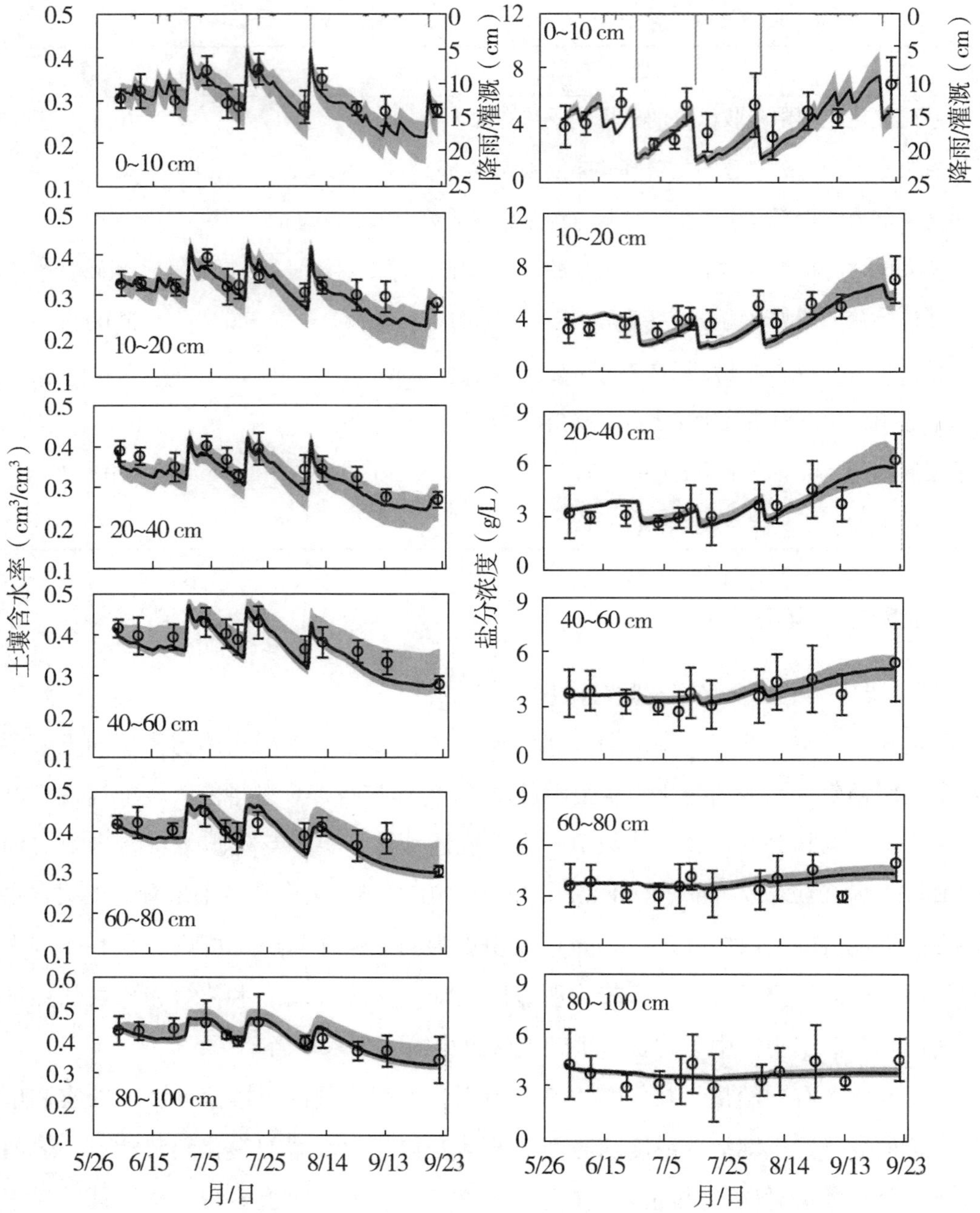

注：逐日降雨量（┃）和灌溉量（│），竖线对应于观测值的标准差，灰色条带代表模拟值的不确定性（50 次模拟结果最大值与最小值包围的区间）。

图 6-3　2013 年不同土层内土壤含水率（左）和盐分浓度（右）的实测值（o）与模拟值（—）对比

6.2.2.2 作物生长指标

图 6-4 为在率定期叶面积指数和株高在作物生育期内的模拟与实测结果对比。从图中可以看出，模拟值与实测值之间吻合较好。在作物生长后期，实测株高有下降趋势，实测株高与模拟值之间存在一定差异，这主要是葵花籽盘将植株压弯所致。实测与模拟的叶面积指数之间的 RMSE、NSE 和 R^2 分别为 0.28 m^2/m^2、0.97 和 0.98。对于作物株高，实测值与模拟值之间的 RMSE 为 15.45 cm，NSE 为 0.93，R^2 为 0.94。

如表 6-6 所示，模型模拟的向日葵产量为 4 352 kg/ha，比实测产量稍大，但差值在实测产量的标准差范围内。以上结果表明，LAWSTAC 模型能够较好模拟对向日葵生长过程和产量。

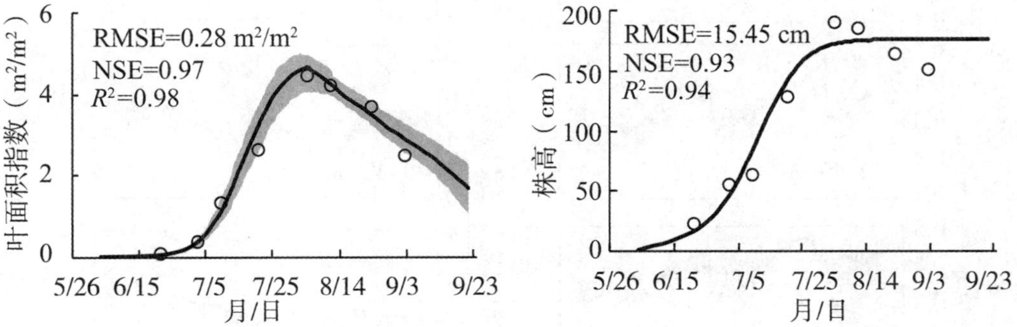

注：灰色条带代表模拟的不确定性。

图 6-4 2013 年叶面积指数（左）和株高（右）的实测值（o）与模拟值（—）对比

表 6-6 2012 年和 2013 年实测和模拟的向日葵产量（单位：kg/ha）

年份	实测值	模拟值	不确定值
2012	4 300±500	4 197	3 452~4 552
2013	4 100±400	4 352	3 577~4 591

注：符号“±”后面的数字代表实测产量的标准差。

6.2.3 模型验证结果

6.2.3.1 土壤含水率和盐分浓度

2012 年在作物生育期内土壤含水率和盐分浓度的模拟验证结果如图 6-5 所示。不同深度土层内的含水率和盐分浓度，模拟值与实测值具有较好的一致性。根据统计分析结果，在整个土壤剖面上，含水率模拟值与实测值之间产生的

RMSE、NSE 和 R^2 分别为 0.03 cm^3/cm^3、0.53 和 0.72，盐分浓度的模拟值与实测值之间产生的 RMSE = 0.66 g/L、NSE = 0.55、R^2 = 0.72。图 6-5 中展示的实测土壤含水率和盐分浓度，大部分落在了参数不确定性模拟值附近，表明 LAWSTAC 模型对田间土壤水盐动态进行了可靠模拟。

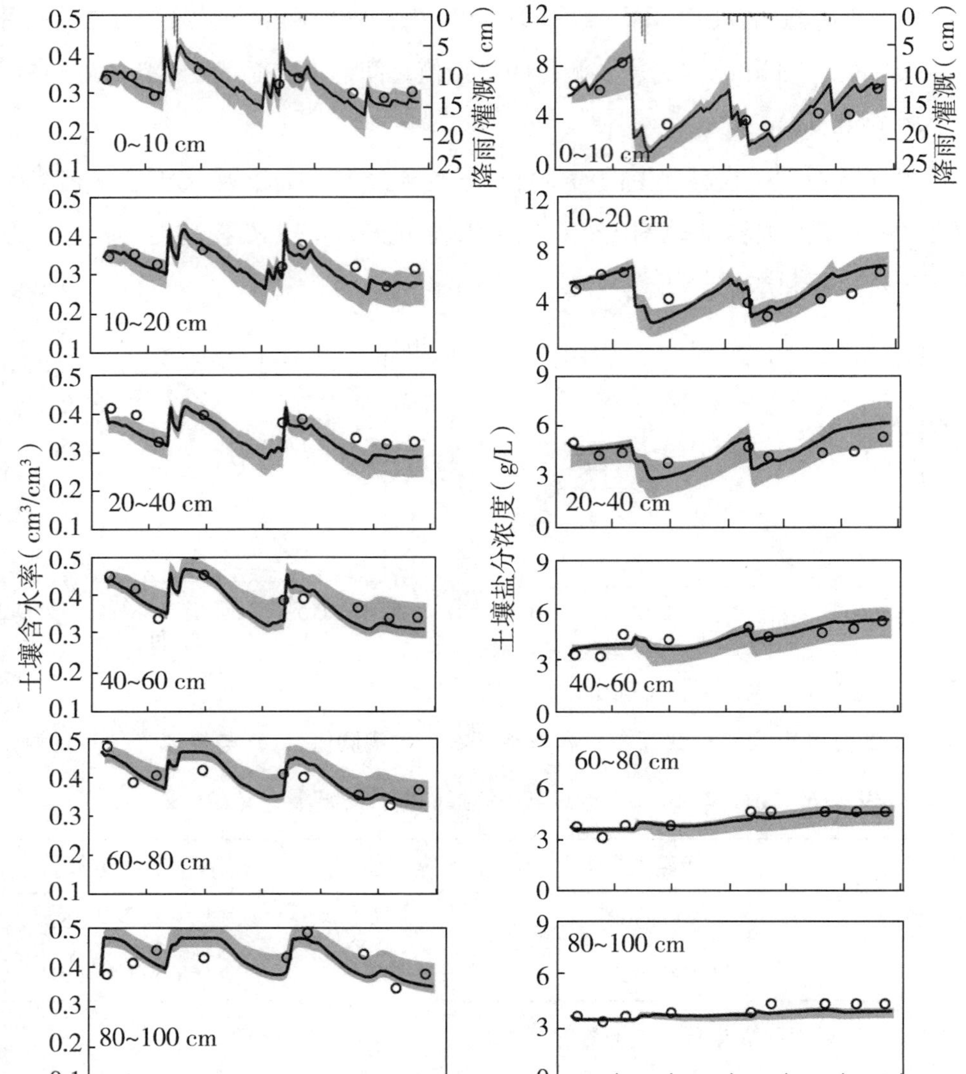

注：逐日降雨量（|）和灌溉量（|），竖线对应于观测值的标准差，灰色条带代表模拟值的不确定性（50 次模拟结果最大值与最小值包围的区间）。

图 6-5　2012 年不同土层内土壤含水率（左）和盐分浓度（右）的实测值（o）与模拟值（—）对比

6.2.3.2 作物生长指标

在模型验证过程中，LAWSTAC 模型模拟的叶面积指数和株高与实测值具有较好的一致性（图 6-6），其中在向日葵生长后期株高的实测值略有下降，原因为逐渐增重的葵花籽盘将植株压弯所致。根据统计分析结果，叶面积指数实测值与模拟值之间的 RMSE、NSE 和 R^2 分别为 0.47 m^2/m^2、0.92 和 0.94，模拟与实测的株高产生的 RMSE、NSE 和 R^2 分别为 17.1 cm、0.91 和 0.96。模型模拟的向日葵产量如表 6-6 所示，虽然模拟产量略低于实测产量，但模拟产量在实测产量的标准差范围内。以上结果进一步表明了 LAWSTAC 模型的可靠性，可用于模拟水盐胁迫条件下的作物生长和产量。

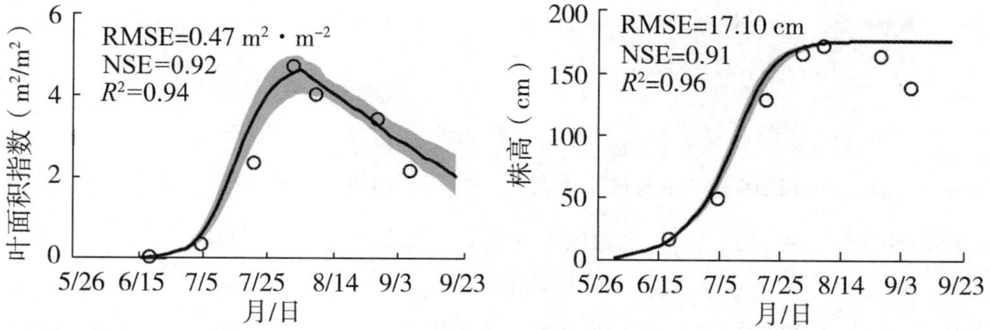

注：灰色条带代表模拟的不确定性。

图 6-6 2012 年叶面积指数（左）和株高（右）的实测值（o）与模拟值（—）对比

6.2.4 根区水盐平衡分析

2012 年和 2013 年作物生育期内原土壤剖面（剖面 A）中根区水盐均衡项的模拟结果如图 6-7（彩插）和表 6-7 所示。向日葵在整个生育期内的实际腾发量大于 400 mm，其中作物蒸腾量约占到 70%。2012 年根区土壤含水率平均为 0.35 cm^3/cm^3，2013 年根区土壤含水率平均为 0.33 cm^3/cm^3，根区含水率均相对较高。2012 年和 2013 年作物根区平均盐分浓度分别为 4.48 g/L 和 3.84 g/L，2012 年根区较高的盐分浓度对向日葵的根系吸水产生了更大的胁迫作用，使得根系吸水总量较 2013 年减少了 28 mm。

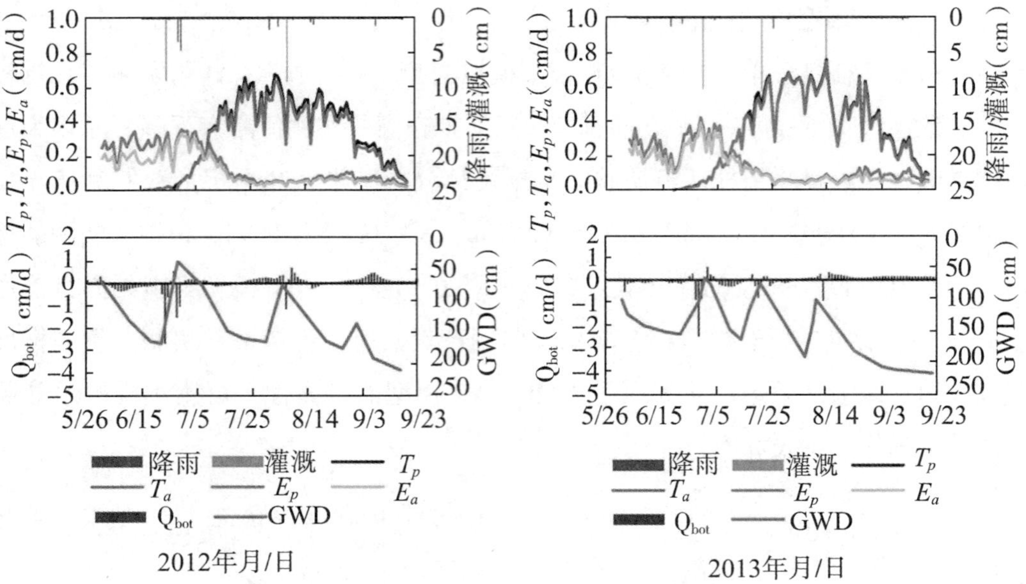

注：图中还给出了降雨量、灌溉量和地下水位埋深（GWD）变化情况。

图 6-7　2012 年和 2013 年在向日葵生育期内实际和潜在作物蒸腾量（T_a、T_p）、实际和潜在蒸发蒸发量（E_a、E_p）和根区底部垂向水流通量（Q_{bot}）变化

表 6-7　2012 年和 2013 年向日葵生育期内原土壤剖面中根区（0~90 cm）水盐均衡项

均衡项	2012 年		2013 年	
	水（mm）	盐（g/m²）	水（mm）	盐（g/m²）
灌溉量	182	91	299	150
降雨量	161	0	87	0
生育期初初始储量	374	1 577	351	1 305
生育期末最终储量	276	1 498	257	1 272
渗漏（淋洗）	140	645	117	533
毛管上升	126	475	96	350
实际蒸腾量 T_a	295	0	323	0
实际蒸发量 E_a	132	0	136	0

作物生育期内的深层渗漏，主要原因是大水量灌溉，2012 年和 2013 年的累积渗漏量分别为 140 mm 和 117 mm。这两年盐分淋洗量模拟值分别为 645 g/m² 和 533 g/m²。尽管向日葵的单次灌水量较大，由于灌水间隔较长且作物耗水量大，

通过毛管上升进入根区的水分对作物生长起到了非常重要的作用。然而，伴随着毛管水上升，深层土壤中的盐分被带到上层土壤，并在土壤表层和作物根区聚积。2012 年较浅的地下水位产生了较多毛管上升水量，导致作物根区更多的盐分累积量，较 2013 年增加了 125 g/m^2。

在大水量灌溉条件下，2012 年和 2013 年向日葵根区的含盐量在生育末期比在生育初期均略有减少。2013 年作物生育初期的根区含盐量低于 2012 年作物生育末期的根区含盐量，主要原因是在这两年作物休耕季进行了大水量灌溉（一般是播种前春灌），发挥了盐分淋洗的作用。以上结果表明，作物根区盐分的负平衡主要是由休耕季的土壤盐分淋洗造成的，但在干旱区日益短缺的水资源条件下，难以保证当前的灌溉洗盐用水需求，需要进一步探索如何实现农田水盐平衡，以保障农业生产的可持续性。

6.3 地表覆土对土壤水盐分布的影响

通过模型模拟比较了在作物生育期内土壤剖面 B~F 中砂土层以上（0~10 cm）和以下（20~90 cm）土壤贮水量和含盐量的变化情况。土壤贮水量变化过程如图 6-8 中所示（彩插），对于砂土层较厚的土壤剖面（如剖面 F），0~10 cm 深度土层在灌溉过程中能够贮存更多的下渗水量（即灌溉前后土壤贮水量增加较大），并能在灌溉后能够保持稍高的土壤贮水量。随着蒸发和蒸腾，土壤含水率迅速下降。这是由于灌溉后整个土壤剖面的含水率较高，而细质土比粗质土具有更大的持水能力和吸力，因此，上层细质土在灌溉后具有较高的含水率。随着土壤中水分的不断消耗，由粗质土补给上层细质土的水量不断减少。同时随着含水率的降低，粗质土的非饱和导水率逐渐低于相同深度处的细质土（图 6-9，彩插），使得粗质土层开始对向上的水分运动产生了毛管阻碍作用，减少了粗质土层对上层细质土的水分补给。随着地表覆土层中砂土厚度的增加，灌溉后上层细质土贮水量增加和灌溉前上层土壤贮水量减少的现象更加明显。对于 20~90 cm 土层内的贮水量，随着覆土层中砂土厚度的增加，两次灌溉之间土壤贮水量的下降变得稍平缓，主要是由于砂土层的毛管阻碍作用，使得该土层能够保持更多的水量，以上现象在地下水位相对较深的作物生长后期更加明显。在灌溉和降雨过程中，C~F 处理中 20~90 cm 土层内的贮水量较 B 处理低，且夹砂层越厚，20~90 cm 土层内的贮水量越低。在灌溉和降雨之前，砂土层的含水率较低。在水分下渗的过程中，砂土层从干到湿会贮存较多的水量，从而为下层土壤剩余的下渗水量较少。

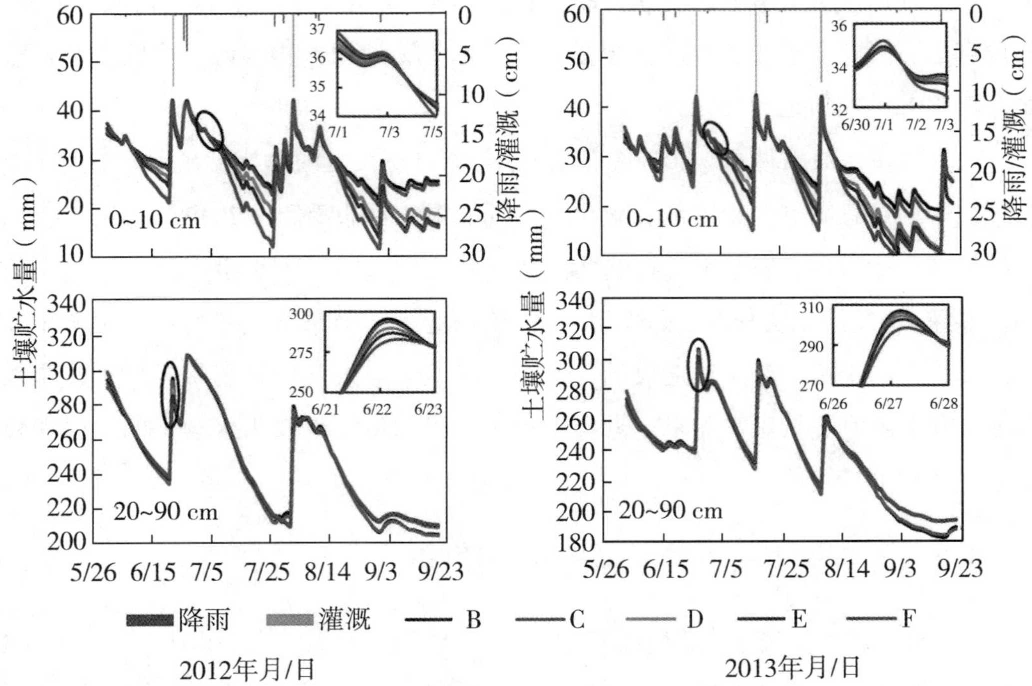

图 6-8　2012 年和 2013 年土壤剖面 B~F 处理中 0~10 cm 和 20~90 cm 土层贮水量随覆土层中砂土厚度的变化

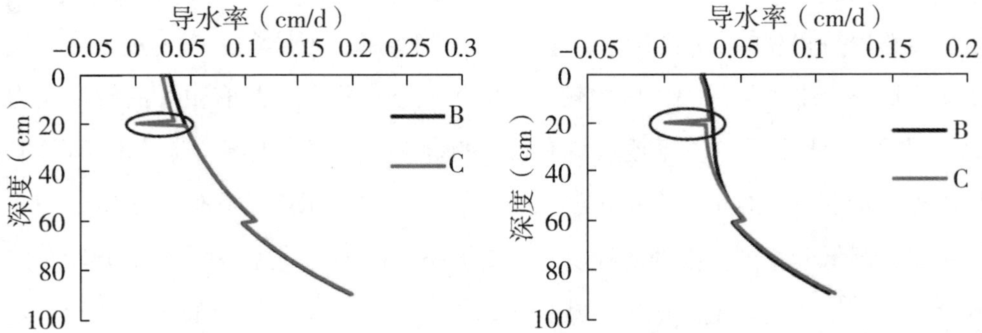

图 6-9　2012 年和 2013 年作物生育期末在表层覆土中有砂层（剖面 C）和无砂层（剖面 B）根区土壤非饱和导水率的垂向分布

不同土层土壤含盐量变化过程如图 6-10 所示（彩插）。在灌溉过程中，C~F 土壤剖面中砂土层之上 0~10 cm 土层内的盐分淋洗量（盐分减少量），一般小于土壤剖面 B（无砂层）中对应土层的盐分淋洗量。剖面 C~F 中砂土层厚度越大，0~10 cm 土层内的盐分淋洗量越少。这主要是由于 C~F 土壤剖面中 0~10 cm 土层在灌溉过程中能够贮存更多的下渗水量（图 6-8），因此，渗入到下层土壤中的水量减少，导致0~10 cm土层内的盐分淋洗量也相应减少。土壤剖面中砂土层越厚，0~10 cm土层在灌溉之前的含水率越低，该土层在灌溉中贮存的灌溉水量越多，渗漏水量越少，表层土壤盐分淋洗量越小。在灌溉后的土壤含水率下降阶段，随着砂土层毛管阻碍作用的增强，随毛管上升水向上迁移并通过砂土层进入0~10 cm土层的盐分减少，因此，C~F土壤剖面中0~10 cm土层内的盐分含量普遍低于B土壤剖面中对应土层的盐分含量。同时砂土层越厚，0~10 cm土层内的盐分含量越低，尤其在作物生长后期这种现象更明显。

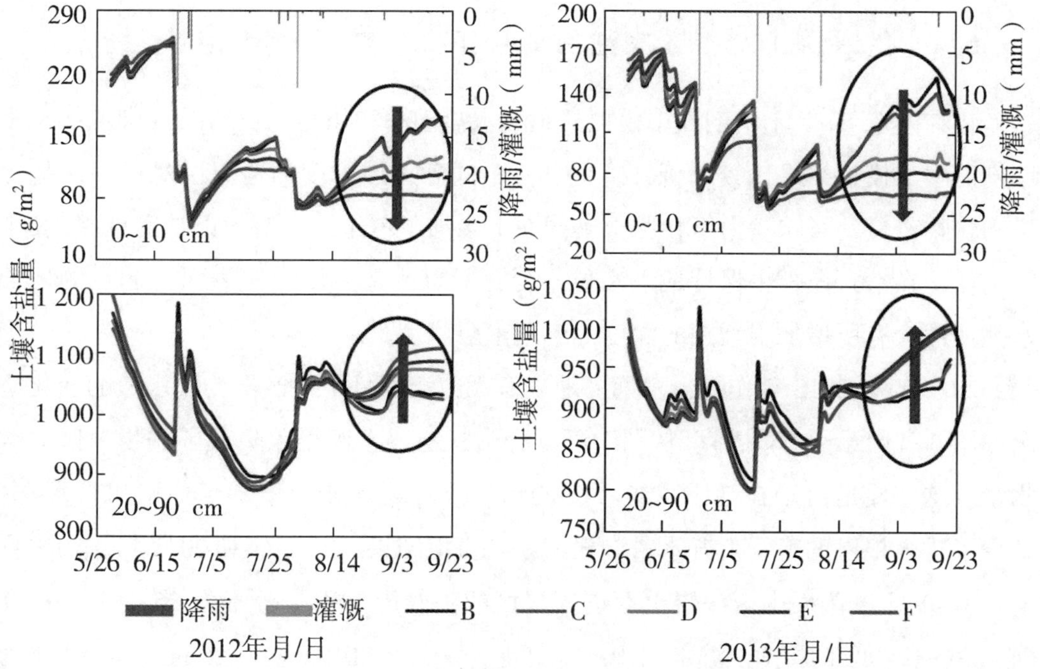

图6-10 2012年和2013年B~F土壤剖面中0~10 cm和20~90 cm土层盐分含量随覆土层中砂土厚度的变化

对于20~90 cm土层，C~F土壤剖面中砂土层之下20~90 cm土层内的盐分含量，在作物生长末期之前，一般低于B土壤剖面（无砂层）中对应土层的盐分含量，但在作物生长末期C~F土壤剖面中20~90 cm土层内的盐分含量反而较高。在作物生长末期之前，C~F土壤剖面中0~10 cm土层内的盐分在灌溉和降雨过程中的淋洗量较少，因此，随入渗水分进入20~90 cm土层的盐分减少，且砂土层越厚，20~90 cm土层内的盐分含量越低。同时C~F土壤剖面在2012年和2013年通过毛管水上升进入根区的水量分别达到85~104 mm和64~82 mm，低于B土壤剖面进入根区的毛管上升水量（2012年为106 mm，2013年为86 mm），因此，C~F

土壤剖面中随毛管上升水进入根区的盐分减少。综合以上原因，土壤剖面较厚的砂土层导致 20~90 cm 土层在此阶段的盐分含量较低。在作物生长末期，灌溉基本停止，作物根区的贮水量大幅度下降，在浅埋地下水的影响下，大量深层土壤中的水分通过毛管上升进入根区，同时也将大量的盐分带入根区土壤。在此阶段，表层覆土中的砂土层具有较低的含水率，具有较强的毛管阻碍作用，限制了盐分向土壤表层迁移，使得更多的盐分保留在 20~90 cm 土层，且砂土层越厚，20~90 cm 土层内的积盐越明显。

6.4 地表覆土对根区水盐含量和作物产量的影响

将在改造 B~F 土壤剖面中模拟的土壤水盐动态和作物生长结果，与在原 A 土壤剖面中的模拟结果比较分析，研究具有不同砂土层厚度的覆土层对根区水盐含量和作物产量的影响。由于在原土壤剖面上增加了覆土层，对于改造后的 B~F 土壤剖面，在情景模拟中保持地下水位不变，所以改造后以土壤表面为起点的地下水位埋深会有所增加，增加的深度等于覆土层厚度。

2012 年和 2013 年作物生育期内地表有无覆土条件下根区平均贮水量的变化情况如图 6-11 所示（彩插）。从图中可以看出，地表土壤覆盖降低了作物根区的贮水量。这主要是由于在地下水位不变的情况下，地表覆土增加了地下水位埋深，减少了进入根区的毛管上升水量。根据模型模拟结果，2012 年和 2013 年作物生育期内 B~F 土壤剖面中由深层土壤进入根区的毛管上升水量分别为 85~106 mm 和 64~86 mm，低于原 A 土壤剖面中的毛管上升水量（2012 年为 126 mm，2013 年为 96 mm），且土壤剖面的表层覆土中砂土层越厚，进入根区的毛管上升水量越少。除此之外，位于作物根区内的砂土层通常比同深度处的细质土具有更低的含水率，与不含砂土层的 A 土壤剖面相比，这也会降低根区内的贮水量。尽管随着地表覆土层中砂土厚度的增加，B~F 土壤剖面中根区的平均贮水量与原 A 土壤剖面相比有所减少，但是在 2012 年和 2013 年生育期内 B~F 土壤剖面中作物根系吸水受到的水分胁迫系数的平均值分别为 0.985~0.990 和 0.981~0.995，与原土壤剖面中作物根系吸水受到的水分胁迫系数（2012 年：0.998，2013 年：0.995）相比变化较小，这与地下水浅埋条件下不同土壤剖面中根区含水率普遍较高有关系。

2012 年和 2013 年作物生育期内地表有无覆土条件下根区平均盐分含量的变化情况如图 6-11 所示。从图中可以看出，地表土壤覆盖降低了作物根区的盐分含量，且土壤剖面的表层覆土中砂土层越厚，砂土层对抑制根区盐分累积的作用越明显。这主要是因为地表覆土中砂土层越厚，进入根区的毛管上升水量越少，随毛管上升水进入根区的盐分就越少。同时在没有灌溉和降雨的条件下，砂土层较低的含水率也不利于盐分在砂土层的贮存。与原 A 土壤剖面相比，随着表层覆土中砂层厚度由 0 增加到 10 cm，作物根区的平均含盐量在 2012 作物生育期内降低了 7.8%~14.9%，在 2013 作物生育期内降低了 3.8%~11.9%。B~F 土壤剖面中作物根系吸水受到的盐分胁迫系数在 2012 年和 2013 年生育期内的平均值分别介于 0.94~0.95 和 0.97~0.98，与原 A 土壤剖面中作物根系吸水受到的盐分胁迫系数（2012 年：0.92，2013 年：0.97）相比，作物生长受到的盐分胁迫作用有所减弱。

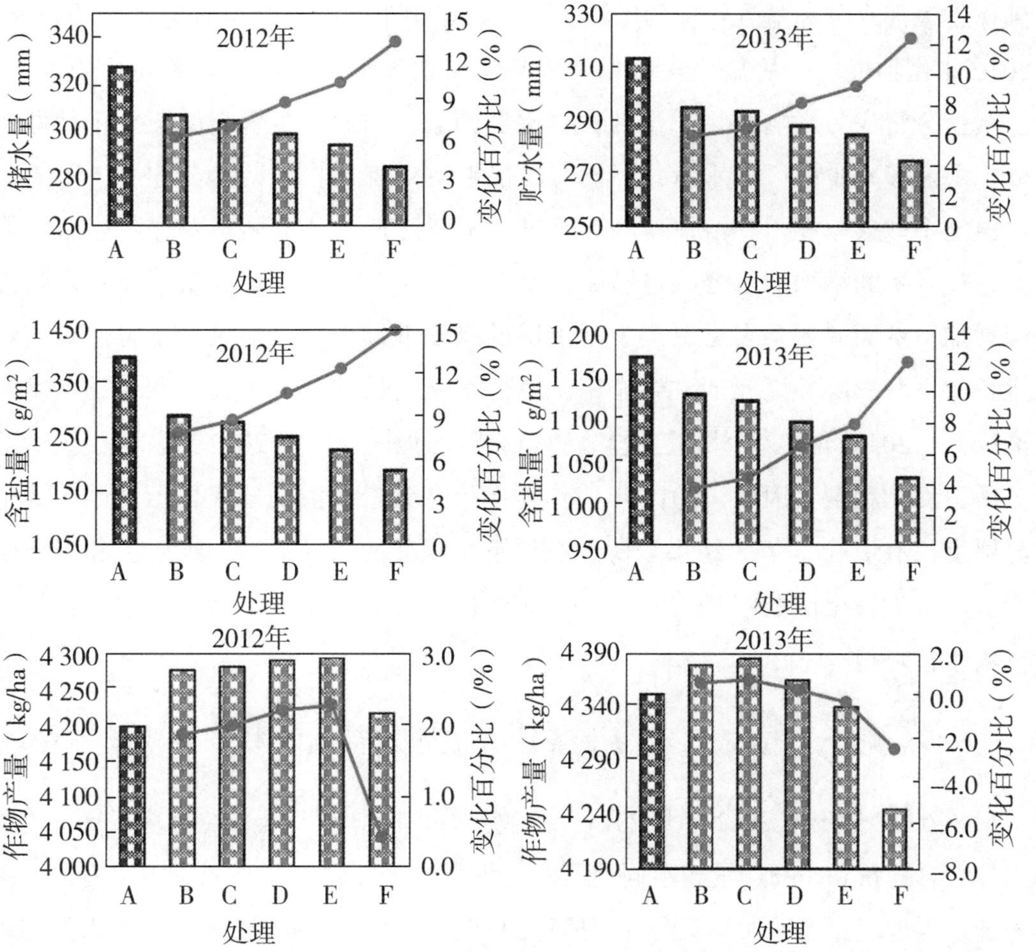

图 6-11　2012 年和 2013 年作物生长季内不同土壤剖面中根区的平均贮水量、含盐量和作物产量，以及土壤剖面 B~F 中根区的平均贮水量、含盐量和作物产量与原 A 土壤剖面中结果相比的变化百分比

2012 年和 2013 年作物生育期内地表有无覆土条件下作物产量的变化情况见图 6-11。与原 A 土壤剖面相比，B ~ F 土壤剖面中作物产量的变化百分比在 2012 年分别为+1.9%、+2.0%、+2.2%、+2.3%和+4.0%，在 2013 年分别为+0.6%、+0.8%、+0.3%、-0.3%和-2.5%。结果表明，除了土壤剖面 E 和 F 中的作物产量在 2013 年有所减少外，其他土壤剖面中表层覆土均增加了作物产量。在所有处理中，E 土壤剖面中作物产量在 2012 年具有最高值，此时土壤表层覆土中砂土层厚度为 5 cm；C 土壤剖面中作物产量在 2013 年具有最高值，此时土壤表层覆土中砂土层厚度为 1 cm。2012 年和 2013 年最高作物产量相对应的地表覆土中砂土层厚度（临界厚度）有所差异，这主要是因为作物产量同时受到作物根区水分和盐分状况的影响，而这两年中土壤盐分状况具有较大的差异。2012 年作物根区内的盐分含量相对较高，在土壤水分含量相对较高的条件下，土壤盐分将成为影响作物产量的关键限制因素。因此，尽管表层覆土中较厚的砂土层能够减少根区贮水量，但同时也能够有效抑制根区的盐分累积。随着表层覆土中砂层厚度由 0 增加到临界厚度，不断降低的盐分胁迫对作物生长的影响超过了不断增加的水分胁迫影响，使得作物生育期内的蒸腾量和作物产量逐渐增加。然而，如果表层覆土中砂土层的厚度继续增加，根区水分胁迫对作物生长的不利影响逐渐起到主导作用，使得作物生长季内的蒸腾量和作物产量逐渐降低。2013 年作物生长受到盐分胁迫影响的程度要低于 2012 年作物受到的盐分胁迫影响程度。因此，2013 年使作物产量达到最大值的地表覆土中砂土层临界厚度只有 1 cm。以上结果表明，在地下水浅埋的条件下，用细质土和粗质土组成的地表覆土层能够有效缓解土壤盐渍化程度，从而为作物生长创造良好的土壤水盐环境。

6.5 地下水位对地表覆土条件下根区水盐含量和作物产量的影响

图 6-12 给出了 2012 年和 2013 年作物生育期内 C 和 D 土壤剖面中根区平均贮水量、含盐量和作物产量随不同地下水位埋深的变化情况。从图中可以看出，随着地下水位埋深的增加，从向日葵播种到收获期间，作物根区的平均贮水量和含盐量逐渐减少。这主要是因为地下水位变深会减少地下水及深层土壤向根区补给的水量，此时上补水量的减少也会相应减少深层土壤中盐分向根区的迁移量。2012 年和 2013 年 C 和 D 土壤剖面中作物产量随着地下水埋深的增加呈增长趋势，

这表明在土壤水分含量较高的前提下，土壤中盐分含量变化对作物生长的影响更大，这与6.4节中土壤水分和盐分对作物产量影响的结果一致。对于2013年D土壤剖面中的作物产量，随着地下水埋深的增加先上升后下降。其中作物产量的增加主要是由于根区盐分含量的减少，而地下水埋深更大后作物产量的降低是由于根区水分的减少，作物生长受到的水分胁迫影响逐渐变大。与A土壤剖面中作物产量相比，地下水位埋深在原水位的基础上减少10 cm或增加20 cm，含有1~3 cm厚砂土层的地表覆土措施能够有效地抑制土壤盐分和增加作物产量。因此，本研究中地表覆土措施可以推广到地下水位浅的类似盐渍化地区，作为一种盐碱土改良措施。

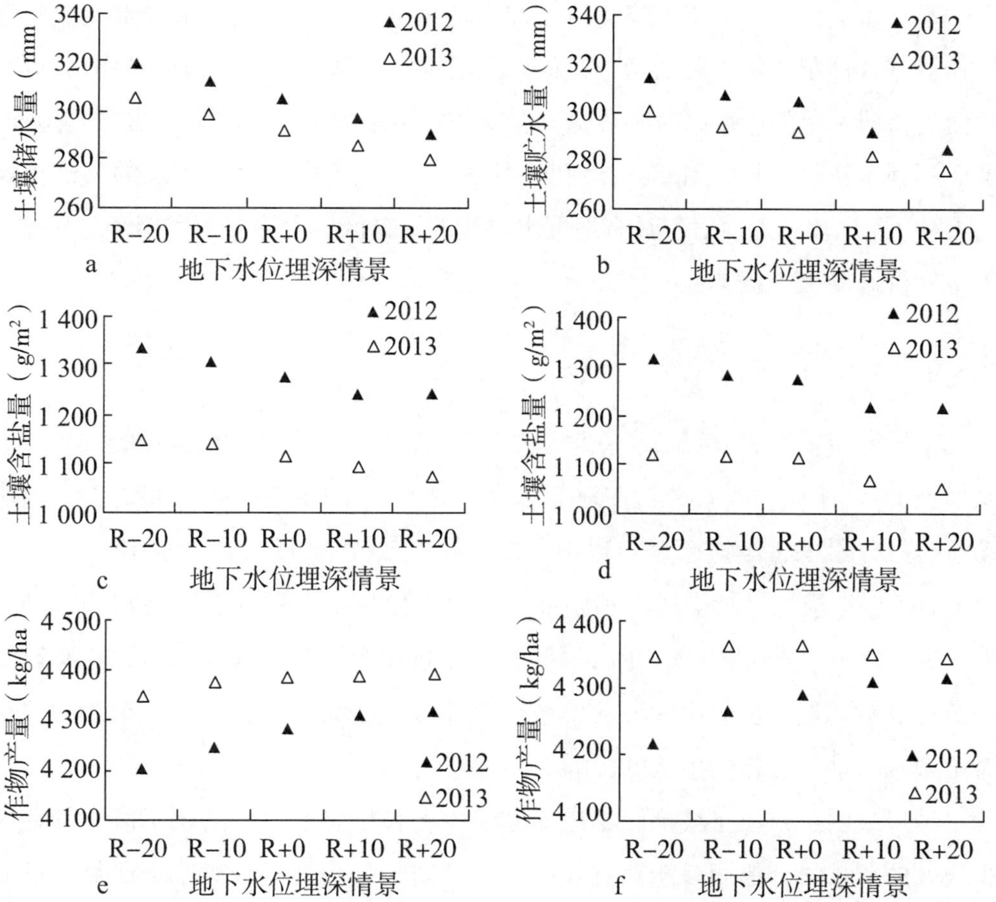

图6-12　2012年和2013年作物生长季内C（a、c、e）和D（b、d、f）土壤剖面中根区的平均贮水量、含盐量和作物产量随不同地下水位埋深的变化（R为实际地下水埋深）

6.6 地表覆土条件下节水控盐增效的调控措施

以上研究结果表明，由细质土和粗质土上下排列组成的地表覆土层，其中的粗质土层能够明显改变上下土层内水分和盐分的分布状态。覆土层能够减少从深层土壤向上进入根区的水量，伴随着土壤水分向根区迁移的盐分也随之减少，从而影响作物根区的水、盐含量，此时作物生长受到的水分胁迫略有增加，而受到的盐分胁迫降低。在地下水浅埋区，一般土壤剖面含水率较高。通过合理设置表面覆土层中砂土层厚度，可以为作物生长创造一个土壤水分适宜、盐分较低的外部环境条件。

基于以上分析，对于土壤盐渍化严重的地区，由细质土和粗质土组成的覆土层能够有效抑制作物根区的盐分，粗质土层越厚，对根区盐分的抑制作用越明显。然而当粗质土层的厚度超过临界值，会对作物根系吸水产生较大的水分胁迫作用，反而不利于作物生长。因此，在河套灌区向日葵农田中设置覆土层的夹砂土厚度为 1~3 cm 比较合适。对于具有地下水位浅的干旱区，表层覆土可用于对盐碱地或荒地进行修复和改良。

6.7 小结

本研究应用基于 Richards 方程、对流-弥散方程和作物生长原理的农田生态水文模型 LAWSTAC，模拟分析在地下水位浅的干旱区采用表层覆土措施对土壤水分动态、盐分累积和作物产量的影响。首先根据 2013 年和 2012 年的田间试验数据对 LAWSTAC 模型进行了率定和验证，在两个作物生育期内模型模拟的不同深度处土壤含水率、盐分浓度、叶面积指数、株高和产量与试验实测值，具有较好的一致性。然后进一步应用验证的模型模拟评价，由细质土和粗质土组成的覆土层对土壤水盐动态和作物生长的影响。

结果表明，与原土壤剖面相比，由细质土和粗质土组成的覆土层尽管能够减少根区的贮水量，但同时能够有效减少根区内的盐分含量。对于本研究的试验条件而言，覆土层中 1~3 cm 厚的砂土层和 19~17 cm 厚的细质土层，作物根区减少的盐分含量明显降低了根系吸水的盐分胁迫，而此时作物根区减少的贮水量没有明显增加根系吸水受到的水分胁迫，因此，在土壤水盐的协同影响下增加了作物产量。从长期来看，在地下水浅埋和土壤盐渍化的类似地区，通过表层覆土并合理控制粗质土层厚度，可以修复土壤和增加作物产量。

参考文献

曹振凯. 地膜及秸秆覆盖对土壤水热和作物生长的影响[D]. 咸阳：西北农林科技大学,2015.

高凤阁. 农田夏玉米砂石覆盖下的水热运移及蒸散过程[D]. 咸阳：西北农林科技大学,2016.

郝远远. 内蒙古河套灌区水文过程模拟与作物水分生产率评估[D]. 北京：中国农业大学,2015.

康绍忠,刘晓明,张国瑜. 作物覆盖条件下田间水热运移的模拟研究[J]. 水利学报,1993(3):11-17.

梁建财. 地面覆盖对盐渍土壤水热盐运移及作物生长调控机制研究[D]. 呼和浩特：内蒙古农业大学,2015.

齐智娟. 河套灌区盐碱地玉米膜下滴灌土壤水盐热运移规律及模拟研究[D]. 咸阳：中国科学院教育部水土保持与生态环境研究中心,2016.

任东阳. 灌区多尺度农业与生态水文过程模拟[D]. 北京：中国农业大学,2018.

史文娟,沈冰,汪志荣,等. 蒸发条件下浅层地下水埋深夹砂层土壤水盐运移特性研究[J]. 农业工程学报,2005,21(9):23-26.

王伦平,陈亚新,曾国芳. 内蒙古河套灌区灌溉排水与盐渍化防治[M]. 北京：水利电力出版社,1933.

赵风岩. 土层排列组合与作物产量差异[J]. 土壤通报,1997(3):10-11.

Alfnes E, Kinzelbach W, Aagaard P. Investigation of hydrogeologic processes in a dipping layer structure: 1. The flow barrier effect [J]. Journal of Contaminant Hydrology, 2004, 69(3-4): 157-172.

Aubertin M, Cifuentes E, Apithy S A, et al. Analyses of water diversion along inclined covers with capillary barrier effects [J]. Canadian Geotechnical Journal, 2009, 46: 1146-1164.

Chen S, Mao X, Barry D A, et al. Model of crop growth, water flow, and solute transport in layered soil [J]. Agricultural Water Management, 2019, 221: 160-174.

Chen S, Mao X, Shukla M K. Evaluating the effects of layered soils on water flow, solute transport, and crop growth with a coupled agro-eco-hydrological model [J]. Journal of soils and Sediments, 2020, 20: 2442-2458.

Chen S, Mao X, Shukla M K. Influence of coarse-textured soil layers under crop root zone on soil water and salt dynamics and crop yield in shallow groundwater areas [J]. Soil Science Society of America Journal, 2021, 85: 1479-1495.

Gao X, Bai Y, Huo Z, et al. Deficit irrigation enhances contribution of shallow groundwater to crop water consumption in arid area [J]. Agricultural Water Management, 2017, 185: 116-125.

Huang M, Bruch P G, Barbout S L, et al. System dynamics modeling of infiltration and drainage in layered coarse soil [J]. Canadian Journal of Soil Science, 2011, 91(2): 185-197.

Ityel E, Lazarovitch N, Silberbush M, et al. An artificial capillary barrier to improve root zone conditions for horticultural crops: physical effects on water content [J]. Irrigation Science, 2011, 29(2): 171-180.

Ityel E, Lazarovitch N, Silberbush M, et al. An artificial capillary barrier to improve root-zone conditions for horticultural crops: response of pepper, lettuce, melon, and tomato [J]. Irrigation Science, 2012, 30(4): 293-301.

Jury W A, Horton R. Soil Physics [M]. 6th ed. Hoboken: John Wiley & Sons, Inc, 2004.

Miller D E, Gardner W H. Water infiltration into stratified soil [J]. Soil Science Society of America Journal, 1962, 26: 115-119.

Ren D, Xu X, Hao Y, et al. Modeling and assessing field irrigation water use in a canal system of Hetao, upper Yellow River basin: Application to maize, sunflower and watermelon [J]. Journal of Hydrology, 2016, 532: 122-139.

Ren L, Huang M. Fine root distributions and water consumption of alfalfa grown in layered soils with different layer thicknesses [J]. Soil Research, 2016, 54: 730-738.

Ritchie J T. Model for predicting evaporation from a row crop with incomplete cover [J]. Water Resources Research, 1972, 8(5): 1204-1213.

Rooney D J, Brown K W, Thomas J C. The effectiveness of capillary barriers to hydraulically isolate salt contaminated soils [J]. Water, Air, & Soil Pollution, 1998, 104: 403-411.

Schaap G M, Leij J F, Genuchten V T M. ROSETTA: a computer program for estimating soil hydraulic parameters with hierarchical pedotransfer functions [J]. Journal of Hydrology, 2001, 251(3-4): 163-176.

Wehr J B, So H B, Menzies N W, Fulton I. Hydraulic properties of layered soils influence survival of Rhodes grass (Chloris gayana Kunth.) during water stress [J]. Plant and Soil. 2005, 270(1), 287-297.

Wesseling J G, Elbers J A, Kabat P, et al. SWATRE: instructions for input, internal note [R]. Winand Staring Centre, Wageningen, 1991.

Williams J R, Jones C A, Kiniry J R, et al. The EPIC crop growth model [J]. Transactions of the ASABE, 1989, 32(2): 497-511.

Xu X, Sun C, Huang G, et al. Global sensitivity analysis and calibration of parameters for a physically-based agro-hydrological model [J]. Environmental Modelling & Software, 2016, 83: 88-102.

第 7 章

地下水浅埋条件下层状土壤水盐通量及作物生长状况

我国西北干旱区盐碱地面积大、光照强，年蒸发量远大于降雨量，农田作物的生存和生长严重依赖于灌溉。受土壤盐渍化和蒸发强烈的影响，许多灌区除了在作物生育期内灌溉，还实行大水洗盐的冬灌和造墒洗盐的春灌，大量的灌溉水量和不畅的排水条件导致当地地下水常年维持在较高水位。在干旱区灌溉和蒸发的交替作用下，浅埋地下水与根区土壤水之间的迁移与转化频繁发生，土壤中盐分随着水分的运动不断聚集或淋洗，而土壤的层状结构会对土壤中的水分通量产生重要影响，进而影响浅层地下水位和土壤中的水盐含量与分布，土壤水盐环境的改变同样会对作物生长状况产生影响。因此，开展地下水浅埋条件下层状土壤水盐动态和作物生长状况方面的研究，对了解层状土壤中水盐运移规律和施行有效的节水控盐调控措施具有重要指导意义。

7.1 研究方法

农田土壤水分、盐分和作物生长受浅埋地下水位影响很大，且影响过程复杂。同时完成田间水、盐、地下水、作物的完整观测需要大量的人力和物力，且耗时较长。本章采用模型模拟与试验验证相结合的方法，通过获取在地下水浅埋条件下农田土壤水盐动态和作物生长状况的试验数据，利用 LAWSTAC 模型进行验证，模拟分析不同地下水浅埋条件下土壤层状结构对根区水盐通量及作物产量的影响规律，提出适于层状土壤中粮食生产的浅埋地下水位管理措施。

7.1.1 试验观测资料

本研究收集了在黄河上游干旱区开展的春小麦种植条件下土壤水盐动态和作物生长过程的试验数据资料（叶德智，2008；Xu 等，2013）。试验地点为宁夏青铜峡灌区的惠农地区（106°39′E，39°04′N）。青铜峡灌区属于干旱大陆性气候，年平均蒸发量（Φ20 cm 蒸发皿）和降水量分别为 1 500～2 100 mm 和 180～200 mm，蒸发量远大于降水量，年日照时长为 2 870～3 080 h，多年平均气温为 8.5℃。由于长期大水量引黄灌溉和排水条件不畅，研究区的地下水位埋深常年维持在 0.5～2.5 m。

基于在 2007 年和 2008 年开展的春小麦种植试验，对春小麦种植期间的土壤水盐动态和作物生长指标（叶面积、生物量和产量）进行了统计。具体的试验处理及步骤介绍见 3.2.1 小节，春小麦具体灌溉制度如表 7-1 所示。

表 7-1　2007 年和 2008 年春小麦的灌溉制度

年份	日期（月/日）	灌水量（mm）	年份	日期（月/日）	灌水量（mm）
2007	5/3	135	2008	5/3	135
	5/24	90		5/24	90
	7/6	90		6/29	90

试验中采用土钻取土测量土壤含水率和含盐量，取样深度分别为：0～10 cm、10～30 cm、30～50 cm、50～70 cm、70～90 cm，每隔 5～7 d 取样一次，含水率采用烘干称重法测定，在土样阴干后利用 1∶5 土水比的土壤浸提液测定电导率，并根据经验公式转换为土壤含盐量。叶面积指数采用叶面积仪（LI-3000C，美国）测定，每隔 6～12 d 测量一次；地上生物量采用烘干称重法测定；在每个小区随机划定一个 9 m^2 的取样范围，测量春小麦产量。试验地点不同深度土层的土壤质地、颗粒组成、干容重和田间持水量如表 7-2 所示，大致可以分为 5 层土壤，其中第 1～3、5 层为砂壤土，第 4 层（103～140 cm）为粉壤土（叶德智等，2008）。

表 7-2 试验地土壤基本物理特征

土壤深度（cm）	质地	简称	黏粒含量（%）	粉粒含量（%）	砂粒含量（%）	干容重（g/cm^3）	田持（cm^3/cm^3）
0~30	砂壤土	SL1	4.8	39.3	55.6	1.41	0.28
30~81	砂壤土	SL2	5.0	41.0	54.0	1.60	0.31
81~103	砂壤土	SL3	3.7	41.3	55.0	1.52	0.28
103~140	粉壤土	SL	3.8	74.7	21.5	1.55	0.36
>140	砂壤土	SL4	2.0	27.0	74.0	1.58	0.32

7.1.2 模型模拟设置

基于第 2 章构建的农业生态水文模型 LAWSTAC，模拟分析地下水浅埋条件下水分和盐分在层状土壤剖面中的迁移动态及其对作物生长的影响规律，如图 7-1 所示。在土壤水盐运动模拟中，采用土壤剖面深度为 300 cm，根据实测的土壤物理特性（表 7-2），划分为 5 层土壤，并将土壤剖面剖分为 301 个节点，节点间距为 1 cm。由于研究区的地下水位较浅，埋深通常在 250 cm 以内，因此，所采用土壤剖面的下边界始终位于地下水位之下，即处于饱和区。另外，青铜峡灌区的地势比较平坦，因此，本研究认为地下水的侧向流动比较小，主要关注地下水位的垂向波动。

土壤水分运动模拟的上边界条件采用大气边界，边界水流通量影响因素为灌溉、降水和蒸发量。因为土壤剖面下边界位于地下水位以下，土壤水分运动模拟的下边界条件采用零通量。通过设置零通量边界条件，可以模拟计算下边界的压力水头，进而可以计算出地下水埋深。土壤盐分运移模拟的上边界条件采用第二类边界，灌溉过程中灌溉水盐分浓度为 0.5 g/L，盐分通量根据灌溉水盐分浓度和入渗率计算；降雨和蒸发过程中通过上边界的盐分通量为 0。土壤盐分运移模拟的下边界条件采用第一类边界，边界上盐分浓度为地下水的矿化度。在春小麦播种当天分别测量了土壤剖面上的含水率和盐分浓度，将此作为土壤水盐运动模拟的初始条件。

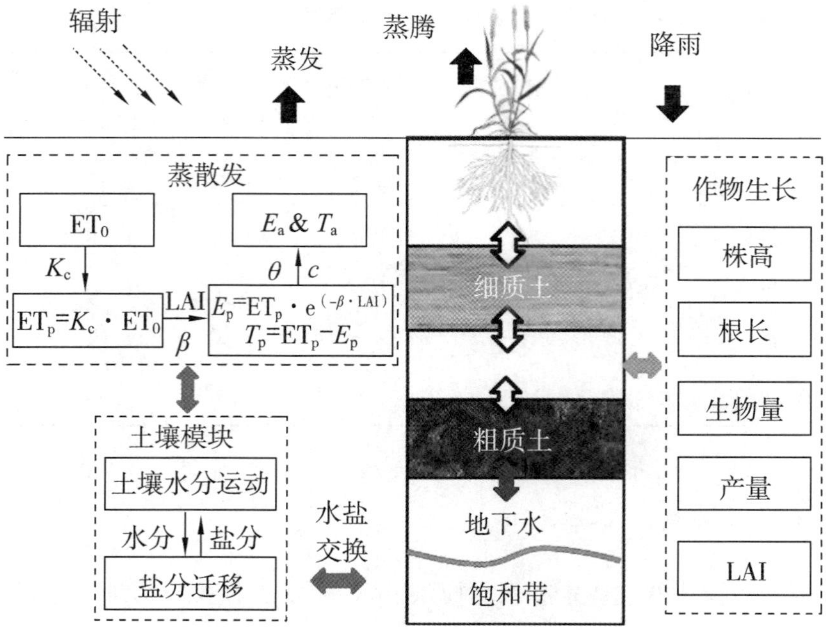

注：ET_0 为参考作物腾发量，ET_p 为潜在作物腾发量，K_c 为单作物系数，E_p 和 T_p 分别为潜在的土壤蒸发和作物蒸腾，E_a 和 T_a 分别为实际的土壤蒸发和作物蒸腾，LAI 为叶面积指数。

图 7-1　模型对层状土壤中水盐动态、作物生长和地下水动态的耦合模拟

土壤水力特性、溶质运移作为生长、根系吸水和蒸发胁迫等参数的初始值，根据 Chen 等（2019）的研究确定。Chen 等（2019）利用实测的地下水位埋深计算土壤下边界处的压力水头。本研究中下边界条件采用零通量，可以直接模拟得到下边界处的压力水头 h，进而可以反向求出地下水位埋深，即 $300-h$ cm。因此，在率定（2007 年）和验证（2008 年）模型参数的过程中，进一步考虑了地下水位的模拟效果，同时在作物数据中进一步考虑了地上生物量的模拟。根据 Xu 等（2016）针对水盐动力学过程和作物生长耦合模型的参数敏感性结果，确定模型中的敏感参数包括土壤水力特性参数（θ_S、α、n 和 K_S）、盐分运移参数（D_L）和作物参数（T_b、LAI_{max}、L_r、HUI_0 和 PHU）。在率定过程中采用试错法依次模拟土壤水分运动、盐分运移和作物生长过程，通过不断调整以上敏感参数，使模拟值与实测值达到较好的对比效果。在模型率定和验证过程中，采用均方根误差（RMSE，式 3-1）、模型纳什系数（NSE，式 3-6）和决定系数（R^2，式 3-7）进行定量描述。

目前，LAWSTAC 模型已被多次应用于土柱和田间的层状土壤模拟中，并且在刻画土壤水盐动态和作物生长方面的模拟效果较好。因此，通过在试验地的根区土壤之下嵌入一层粗质土或细质土，应用率定后的LAWSTAC模型进一步探究强异质层状土对地下水浅埋区土壤水盐动态、作物产量和地下水位埋深的影响。本研究中采用的粗质土为当地的砂土（87%砂粒、10%粉粒和3%黏粒），实测的砂土水力特性参数如表7-3所示。采用的细质土为粉黏土（57.5%粉粒和42.5%黏粒），利用Rosetta软件根据土壤的颗粒组成预测得到粉黏土水力特性参数（表7-3）。根据Jury和Horton（2004）的研究确定这两类土壤与盐分运移相关的参数。如图7-2所示（彩插），模拟中所使用的L土壤剖面由试验地现有的4层砂壤土（表7-2）组成，不考虑第4层的粉壤土。由于该剖面中土壤质地相对均质，将其作为对照组。LSL和LCL层状土壤剖面是在L土壤剖面的根区之下分别设置一层砂土和粉黏土，砂土和粉黏土层的埋深（从地表到土层上表面）为100 cm，厚度为40 cm。模拟过程中为了分析砂土和粉黏土水力特性参数的不确定影响，通过将表7-3中两种土壤的每个水力特性参数分别改变-10%、-5%、5%和10%，分析对LSL和LCL土壤剖面根区底部水流通量的影响。

表7-3　砂土和粉黏土的水力特性参数和盐分运移参数

土质	简称	θ_r (cm^3/cm^3)	θ_S (cm^3/cm^3)	α (1/cm)	n (-)	K_S (cm/d)	L (-)	D_L (cm)	D_0 (cm^2/d)
砂土	S	0.04	0.40	0.04	2.06	150.0	0.5	20	5.5
粉黏土	SC	0.095	0.47	0.01	1.20	5.21	0.5	15	5.5

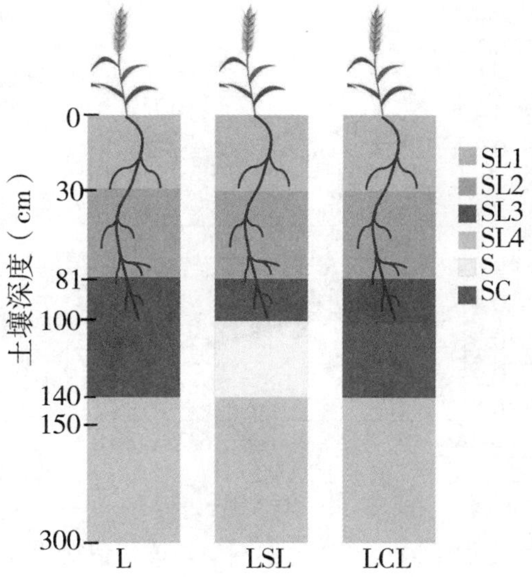

注：L是由4层砂壤土构成的近似均质土壤剖面，LSL剖面在作物根区之下有一层砂土层，LCL剖面在作物根区之下有一层粉黏土层。SL1、SL2、SL3和SL4代表试验地现有的4层砂壤土，S代表砂土，SC代表粉黏土。

图7-2　土壤剖面情景

为了研究层状土壤条件下浅埋地下水的动态，针对 3 种土壤剖面分别设置了 7 组初始地下水位埋深，即 130 cm、150 cm、170 cm、190 cm、210 cm、230 cm 和 250 cm。在模拟中作物生育期内的地下水位埋深可以随着灌溉、降雨、蒸发和蒸腾而变化，因此，本研究共设置了 21 组模拟情景（3 组土壤剖面×7 组初始地下水位埋深）来评价层状土壤和地下水位埋深对根区水盐动态和作物产量的影响。在情景模拟中，每组土壤剖面的初始水分含量处于稳定状态，即每一个节点处的土水势相等。

7.2 模型率定和验证结果

在模型率定和验证过程中，土壤含水率在不同深度土层内的模拟值与实测值吻合较好（图 7-3，彩插）。两次模拟的土壤剖面含水率与实测值之间的均方根误差 RMSE 不高于 0.02 cm^3/cm^3，且决定系数 R^2 和纳什系数 NSE 均大于 0.8。图中模拟的土壤含水率会在降雨和灌溉后迅速升高，而在蒸发、蒸腾和渗漏过程中逐渐降低，其变化趋势与实际情况相符合。因此，模型模拟得到的土壤含水率结果与试验实测结果一致，表明 LAWSTAC 模型能够较好地描述层状土壤中的水分运动状况。

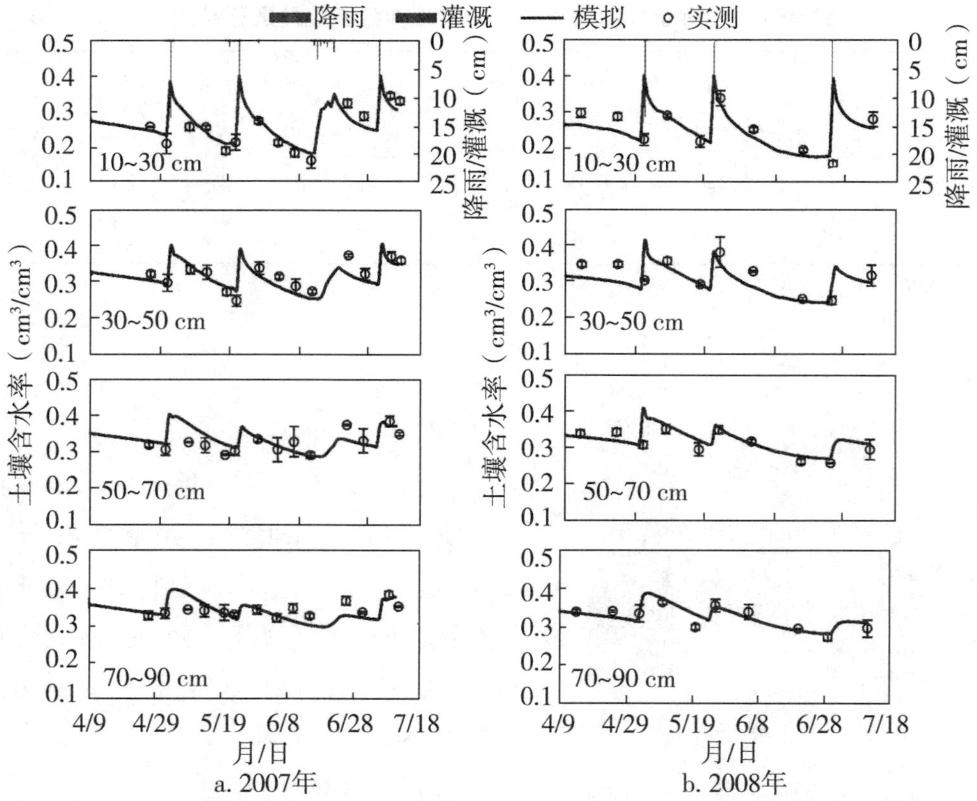

图 7-3　率定期（a）和验证期（b）不同深度土层内含水率的实测值与模拟值对比

图7-4（彩插）展示了不同深度处土壤盐分浓度的率定和验证结果及其与相应实测值的对比情况。结果表明，LAWSTAC模型可以较好地反映实测盐分浓度的变化趋势，且在率定过程中土壤剖面盐分浓度模拟值与实测值之间的RMSE为1.64 g/L，R^2为0.54，NSE为0.51；在验证过程中产生的RMSE为1.84 g/L，R^2为0.70，NSE为0.70。如图7-4所示，0~50 cm深度内土壤盐分浓度会在灌溉和降水后迅速降低，而随着蒸发和蒸腾作用逐渐升高，这与作物生育期内土壤水分的变化规律相反。深层土壤（50~90 cm）内的盐分浓度在模拟期间逐渐增加，这是因为上层土壤内的盐分在灌溉作用下不断被淋洗到深层土壤，且向上的水分运动也会不断将盐分从更深层土壤和地下水带入该土层。因此，模型模拟的盐分动态变化和统计指标表明，层状土壤中盐分运移的模拟效果是可靠的。

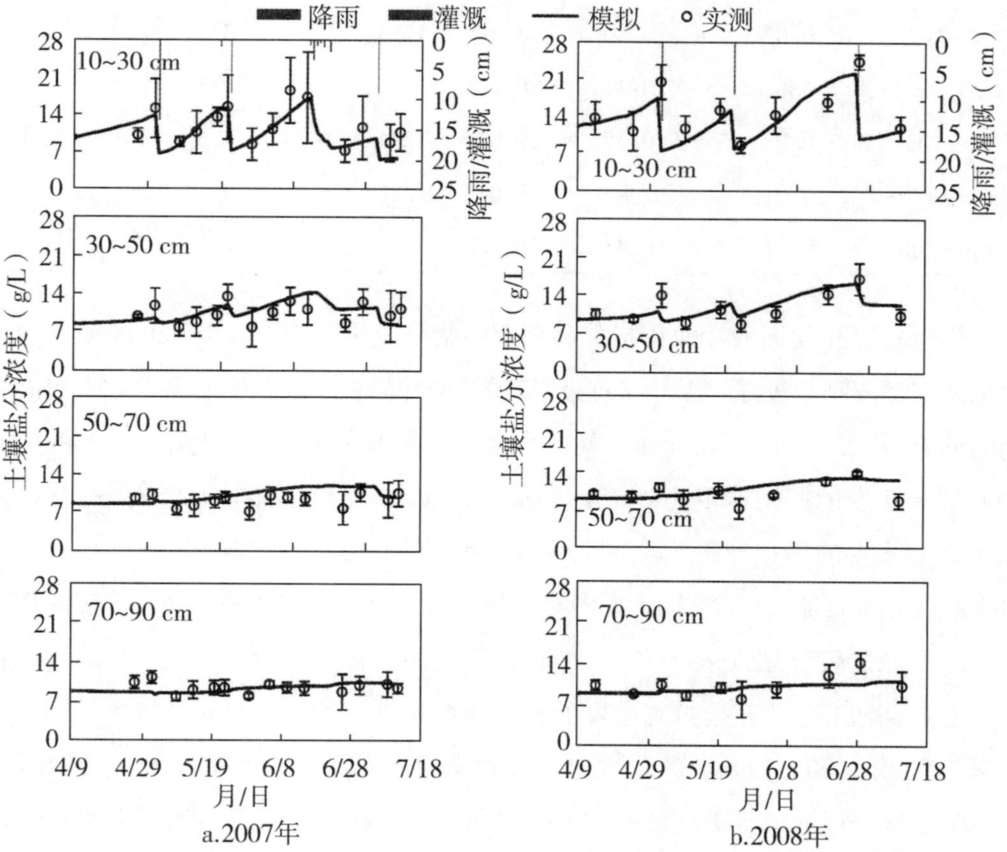

图7-4　率定期（a）和验证期（b）不同深度土层内盐分浓度的实测值与模拟值对比

基于以零通量为下边界条件的土壤水分运动模拟，率定得到的土壤水力特性参数和盐分运移参数如表7-4所示。Chen等（2019）的研究中使用了与本研究相同的土壤水力特性参数和盐分运移参数，但采用了实测变水头作为下边界条件，模拟得到的土壤水盐结果与本研究相似。在模型率定和验证过程中，土壤水分模拟与实测的 RMSE 分别为 0.02 cm^3/cm^3 和 0.06 cm^3/cm^3，盐分的 RMSE 分别为 1.64 g/L 和 3.56 g/L，下边界处的日均水流通量分别为 0.061 cm/d 和 0.069 cm/d，日均水流通量相对较小。结果表明，将零通量作为下边界条件，应用于研究区的土壤水分运动模拟是可行的，同时率定后的土壤参数可用于量化模拟不同情景下的土壤水盐运移过程，具有更广的适应性。

表 7-4　率定的春小麦地土壤水力特性参数和溶质运移参数

土壤深度（cm）	θ_r（cm^3/cm^3）	θ_S（cm^3/cm^3）	α（1/cm）	n（-）	K_S（cm/d）	l（-）	D_L（cm）	D_0（cm^2/d）
0~30	0.02	0.40	0.02	1.35	14.0	0.5	20	
30~81	0.02	0.41	0.015	1.39	13.0	0.5	20	
81~103	0.01	0.38	0.018	1.35	10.0	0.5	20	5.5
103~140	0.01	0.45	0.013	1.26	7.0	0.5	20	
140~300	0.01	0.41	0.02	1.25	10.0	0.5	20	

模型率定和验证的叶面积指数和地上生物量分别与 2007 年和 2008 年作物生育期的实测值吻合较好（图 7-5）。两年模拟的叶面积指数和地上生物量与实测值之间的 R^2 均大于 0.9，且叶面积指数和地上生物量的 NSE 分别大于 0.9 和 0.8。2007 年春小麦的模拟产量为 4 614 kg/ha，比实测产量（4 600 kg/ha）高 0.3%；2008 年春小麦的模拟产量为 4 805 kg/ha，比实测产量（4 771 kg/ha）高 0.7%。以上统计结果证明，LAWSTAC 模型对作物生长状况的模拟效果较好，确定的作物生长参数也比较合理（表 7-5）。本研究率定的大部分作物参数与 Xu 等（2013 年）在相同研究区用于模拟春小麦的相应参数相等或接近，但最大根系长度有所差异。Xu 等（2023）采用的最大根系长度为 90 cm，而基于 Miao 等（2016 年）在本研究区开展的试验研究结果，本研究采用了 100 cm。此外，为了获得更好的模拟结果，本研究还调整了 Feddes 模型中的根系吸水胁迫参数（h_3^H，h_3^L 和 h_4），如表 7-5 所示。

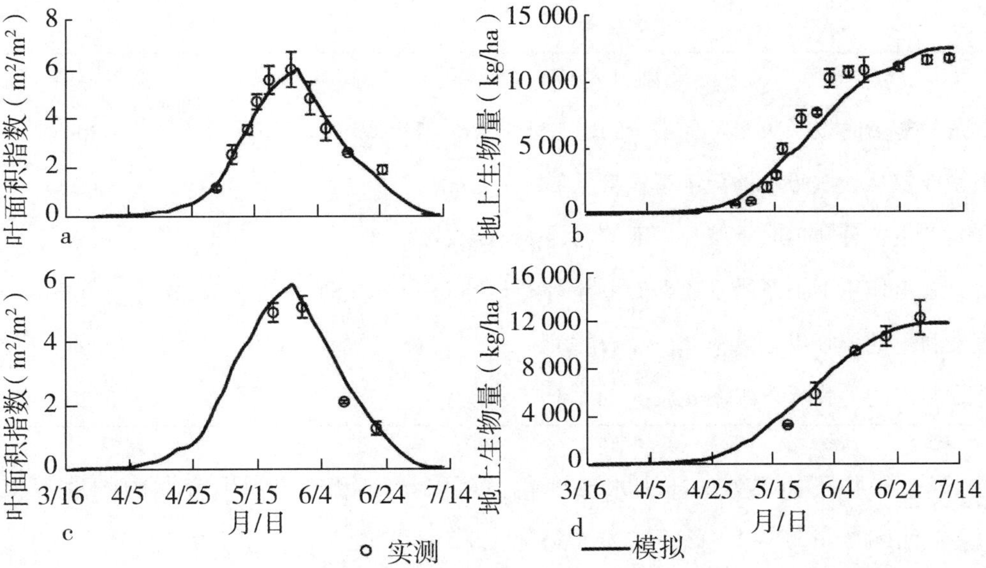

图 7-5　率定期（a 和 b）和验证期（c 和 d）叶面积指数和地上生物量的实测值与模拟值对比

表 7-5　作物生长模型、根系吸水模型和蒸发胁迫模型中参数的率定值

参数（单位）	率定值
作物生长最低稳定 T_b（℃）	2
作物生长最佳温度 T_0（℃）	20
最大植株高度 H_{max}（cm）	90
最大根系深度 RD_{max}（cm）	100
潜在最大叶面积指数 LAI_{max}（m^2/m^2）	7.1
叶面积指数下降速率 L（-）	1.8
生物量-能量转化参数 BE(kg·m^2/ha·MJ)	35.0
从出苗至叶面积开始下降阶段占总生长期的比例 HUI_0（-）	0.5
消光系数 β（-）	0.6
收获指数 HI（-）	0.41
作物成熟所需最大热量单位 PHU（℃）	1 800
根系能够从土壤中吸收水分的土壤基质势上限（h_1/cm）	−0.1
根系吸水不受水分胁迫的土壤基质势上限（h_2/cm）	−1
高蒸发能力时根系吸水不受水分胁迫的土壤基质势上限（h_{3h}/cm）	−500

（续表）

参数（单位）	率定值
低蒸发能力时根系吸水不受水分胁迫的土壤基质势下限（h_{3l}/cm）	-900
根系能够从土壤吸水的土壤基质势下限（h_4/cm）	-16 000
开始产生盐分胁迫时土壤浸提液的电导率 EC_{max}(dS/m)	6.0
盐分胁迫作用下根系吸水速率的下降斜率 EC_{slop}(%·m/dS)	4.0
蒸发胁迫的下临界含水率 θ_1(cm^3/cm^3)	0.08
蒸发胁迫的上临界含水率 θ_2(cm^3/cm^3)	0.20

通过模拟下边界处的压力水头变化，可以计算得到作物生育期内的地下水位埋深，如图 7-6 所示（彩插）。LAWSTAC 模型模拟结果总体上能反映实测的地下水位埋深变化，即地下水位埋深在灌溉期间能够迅速减小，而后随着地下水对非饱和带的补给，地下水位埋深逐渐增大。同时有一些地下水位埋深实测值与模拟值之间出现偏差，这主要由于实际地下水位埋深会受到整个区域范围内地下水位波动的影响。但总的来说，LAWSTAC 模型在模拟作物生育期内的地下水位埋深方面表现相对较好。

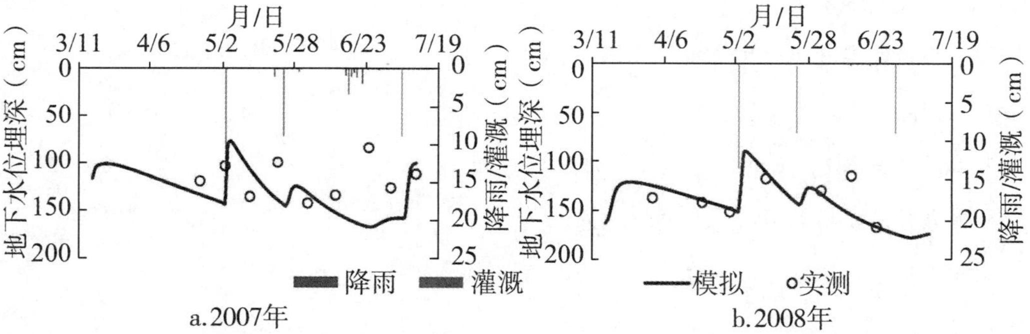

注：图中竖线代表灌水量（>5 cm）和降水量（<5 cm）。

图 7-6　率定期（a）和验证期（b）地下水位埋深的实测值与模拟值对比

7.3　地下水位对层状土壤水盐通量和作物产量的影响

7.3.1　砂土和粉黏土水力特性参数的不确定性分析

情景模拟中在原土壤剖面根区以下设置的砂土和粉黏土，由于没有对其土壤水力特性参数进行率定和验证，所以对这些参数进行了不确定分析。如图 7-7 所示（彩插），在作物生育期内，砂土水力特性参数变化±10%对 LSL 剖面根区底部的向下运动水量影响相对较小，可以忽略不计。粉黏土的水力特性参数 θ_r、θ_S、α 和 K_S 对 LCL 剖面根区底部的向下运动水量影响也较小，而参数 n 对其影响相对较大。根据 Skaggs 等（2004）的研究，Rosetta 软件对土壤水力特性参数 θ_r、α 和 n 的估算较准确，而 θ_S 和 K_S 的准确性则更依赖于仪器测量，因此，认为通过 Rosetta 预测的粉黏土参数 n 相对确定，对 LCL 剖面中水流运动影响有限。综合以上分析，砂土和粉黏土水力特性参数的不确定性对于 LSL 和 LCL 剖面中水分动态模拟结果影响并不显著。

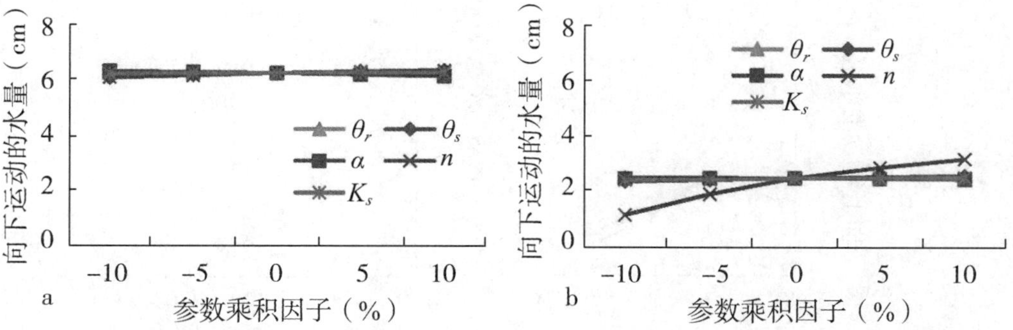

图 7-7　LSL 和 LCL 剖面中砂土（a）和粉黏土（b）水力特性参数的改变对作物根区底部的向下运动水量的影响

7.3.2　根区水盐动态

如图 7-8 所示（彩插），随着初始地下水位埋深从 130 cm 增加到 250 cm，LSL 剖面中作物根区底部向上和向下运动的水量均显著减少。以相对均质的 L 剖面作为对照，LSL 剖面根区底部通过的水量先高于后低于 L 剖面根区底部通过的的水量，这一过程的初始地下水位临界埋深大约为 210 cm。初始地下水位埋深超过该临界埋深后，LSL 剖面中砂土层对向上迁移水量比对向下迁移水量的阻碍作用更加明显。如图 7-9 所示，随着初始地下水位埋深的增加，LSL 剖面中砂土层的导水率下降幅度最大。这可能与砂土层内的孔隙尺寸较大有关，其结果就是砂土具有较低的进气压力和毛管力，持水性较差。地下水位埋深增加使得砂土层重力排水速度加快，导致土壤孔隙中水分不连续。因此，当初始地下水位埋深小于 210 cm 时，LSL 剖面中砂土层导水率高于 L 剖面相同深度的砂壤土导水率，这有利于水分在土壤剖面中的流动。随着初始地下水位埋深超过临界深度（210 cm），LSL 剖面中砂土层导水性开始低于 L 剖面相同深度的砂壤土导水率，砂土层对水流运动的阻力与 L 剖面中砂壤土相比更大，导致向上补给的水量显著低于原 L 剖面，向下渗漏的水量也略低于 L 剖面。前期研究表明，细质土下面的粗质土由于存在毛管障碍会对阻碍水流运动，而 Chen 等（2021）和 Shi 等（2005）则研究发现，粗质土壤夹层在地下水浅埋的条件下有利于水流运动。然而，本研究中有关粗质土夹层含水状况和导水率变化结果能够较好解释上述研究结果的差异。

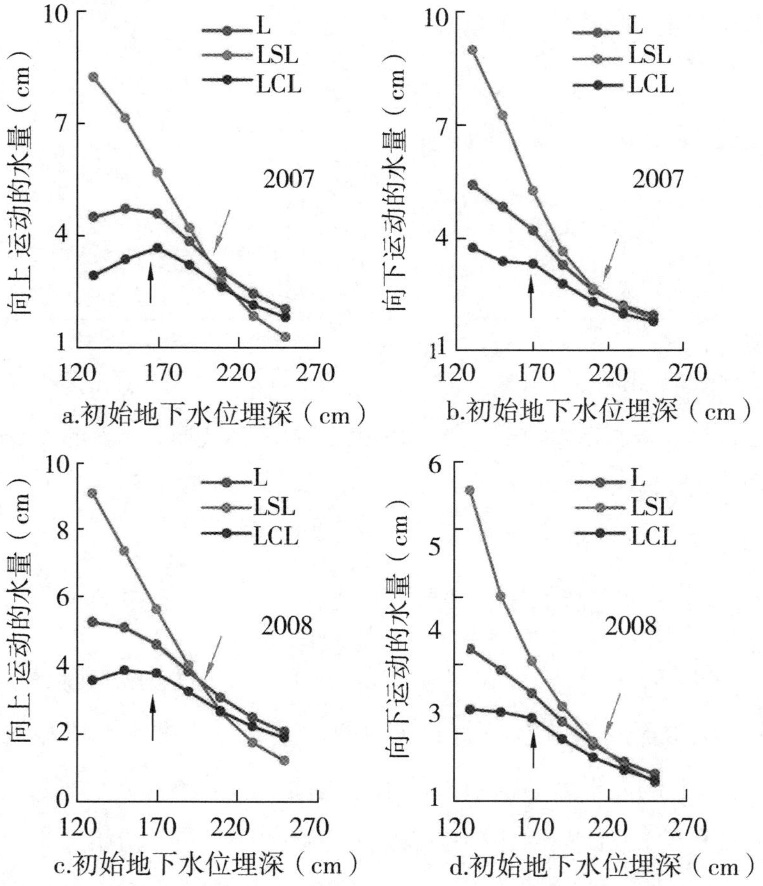

图 7-8　2007 年和 2008 年作物生育期内 L、LSL 和 LCL 剖面作物根区底部向上和向下运动的水量随初始地下水位埋深的变化情况

在 LCL 剖面中，随着初始地下水位埋深由 130 cm 增加到 170 cm，作物根区底部向上和向下运动的水量或增加或缓慢减少。随着初始地下水位埋深的继续增加（> 170 cm），通过作物根区底部的水量迅速减少（图 7-8）。当初始地下水位埋深小于 170 cm 时，粉黏土的含水率和导水率相对于更深的埋深情况较高（图 7-9，彩插），此时该细质土层能够允许通过相当数量的由地下水向上补给根区或由根区向下渗漏的水量。在初始地下水位埋深增加至 170 cm 的过程中，向上运动的水量有所增加，向下运动的水量缓慢减少，这主要是由于随着地下水位的下降，根区含水率降低，根区土壤水吸力增大。当初始地下水位埋深超过 170 cm 时，粉黏土的导水率会显著下降（图 7-9），因此，粉黏土对水流运动产生的阻碍作用开始增大，向上和向下运动的水量开始迅速减少。在不同的初始地下水位埋深下，由于 LCL 剖面中细质土夹层的导水率比 L 剖面相同位置处土壤的导水率小，因此，LCL 剖面根区底部向上或向下的水流通量始终小于 L 剖面中的水流通量（见图 7-8）。

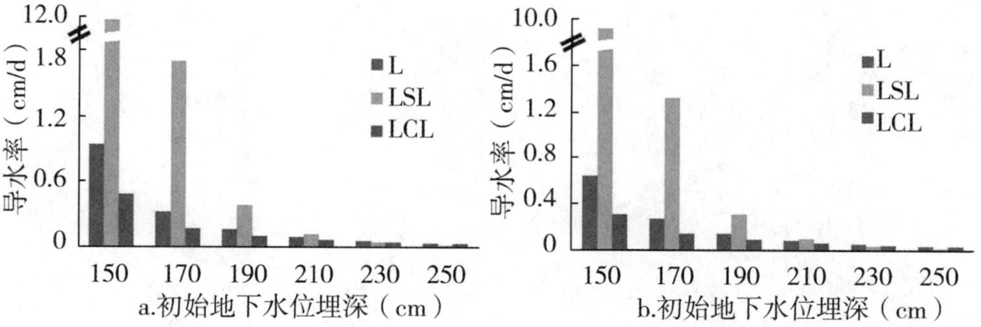

图 7-9　2007 年和 2008 年作物生育期内 L、LSL 和 LCL 剖面中 100~140 cm 深度处的砂壤土、砂土和粉黏土的平均导水率随初始地下水位埋深的变化情况

不同初始地下水位埋深条件下，在作物生育期内 L、LSL 和 LCL 剖面根区底部向上和向下的盐分运移量如图 7-10 所示（彩插）。盐分运移量变化与根区底部水流通量的变化相似（见图 7-8），LSL 剖面中作物根区与下层土壤之间的盐分运移量随着初始地下水位埋深的增加而显著减少，对于较小的初始地下水位埋深（130 cm、150 cm、170 cm 和 190 cm），更有利于根区底部的水流运动，因此，与均质的 L 剖面相比，LSL 剖面根区底部向上和向下的盐分运移量更大。然而，当初始地下水位埋深增大至 210 cm 以上时，LSL 剖面根区底部的盐分运移量会低于 L 剖面根区底部的盐分运移量。Chen 等（2021）研究发现，当地下水位较浅时，位于细质土壤之下的粗质土壤有利于盐分在上层细质土中的迁移；Wang 等（2017）则发现，土壤剖面中的粗质土壤夹层能够减少水分入渗过程中的盐分淋洗量。两种截然不同的结果与粗质土夹层中土壤含水率水平及其相应的导水率有关，不同的含水率水平使得粗质土夹层或促进或抑制土壤水盐通量，其中含水率较高时能促进水盐通量，而含水率较低时会抑制水盐通量。LCL 剖面中粉黏土层的导水率较 L 剖面相同深度土壤的导水率低（见图 7-9），阻碍了 LCL 剖面根区底部的水分运动。因此，在不同的初始地下水位埋深条件下，与 L 剖面相比，LCL 剖面根区底部的盐分运移量始终低于 L 剖面根区底部的盐分运移量。然而，当初始地下水位埋深由 130 cm 增加到 250 cm 的过程中，随着 LCL 剖面根区底部的水分通量的变化，LCL 剖面根区底部的盐分运移量开始缓慢增加或减少，在地下水埋深超过 170 cm 后迅速下降。

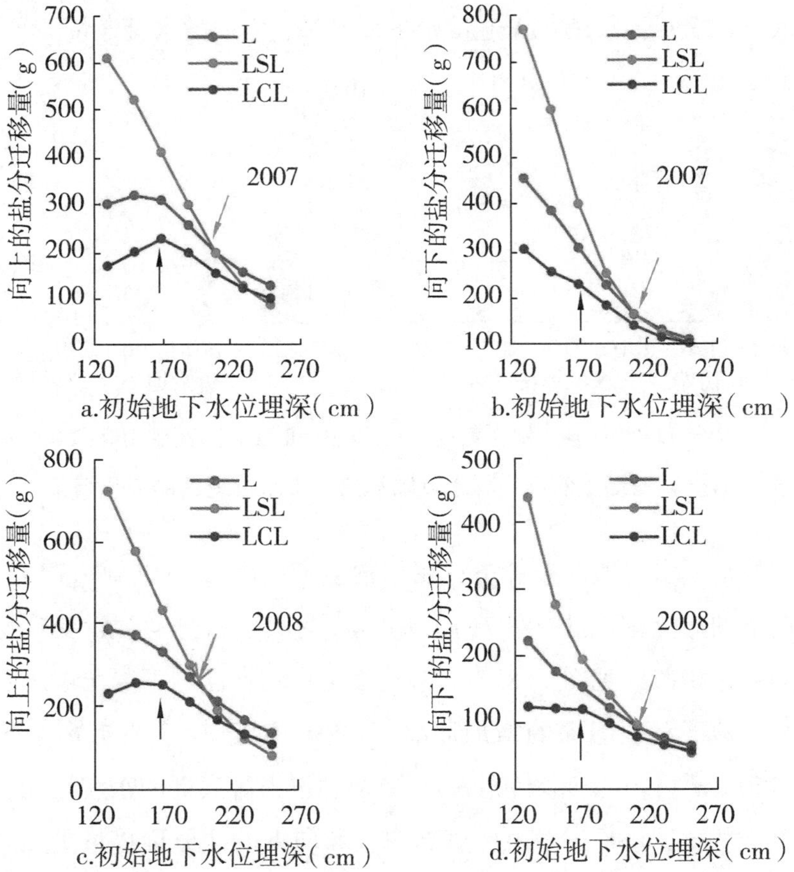

图 7-10　2007 年和 2008 年作物生育期内 L、LSL 和 LCL 剖面作物根区底部单位面积向上和向下的盐分运移量随初始地下水位埋深的变化情况

在地表和根系层底部水、盐通量等因素的共同作用下，每一个土壤剖面的根系层贮水量、含盐量均随着初始地下水位埋深的增加而降低（图 7-11，彩插）。在初始地下水位埋深较浅（130~190 cm）时，LSL 剖面的根系层贮水量和含盐量均最大，L 剖面次之，LCL 剖面最小，但不同剖面根系层贮水量和含盐量的差别随着埋深的增加逐渐减小。在初始地下水位埋深较深（>210 cm）时，LSL 剖面的根系层贮水量和含盐量反而较小，L 剖面略大，但不同剖面根系层贮水量和含盐量在相同的初始埋深下差别不大。

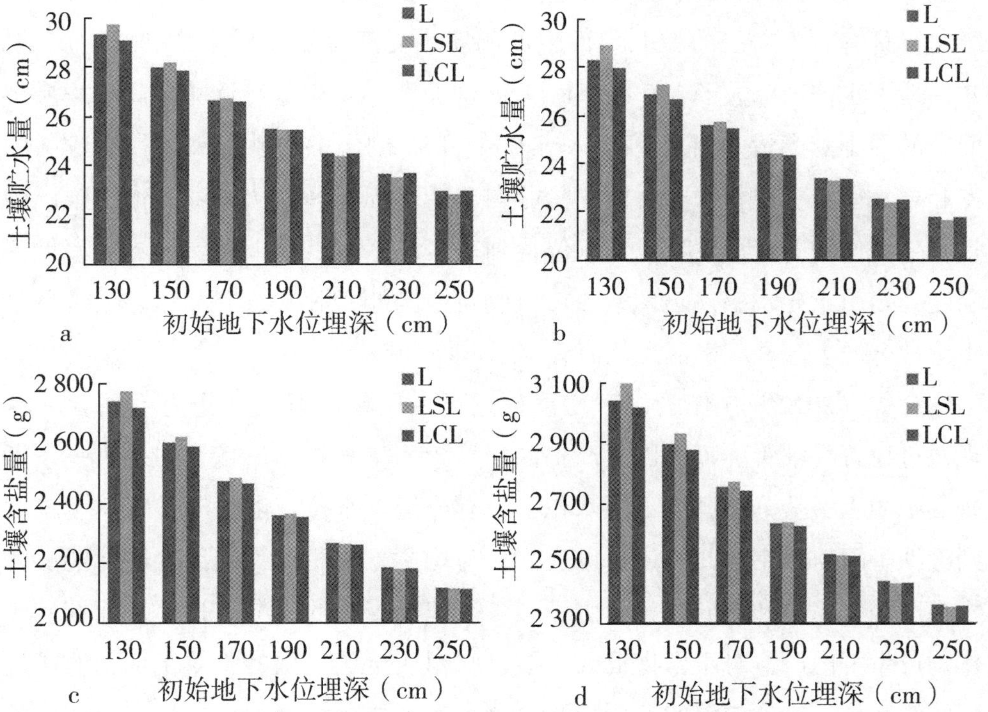

图 7-11　2007 年和 2008 年作物生育期内 L、LSL 和 LCL 剖面作物根区平均贮水量和平均含盐量随初始地下水位埋深的变化情况

7.3.3　作物产量

不同初始地下水位埋深条件下，在 L、LSL 和 LCL 剖面中模拟的 2007 年和 2008 年春小麦产量如图 7-12 所示（彩插）。从图中可以明显看出，春小麦产量与初始地下水位埋深密切相关，随着初始地下水位埋深从 130 cm 增加到 250 cm，L、LSL 和 LCL 剖面中两年的作物产量均有所增加，但增加的幅度逐渐减小。作物产量增加主要是受土壤剖面根区含盐量降低的影响。虽然剖面作物根区的土壤贮水量也会随着初始地下水位埋深的增加而减少（图 7-11），但在土壤含水率较高的情况下，根区含水率的减小对作物产量的影响相对较小，而根区含盐量的减少对作物产量的提高起着主导作用。

在不同初始地下水位埋深条件下，作物根区之下具有粉黏土夹层的LCL剖面生产的春小麦产量比均质土壤剖面中产量高。这是因为粉黏土夹层的导水率较低，能够有效抑制深层土壤中盐分向上迁移至作物根区，从而降低作物根区的盐分含量，缓解作物生长所受到的盐分胁迫。当初始地下水位埋深小于210 cm时，作物根区之下具有砂土夹层的LSL剖面生产的春小麦产量比均质土壤剖面中产量低；当初始地下水位埋深大于210 cm时，LSL剖面春小麦产量接近甚至高于均质土壤剖面中的春小麦产量。当地下水位较浅时，LSL剖面中的砂土夹层具有较高的含水率和导水率，有利于深层土壤中盐分向上迁移到根区，从而增加作物根区的含盐量，降低作物的产量。当地下水位达到一定深度时，砂土夹层的导水率低于相同深度处均质土导水率（见图7-9），对水流运动起到阻碍作用，因此，抑制了深层土壤盐分向上迁移到根区，从而有利于作物生长。

Ityel等（2012）在作物根区之下放置了一层粗砾石层（作为毛细管屏障），发现通过设置毛细管屏障可以提高根区土壤含水率和作物产量。如果进一步考虑本研究中的土壤盐分和浅埋地下水位，只有当地下水位足够深时，粗质土壤才能起到毛细管阻碍作用。此外还可以发现，与均质土壤相比，毛细管屏障能够降低作物根区的含水率和盐分含量，由于减少了作物受到的盐分胁迫，从而有利于提高作物产量。因此，对于作物根区之下存在粗质土壤夹层的土壤剖面，对于地下水位较浅和地下水位较深的不同地区，为了实现盐分控制和作物生产而实施的水资源管理策略应有所不同。

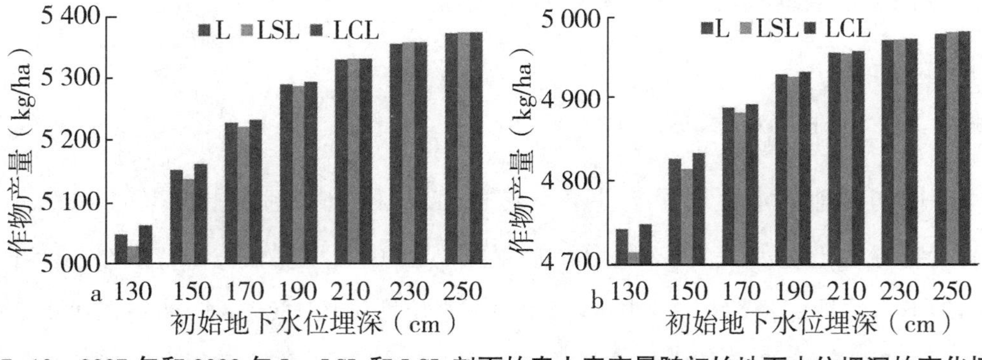

图7-12　2007年和2008年L、LSL和LCL剖面的春小麦产量随初始地下水位埋深的变化情况

7.4　地下水位埋深对土壤层状结构的响应规律

如图7-13所示（彩插），当初始地下水位埋深为较小的150 cm时，作物生育期内的地下水位波动主要由灌溉和较大的降雨引起；当初始地下水位埋深达到250 cm时，作物生育期内的地下水位波动主要由大水量的灌溉引起。在相同初始地下水位埋深条件下，在作物生育期内没有降雨和灌溉的时段，有砂土夹层的LSL剖面中地下水位埋深较小。这主要是由于砂土层的持水能力较差，而土壤质地较细的作物根区吸水能力大于砂土，作物根区土壤易从砂土中获取水分供给，这样就会减少从地下水向上补给作物根区的水量，从而导致LSL剖面在非降雨/灌溉期较高的地下水位（图7-14，彩插）。当初始地下水位埋深较小时，砂土层的含水率和导水率较大，LSL剖面根区土壤更易从砂土获取水分，同时LSL处理中作物生长状况在地下水埋深较浅时稍差，根系吸水量少，根区所需的地下水补给量较少，使得LSL剖面中地下水位较高的现象更加明显。对于作物根区之下有粉黏土层的LCL剖面，在作物生育期内没有降雨和灌溉的时段，地下水位埋深较大。LCL剖面中粉黏土的持水能力较好，其持有的水分不易被释放，因此，在非降雨和灌溉期向上补给作物根区的水分主要来自地下水，从而导致LSL剖面在非降雨/灌溉期较低的地下水位。Huang等（2013）分别在砂土覆盖粉土和粉土覆盖砂土的层状土壤剖面中开展了蒸发试验，并对蒸发过程进行了模拟。研究结果发现，无论粗质土覆盖细质土还是细质土覆盖粗质土，蒸发水量主要来自粗质土层（即砂土层）。这个研究结果与本研究中关于浅埋地下水条件下层状土壤中水分向上补给情况的结论一致。

L、LSL和LCL剖面中地下水位的抬升，主要是由于灌溉或降雨期间产生的深层渗漏造成的。与相对均质的L剖面相比，LCL剖面中地下水位在灌溉或降雨期间的上升幅度较大，而LSL剖面中地下水位的上升幅度较小。LSL剖面中砂土层在非灌溉/降雨时段向作物根区供水之后，土壤含水率较低，因此，在灌溉或降雨期间砂土层能够贮存较多的入渗水量，从而减少了补给地下水的深层渗漏水量，导致LSL剖面中地下水位上升相对平缓。另一方面，LCL剖面中粉黏土一直能够保持较高的含水率，因此，在灌溉或降雨期间粉黏土层消耗较少的入渗水量，较多的入渗水量补给到地下水中，造成LCL剖面中地下水位在灌溉或降雨期间上升幅度较大。当初始地下水位埋深达到250 cm时，LSL剖面中砂土层含水率较低，对土壤中水流运动起到毛管阻碍作用，从而限制水分入渗过程中向下运动的水量，进而造成LSL剖面中地下水位在灌溉或降雨期间的抬升过程比其他剖面中的地下水位变化过程缓慢。

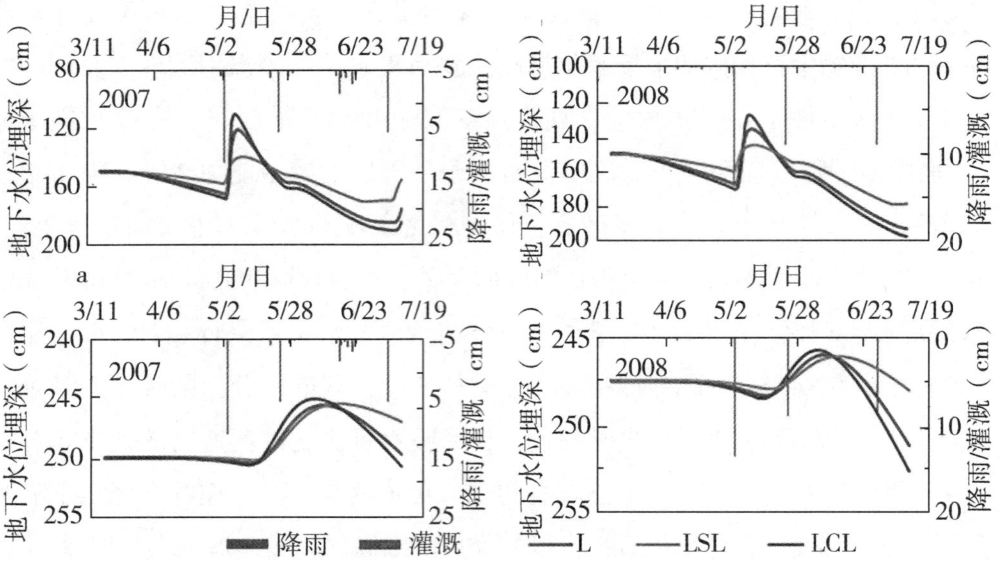

注：图中竖线代表灌水量（>5 cm）和降水量（<5 cm）。

图 7-13　初始地下水位埋深分别为 150 cm（a 和 b）和 250 cm（c 和 d）条件下，在 L、LSL 和 LCL 剖面中模拟的地下水位埋深 2007 年和 2008 年作物生育期内的变化

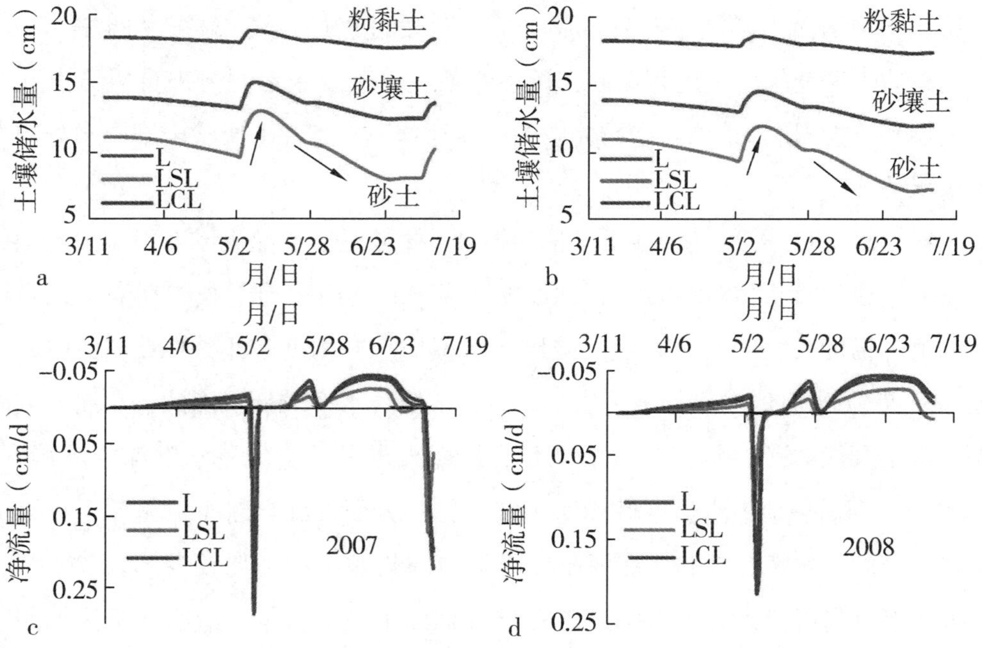

图 7-14　2007 年和 2008 年作物生育期内在初始地下水位埋深为 150 cm 条件下，L、LSL 和 LCL 剖面中 100~140 cm 深度处砂壤土、砂土和粉黏土层贮水量和 140 cm 深度处净流量（以深层渗漏为正）变化

7.5 层状土农田中地下水位调控策略

在地下水浅埋区，土壤剖面中作物根区之下存在的粗质土夹层可以促进作物根区与下层土壤之间的盐分交换，特别是随着向上运动水量的增加，更多的盐分会从深层土壤进入根区。与均质土壤相比，作物根区盐分累积会造成作物产量的降低。采用大水量灌溉淋洗土壤中的盐分可以在短期内为作物生长创造一个低盐的土壤环境，但这会导致地下水位的进一步升高，并反过来进一步加剧土壤盐渍化程度。对于有粗质土夹层的土壤剖面，通过降低地下水位，减少砂土层内的含水率，能够使砂土层由促进转变为抑制盐分的迁移，从而有效减少由深层土壤向上进入作物根区的盐分运移量。因此，在具有类似 LSL 土壤剖面构型的盐渍化农田中，通过保持较低的地下水位使得土壤剖面中的粗质土夹层起到毛细管阻碍作用，对于控制上层土壤盐分水平非常重要，将会提高作物产量。

与均质土壤剖面相比，具有类似 LCL 土壤剖面构型的盐渍化农田中，在不同初始地下水位埋深条件下，土壤剖面中细质土均能够减少随向上运动水分由深层土壤迁移至作物根区的盐分量。因此，作物生育期内 LCL 剖面根区土壤中的盐分含量较低，有利于提高盐渍化农田中的作物产量。对于没有充足灌溉水量的地区，保持较高的地下水位是可行的，因为此时地下水对作物根区有相对较多的水分补给，同时可以减少来自深层土壤的盐分累积，在 LCL 剖面中可以生产出比均质土中更高的作物产量。对于灌溉水量相对充足的地区，应尽量通过灌溉将 LCL 剖面作物根区的盐分淋洗至深层，并保持较低的地下水位，这样能缓解作物根区盐分影响，并能有效增加作物产量。

7.6 小结

使用农田生态水文 LAWSTAC 模型探究了浅埋地下水位如何影响层状土壤中的水分运动、盐分运移和作物产量。首先采用在我国西北干旱区（宁夏惠农）收集的春小麦试验数据率定和验证了 LAWSTAC 模型，结果表明模型能够对不同土层中的含水率和盐分浓度、地下水位动态、作物叶面积指数、地上生物量和产量进行可靠的模拟。

然后利用验证的 LAWSTAC 模型对不同土壤剖面构型和初始地下水位埋深条件下共 21 组情景进行了模拟分析。模拟结果表明，与相对均质土壤剖面相比，当地下水位埋深小于临界埋深时，作物根区之下存在的粗质土（砂土）夹层能够增加作物根区的水盐含量，而降低作物产量；但当地下水位埋深大于临界埋深时，作物根区内的水盐含量低于均质土壤内的水盐含量，作物产量接近甚至高于均质土壤中的作物产量。对于作物根区之下存在细质土（粉黏土）的土壤剖面，在不同的初始地下水位埋深条件下，作物根区内的水盐含量均低于均质土壤内的水盐含量，因此，作物产量比均质土壤中产量高。

在地下水位埋深浅和土壤盐渍化地区，对于作物根区之下存在粗质土夹层的土壤剖面，应当适当降低地下水位，直至土壤剖面中粗质土夹层变成抑制盐分运移的毛细管障碍层。同时综合考虑地下水位对根区含水率和含盐量的影响，降低对作物生长不利的土壤水盐含量。对于作物根区之下存在细质土夹层的土壤剖面，若灌溉水资源量不足时，可以将地下水位维持在较高水平，以补给作物根区用水。与均质土壤剖面相比，细质土夹层能够抑制盐分向上迁移，也能获得比均质土中高的作物产量；当灌溉水资源充足时，通过灌溉将根区盐分淋洗出去，同时保持较低的地下水位，可以作为有细质土夹层剖面有效的管理措施。

参考文献

李韵珠，胡克林. 蒸发条件下黏土层对土壤水和溶质运移影响的模拟[J]. 土壤学报. 2004，41(4)：493-502.

刘思义，魏由庆. 黏土夹层土体构型水盐运动的实验研究[J]. 土壤学报. 1992，29(1)：109-112.

刘玉涛. 隔盐措施对滨海盐碱地土壤水盐运动及四个树种生长与光合作用的影响 [D]. 泰安：山东农业大学. 2011.

穆文彬. 华北平原农田层状土壤水分运动试验及数值模拟 [D]. 郑州：华北水利水电学院. 2012.

史文娟，沈冰，汪志荣，张建丰. 蒸发条件下浅层地下水埋深夹砂层土壤水盐运移特性研究[J]. 农业工程学报. 2005，21(9)：23-26.

王全九，汪志荣，张建丰，等. 层状土入渗机制与数学模型. 水利学报. 1998(S1)：77-80.

叶德智. 宁夏引黄灌区微咸水灌溉条件下水盐运移规律及其模拟[D]. 北京：中国农业大学. 2008.

袁剑舫，周月华. 黏土夹层对地下水上升运行的影响[J]. 土壤学报. 1980，17(1)：94-100.

张莉. 夹层和覆盖对滨海盐碱地土壤水盐运动的影响 [D]. 北京：北京林业大学. 2010.

邹桂梅，黄明勇，苏德荣，等. 蒸发条件下不同地下水位夹砂层土壤水盐运移特性研究[J].

中国农学通报. 2010,(11):206-211.

Chen S,Mao X,Barry D A,et al. Model of crop growth,water flow,and solute transport in layered soil [J]. Agricultural Water Management. 2019,221:160-174.

Chen S,Mao X,Shukla M K. Evaluating the effects of layered soils on water flow,solute transport, and crop growth with a coupled agro-eco-hydrological model [J]. Jourmal of Soils and Sediments. 2020,20:3442-3458.

Chen S,Mao X,Shukla M K. Influence of coarse-textured soil layers under crop root zone on soil water and salt dynamics and crop yield in shallow groundwater areas [J]. Soil Science Soceity of America Journal. 2021,85:1479-1495.

Gao X,Bai Y,Huo Z,et al. Deficit irrigation enhances contribution of shallow groundwater to crop water consumption in arid area [J]. Agricultural Water Management,2017,185:116-125.

Han M,Zhao C,Simunek J,et al. Evaluating the impact of groundwater on cotton growth and root zone water balance using Hydrus-1D coupled with a crop growth model [J]. Agricutural Water Management,2015,160:64-75.

Huang M,Bruch P G,Barbour S L. Evaporation and water distribution in layered unsaturated soil profiles [J]. Vadose Zone Journal,2013,12 (1):1-14.

Ityel E,Lazarovitch N,Silberbush M,et al. An artificial capillary barrier to improve root-zone conditions for horticultural crops:Response of pepper plants to matric head and irrigation water salinity [J]. Agricultural Water Management,2012,105:13-20.

Jorenush M H,Sepaskhah A R. Modelling capillary rise and soil salinity for shallow saline water table under irrigated and non-irrigated conditions [J]. Agricutural Water Management,2003,61 (2):125-141.

Miao Q,Rosa R D,Shi H,Paredes P,Zhu L,Dai J,Goncalves J M,Pereira L S. Modeling water use,transpiration and soil evaporation of spring wheat-maize and spring wheat-sunflower relay intercropping using the dual crop coefficient approach [J]. Agricultural Water Management, 2016,165:211-229.

Mohammadzadeh-Habili J,Heidarpour M. Application of the Green-Ampt model for infiltration into layered soils [J]. Journal of Hydrology,2015,527:824-832.

Nachshon U,Weisbrod N,Dragila M I, et al. Combined evaporation and salt precipitation in homogeneous and heterogeneous porous media [J]. Water Resources Research, 2011, 47 (3):W03513.

Ren L,Huang M. Fine root distributions and water consumption of alfalfa grown in layered soils with different layer thicknesses [J]. Soil Research,2016,54:730-738.

Schaap G M,Leij J F,Genuchten V T M. ROSETTA:a computer program for estimating soil hydraulic parameters with hierarchical pedotransfer functions [J]. Journal of Hydrology,2001,251(3-

4):163-176.

Si B C, Dyck M, Parkin G. Flow and transport in layered soils [J]. Canadian Journal of Soil Science, 2011, 91(2):127-132.

Skaggs T H, Trout T J, Simunek J, Shouse P J. Comparison of HYDRUS-2D simulation of drip irrigation with experimental observations [J]. Jouranl of Irrigation and Drainage Engineering, 2004, 130:304-310.

Stormont J C, Anderson C E. Capillary barrier effect from underlying coarser soil layer [J]. Journal of Geotechnical and Geoenvironmental Engineering, 1999, 125 (8), 641-648.

Wang J, Huang Y, Long H, Hou S, Xing A, Sun Z. Simulations of water movement and solute transport through different soil texture configurations under negative-pressure irrigation [J]. Hydrological Processes, 2017, 31:2599-2612.

Xu X, Huang G, Sun C, Pereira L S, Ramos T B, Huang Q, Hao Y. Assessing the effects of water table depth on water use, soil salinity and wheat yield: Searching for a target depth for irrigated areas in the upper Yellow River basin [J]. Agricultural Water Management, 2013, 125:46-60.

Xu X, Sun C, Huang G, Mohanty, B P. Global sensitivity analysis and calibration of parameters for a physically-based agro-hydrological model [J]. Environmental Modelling & Softwware, 2016, 83: 88-102.

第8章 结论与展望

8.1 主要结论

本书针对干旱-半干旱地区农业水资源紧缺、土壤盐渍化、地下水位埋深浅和农业发展受限等现状，以黄河上游宁蒙河套灌区及甘肃石羊河灌区作为干旱区的典型，以干旱、高盐条件下的农田土壤水分运动、热量迁移、盐分运移及作物生长规律为研究核心，构建了用于模拟农田层状土壤水热盐迁移和作物生长过程的LAWSTAC耦合机理模型。在开展的室内和田间试验观测的基础上，结合收集的田间试验数据资料，并通过与广泛应用的农田生态水文模型进行对比，验证了LAWSTAC模型模拟农田层状土壤水热盐迁移和作物生长过程的可靠性，分析了LAWSTAC模型的模拟优势。并基于研究区当前的农业生产环境，进一步应用所建模型对土壤夹砂土、土壤夹黏土、地表覆土、地下水埋深变化等环境下水盐动态和作物生长规律进行研究分析，探讨在不同土壤剖面构型和地下水浅埋条件下有助于土壤水盐调控和作物增产的管理措施，旨在为干旱区土壤盐渍化防治和农业安全生产提供科学管理依据。

主要研究内容和结论如下：

（1）层状土壤中水、热、盐迁移和作物生长过程耦合模型的构建。在非饱和土壤水分运动理论、溶质运移理论、热量迁移理论和作物生长基本原理的基础上，基于非饱和土壤水分运动的Richards方程、溶质运移的对流-弥散方程、热量迁移的热流方程和反映作物生长生物学原理的代数方程，构建了描述农田土壤中水热盐迁移和作物生长的LAWSTAC耦合机理模型。模型中考虑了土壤水分运动、盐分运移、热量迁移、根系吸水、土壤蒸发等物理过程的联系及其与作物生长的耦合关系。采用隐式有限差分法求解土壤水、热、盐迁移的偏微分方程，利用MATLAB软件对方程的求解过程进行编程，实现了LAWSTAC模型的数值求解。该模型考虑了土壤分层结构的影响，并在数值求解Richards方程时考虑了不同的平均方式来计算半节点处的导水率值，为更加稳定和准确地计算层状土壤中的水分运动提供更多算法选择。

（2）LAWSTAC模型的模拟效果评价。在试验研究的基础上，结合收集的数据和模型比较分析，对LAWSTAC模型中层状土水分运动、热量迁移、盐分运移和作物生长过程的模拟效果进行评价。

对于多层（>10层）土壤水分运动的模拟，算术平均、几何平均和三点平均等3种半节点导水率估算方法都能够较好地刻画多层土壤中含水率的变化。在适当采用粗空间网格的条件下，这3种参数平均方式能够提高模型的计算效率，同时具有较好的计算准确性，尤其是几何平均方式。

HYDRUS-1D、SWAP和LAWSTAC模型对宁夏引黄灌区春小麦田间土壤中水盐动态的模拟结果基本一致。与SWAP和LAWSTAC模型相比，HYDRUS-1D模型没有作物生长模块，不能反馈作物生长和产量对土壤水盐动态的响应；与SWAP模型相比，LAWSTAC模型对土壤中溶质运移的模拟更加稳定，且对土壤中水盐动态和作物生长的模拟中参数较少，更便于实际应用。

LAWSTAC模型能够较好地模拟甘肃石羊河试验站春小麦田间土壤水热迁移和作物生长过程，与实测值相比，土壤含水率和温度的决定系数R^2分别大于0.62和0.87，模拟LAI和生物量的R^2分别大于0.79和0.85。针对干旱区土壤水热迁移和作物生长的模拟，如缺测土壤表面温度，通过将地表以下土壤温度与气温进行回归分析，根据回归方程计算出地表温度的估计值，进而利用耦合模型也能实现对土壤中温度进行较好的模拟。

（3）室内层状夹砂土柱积水入渗试验规律及模型模拟分析。通过室内均质壤土土柱和层状夹砂土柱的薄层积水入渗试验，观测和分析夹砂层影响下的土壤入渗率、累积入渗量、土壤水分变化规律，发现当湿润峰穿过夹砂层上界面时入渗率有波动，最终进入稳渗阶段。其稳渗率受夹砂层物理性质影响，有可能小于同时刻均质土的入渗率，具有一定的阻水减渗作用；也有可能大于同时刻均质土入渗率，具有促进水分入渗的作用。湿润锋穿过夹砂层上界面时稍有停顿，之后行进速度明显加快，经过的砂土层并未达到饱和。利用 LAWSTAC 模型对均质和层状夹砂土壤的入渗规律进行模拟，基于传统 Richards 方程的 LAWSTAC 模型可以很好地描述均质土和层状夹砂土薄层积水入渗条件下的入渗率、累积入渗量、土壤含水率变化规律。LAWSTAC 模型的模拟结果表明，湿润锋进入夹砂层后，层状夹砂土柱上交界面处基质吸力和入渗率随时间变化不大，此时进入稳渗阶段，模拟结果与试验观测结果一致。层状夹砂土上交界面处基质吸力与入渗率呈线性，入渗率随上交界面处基质吸力的增大而增大，上交界面处的土壤仍处于未饱和状态。因此，在上层细质土相同夹砂层不同的情况下稳渗率受夹砂层质地影响，可能是入渗过程中不同夹砂层产生的上交界面处基质吸力不同导致的。湿润锋穿过夹砂层后砂层并未达到饱和状态，该模拟结果与试验观测结果一致。夹砂层的稳定含水率对应的非饱和导水率值接近上层细质土的饱和导水率，说明在细质土覆盖粗质土的情况下，入渗过程主要由细质土控制。

（4）夹砂土对农田土壤水盐动态和作物生长的影响。针对干旱区地下水浅埋区的土壤盐渍化问题，利用 LAWSTAC 模型模拟分析了内蒙古河套灌区春玉米生长过程对层状夹砂土壤中砂土埋深和厚度的响应规律，分析了不同模拟情景对土壤中水盐动态和作物产量的影响。结果表明，在地下水浅埋的地区，粗质土夹层较高的含水率和导水率促进了水盐向上迁移和向下渗漏的过程。在相同夹砂土埋深下，砂土层含水率随着砂土层厚度的增加而增大，在未达到砂土层临界含水率（0.31 cm^3/cm^3）之前，作物根区含水率先随着砂层厚度的增加而增大，此时根区内含盐量保持相对稳定或略有减小；当砂土层内含水率超过临界含水率后，随着砂土层厚度继续增加，根区底部水分渗漏量迅速增加，作物根区贮水量开始递减，根区含盐量也开始低于均质土中的含盐量，此时有利于根区盐分淋洗，但不利于根区水分的保持。在根区水盐双重胁迫影响下，在砂土层埋深一定的条件下，砂土层厚度越厚，作物产量越高；在砂土层厚度不变的情况下，砂土层埋深较大会减少土壤含水率、含盐量和作物产量。

对于作物根区以下存在粗质土夹层的地区，若土壤盐渍化比较严重，粗质土中的含水率应达到或者高于该粗质土的临界含水率，促使盐分从作物根区淋洗出去，为作物发芽和生长创造一个低含盐量的土壤环境。对于水资源短缺、土壤盐渍化较轻的地区，应保持粗质土中的含水率低于粗质土的临界含水率，减少土壤水分向深层渗漏，让更多的水分保持在作物根区，创造一个多水少盐的土壤环境，从而提高根区以下存在粗质土夹层的农业生产力。

（5）地表覆土对农田土壤水盐动态和作物生长的影响。针对干旱区地下水浅埋区的土壤盐渍化问题，利用LAWSTAC模型研究了内蒙古河套灌区盐渍土向日葵生长过程对地表覆土（均质土和层状土）的响应规律，分析了不同模拟情景对土壤中水盐动态和作物产量的影响。结果表明，与原土壤剖面相比，由细质土和粗质土组成的覆土层能够减少根区的贮水量，但同时也能够有效减少根区内的盐分含量。作物根区减少的盐分含量明显降低了根系吸水的盐分胁迫，而一般在地下水浅埋区根区含水率较高。如果将作物根区减少的贮水量控制在一定水平，使得根系吸水受到的水分胁迫没有明显增加，就能创造一个适宜的土壤水盐环境。

对于土壤盐渍化严重地区，覆盖由细质土和粗质土组成的土层，粗质土层越厚对根区盐分的抑制作用越明显。当表层覆土中粗质土层的厚度超过临界值后，粗质土层会对作物根系吸水产生较大的水分胁迫作用，反而不利于作物生产。因此，为了提高地下水浅埋和土壤盐渍化地区的作物产量，表层覆土中粗质土层的厚度需保持在一定范围内。对于具有浅埋深地下水位的干旱区，表层覆土可以实现对盐碱地或荒地的修复和改良。

（6）地下水浅埋条件下层状土壤水盐通量及作物生长状况。针对干旱区地下水浅埋和土壤盐渍化的现状，利用农田生态水文LAWSTAC模型探究了浅埋地下水位如何影响层状土壤中的水分运动、盐分运移和作物产量。模拟结果表明，与均质土壤剖面相比，当地下水位埋深小于临界埋深时，作物根区之下存在的粗质土（砂土）夹层能够增加作物根区的水盐含量，而降低作物产量；当地下水位埋深大于临界埋深时，作物根区内的水盐含量低于均质土壤内的水盐含量，作物产量接近甚至高于均质土壤中的作物产量。对于作物根区之下存在细质土（粉黏土）的土壤剖面，在不同初始地下水位埋深条件下，作物根区内的水盐含量低于均质土壤内的水盐含量，因此，作物产量比均质土壤中产量高。

在地下水位浅和土壤盐渍化地区，对于作物根区之下存在粗质土夹层的土壤剖面，应当适当降低地下水位，直至粗质土夹层变成抑制盐分运移的毛细管障碍层；同时综合考虑地下水位对根区含水率和含盐量的影响，降低土壤水盐因素的影响。对于作物根区之下存在细质土夹层的土壤剖面，若灌溉水资源量不足，可以将地下水位维持在较高水平，以补充作物根区用水，但与均质土壤剖面相比，细质土夹层能够抑制盐分向上迁移，此时也能获得比均质土中高的作物产量；当灌溉水资源充足时，可通过灌溉将根区盐分淋洗出去，同时保持较低的地下水位。

8.2 未来研究展望

本书基于土壤水分运动、热量迁移和溶质运移的物理过程和作物生长的基本原理，构建了模拟层状土壤中水热盐迁移和作物生长过程的耦合模型。通过模型模拟分析了层状夹砂土壤积水入渗规律、夹砂土对农田土壤水盐动态和作物生长的影响，地表覆土对农田土壤水盐动态和作物生长的影响，以及地下水浅埋条件下层状土壤水盐通量和作物生长状况，为干旱区地下水浅埋条件下层状土壤盐分调控和农业生产提出了合理的管理措施。但干旱区地下水位埋深浅和土壤盐渍化程度高的特殊环境，使得农田层状土壤-植物-大气系统中水盐运移和作物生长过程比均质土壤系统中的过程更加复杂，涉及土壤物理学、生态水文学、农业气象学、植物生理学、地下水动力学等交叉学科的知识，需进一步加强研究。

（1）本书研究对地下水浅埋条件下农田层状土壤中水分运动、盐分运移和作物生长规律进行了模拟分析，探讨了有利于土壤盐分控制和作物生长的管理措施。后期需进一步验证缓解土壤盐渍化和促进农业生产等措施的有效性，针对不同地区提出调控指标，以便于研究成果的推广应用。

（2）本书研究中设置的层状土壤剖面是在作物根区之下嵌入一层粗质土或细质土，在此基础上分析了单层粗质土或细质土夹层对根区土壤水盐动态和作物生长的影响，而自然界存在的实际土壤剖面可能有多层粗质土或细质土夹层，甚至可能粗质土夹层和细质土夹层同时在一个土壤剖面中出现。在地下水浅埋条件下，土壤中多层粗质土或细质土夹层对水盐动态和作物生长规律有何影响，采取何种盐分调控策略，还有待深入探讨。

（3）LAWSTAC 模型需要提前给定地下水位埋深来设置下边界条件，或者仅考虑地下水位在垂向的波动，下边界条件采用零通量边界来计算下边界压力水头，从而间接计算地下水位埋深。但模型不能模拟地下水侧向流动引起的地下水位波动，在地下水流动影响不大的农田才具有较好适用性。针对区域尺度的水盐调控问题，需要考虑不同农田在作物、土壤、气象、水文、灌溉及农业管理上的空间差异，划分合理的农田模拟单元，采用适当方法耦合农田尺度的 LAWSTAC 模型和区域尺度的地下水动力学模型，实现区域尺度土壤水与地下水的分布式动态耦合模拟。

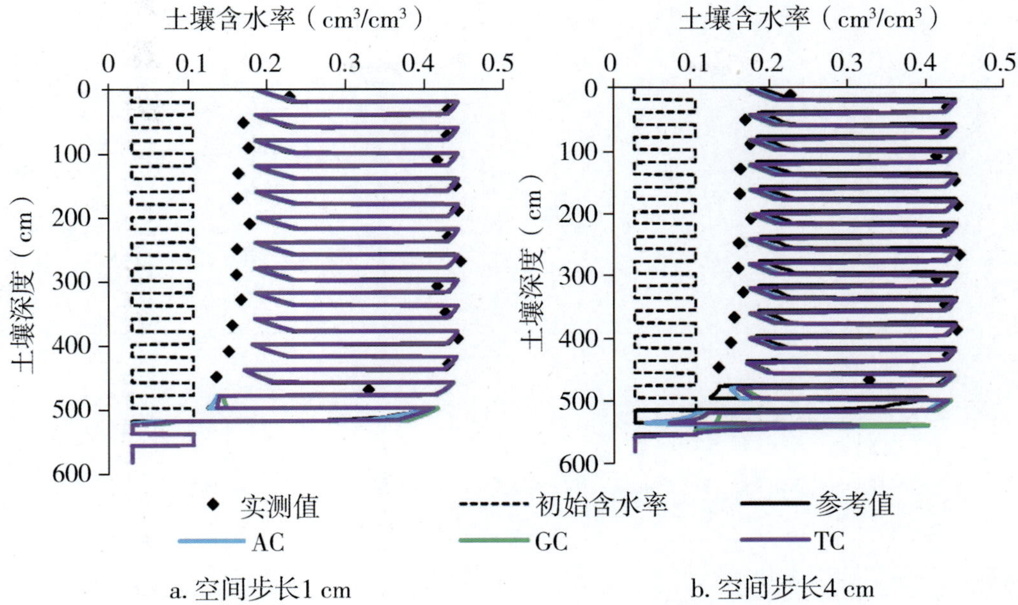

注：模拟中半节点导水率分别采用了算术平均（AC）、几何平均（GC）和三点平均（TC）

图 3-1　多层土壤定流量入渗 56 d 后剖面含水率的实测值与模拟值

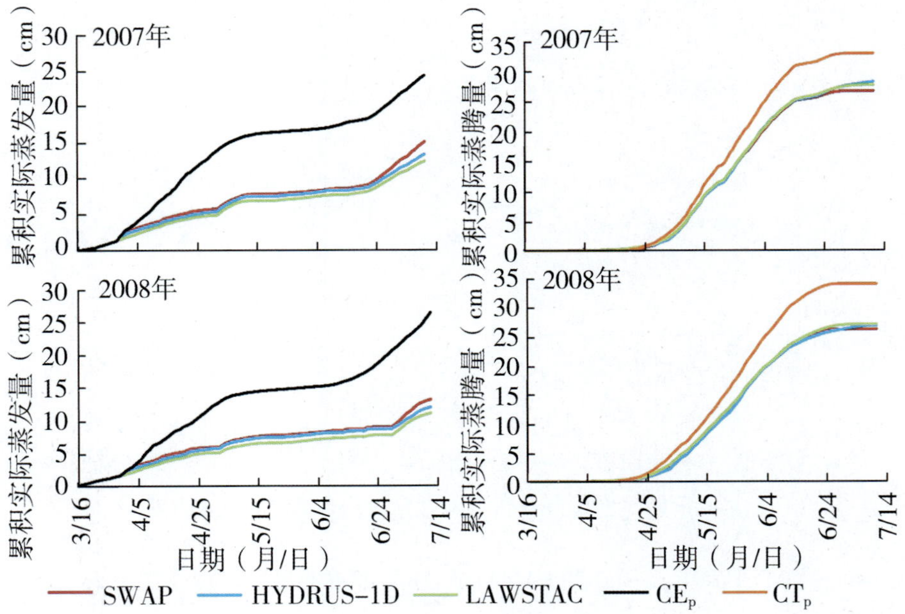

注：CE_P 为累积潜在蒸发量，CT_P 为累积潜在蒸腾量。

图 3-3　SWAP、HYDRUS-1D、LAWSTAC 模型模拟的 2007 年和 2008 年作物生育期内累积实际蒸发量和累积实际蒸腾量

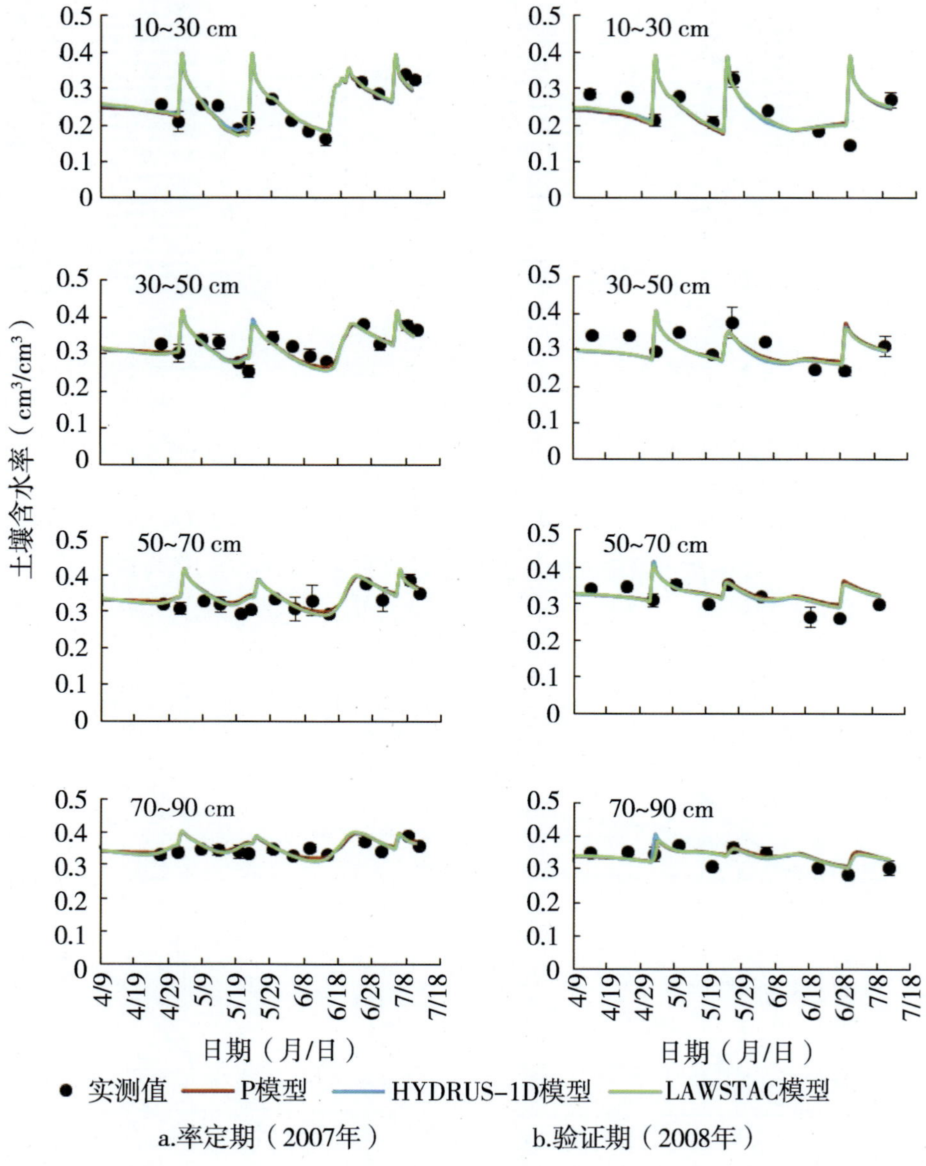

图 3-4 SWAP、HYDRUS-1D 和 LAWSTAC 模型模拟的不同深度土层中含水率与实测值对比

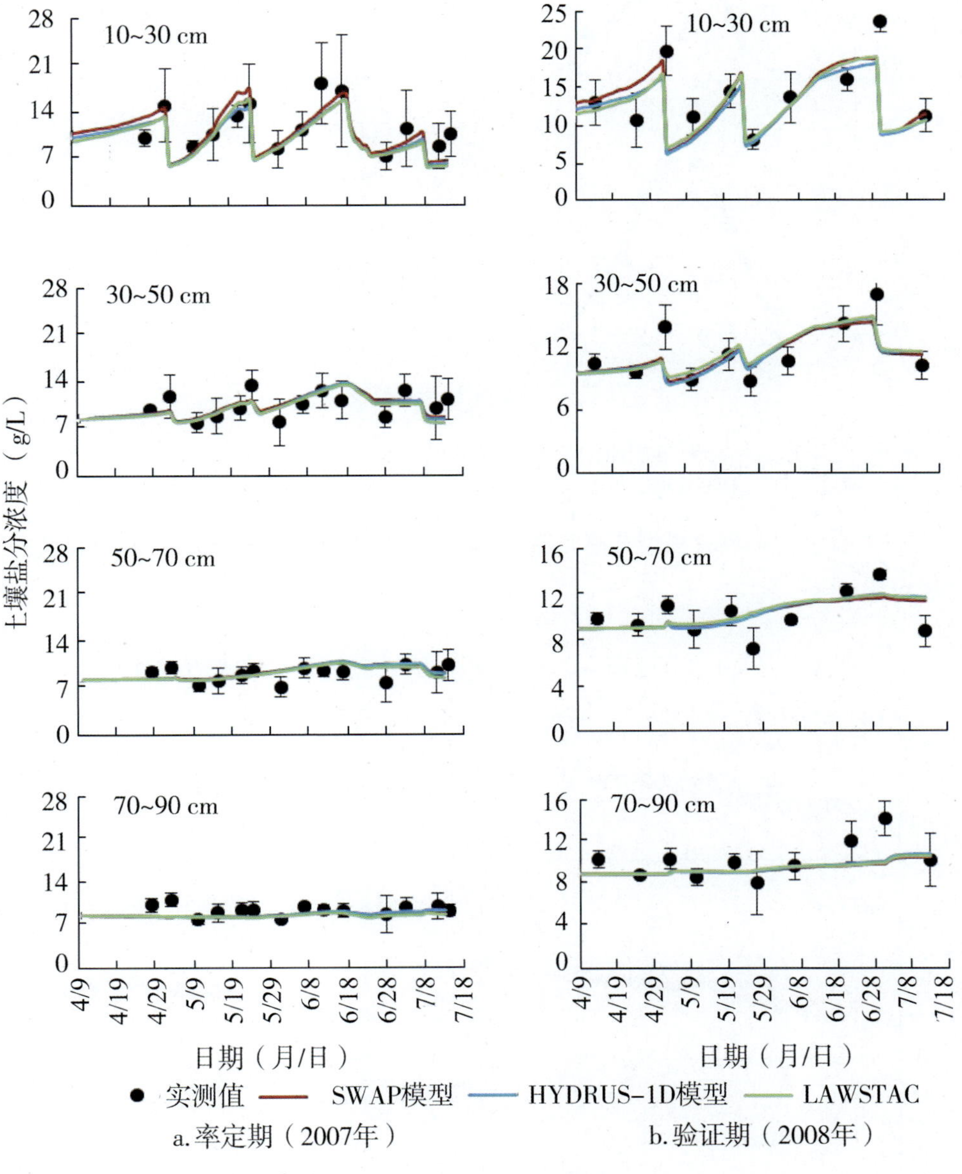

图 3-5　SWAP、HYDRUS-1D 和 LAWSTAC 模型模拟的不同深度土层中的盐分浓度与实测值对比

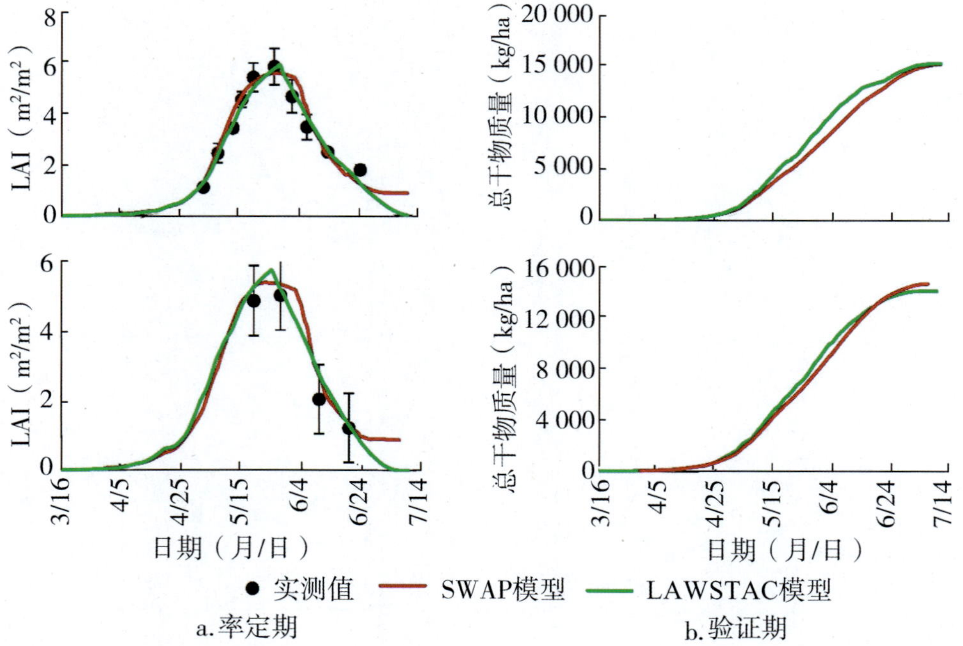

图 3-6　SWAP、LAWSTAC 模型在率定期和验证期模拟的叶面积指数 LAI、总干物质量与实测值对比

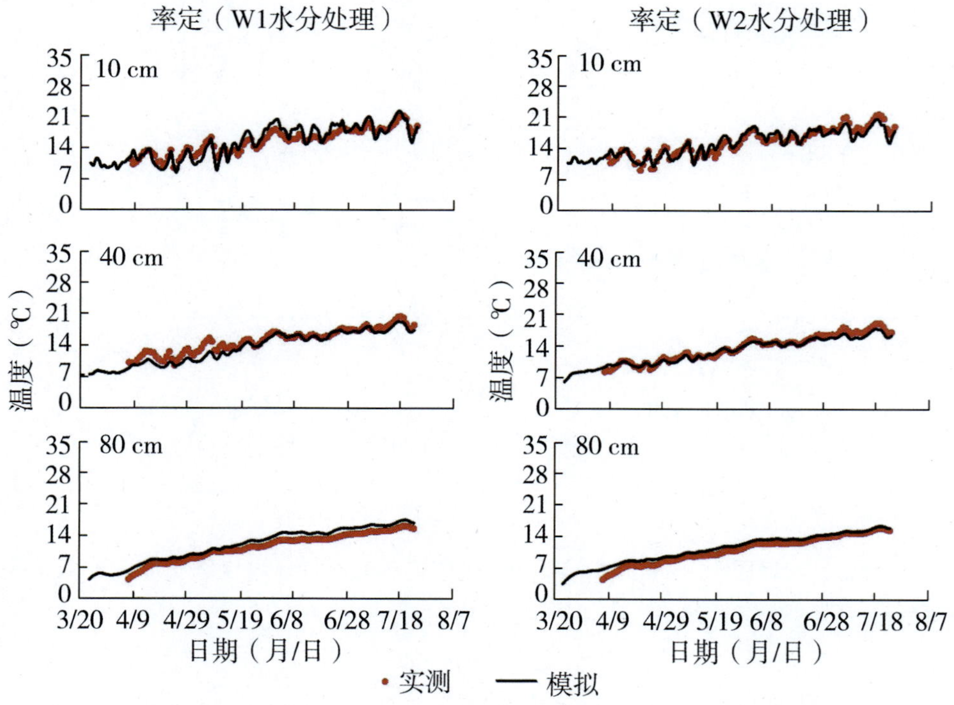

图 3-8　率定期(2014 年)W1 和 W2 水分处理下土壤温度模拟值与实测值的比较

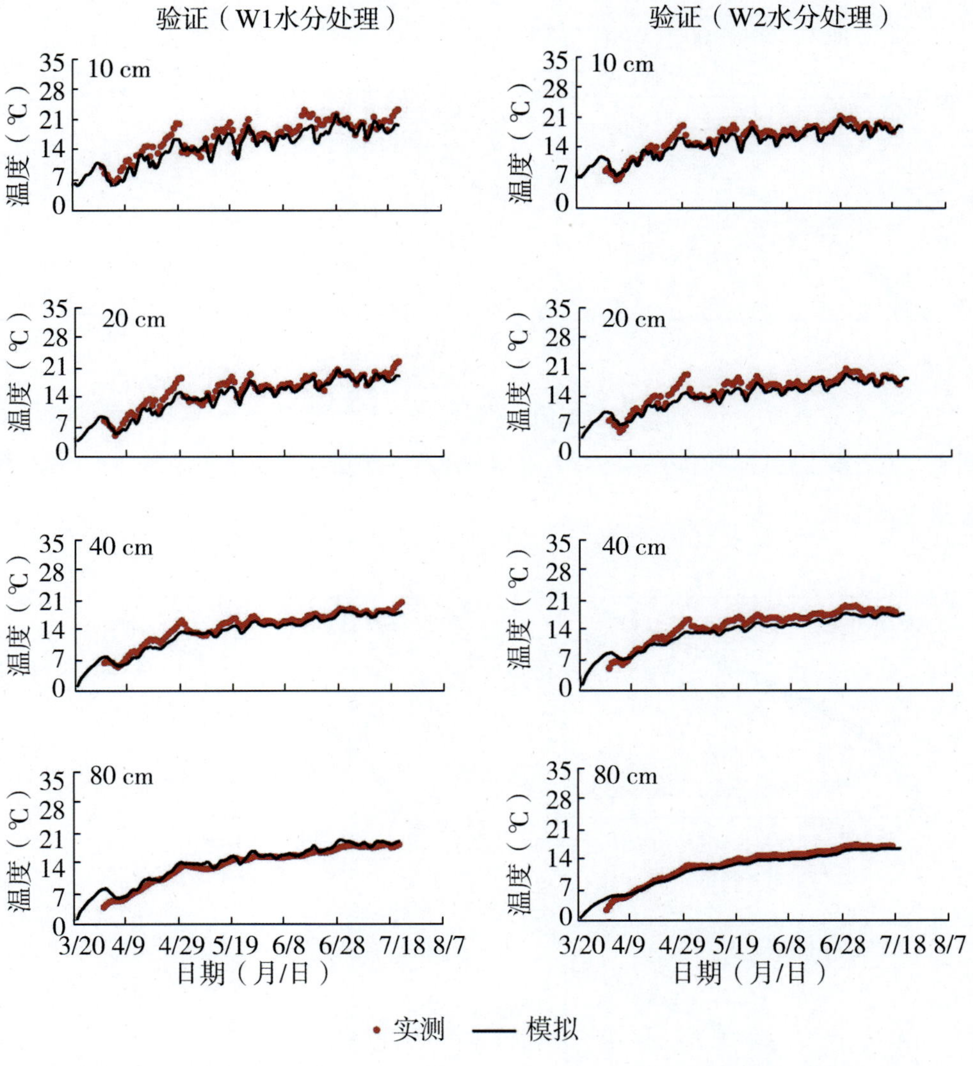

图 3-12　验证期(2015 年)W1 和 W2 水分处理下土壤温度模拟值与实测值的比较

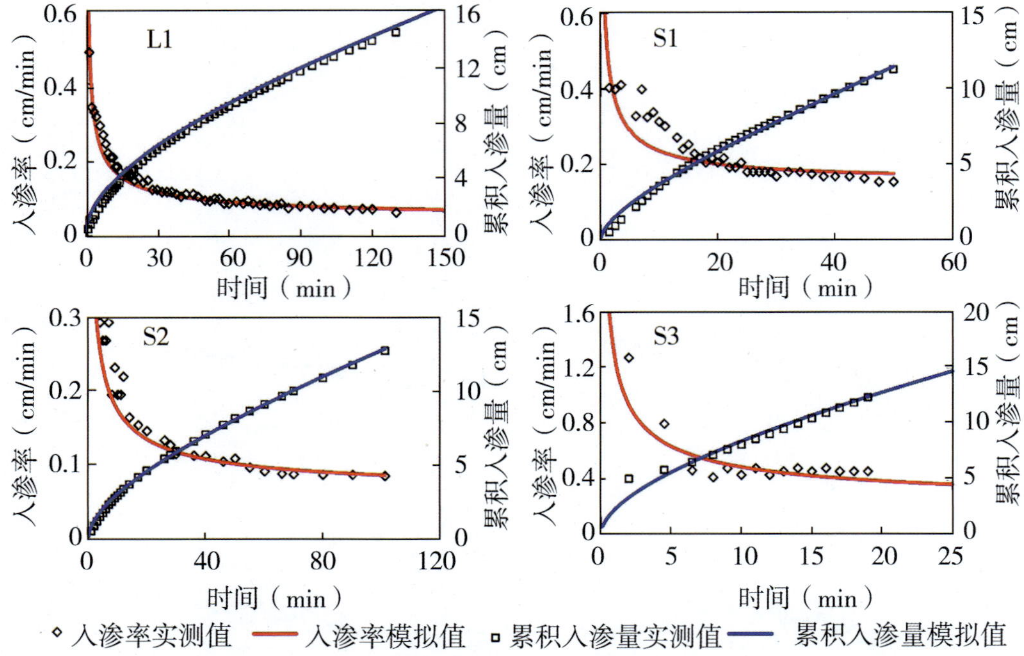

图 4-7　均质土柱(L1、S1、S2 和 S3)入渗率与累积入渗量实测结果与 LAWSTAC 模型模拟结果对比

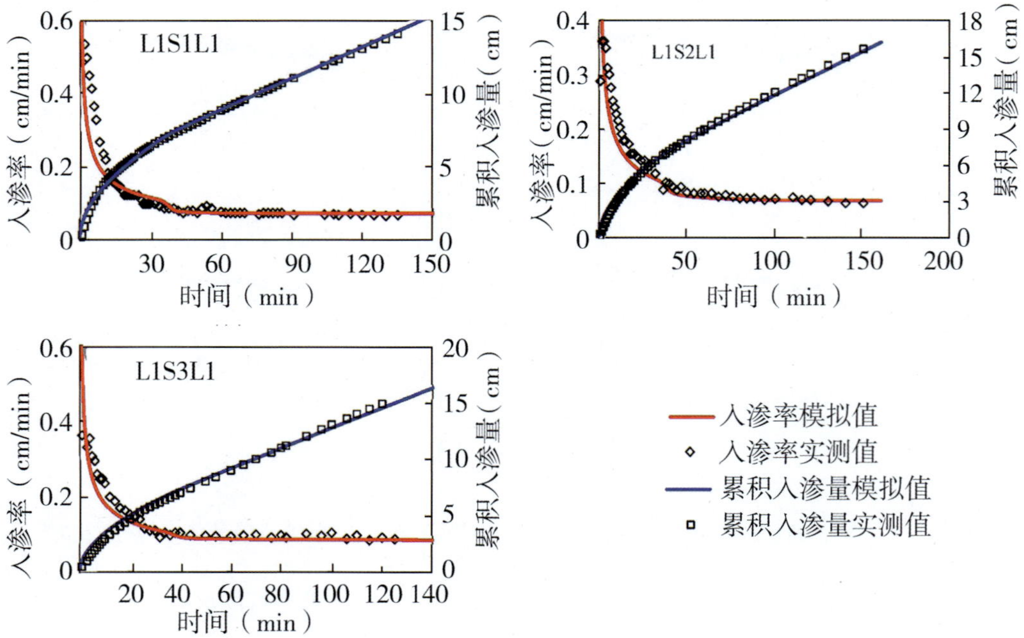

图 4-8　层状土柱(L1S1L1、L1S2L1 和 L1S3L1)入渗率与累积入渗量实测结果与 LAWSTAC 模型模拟结果对比

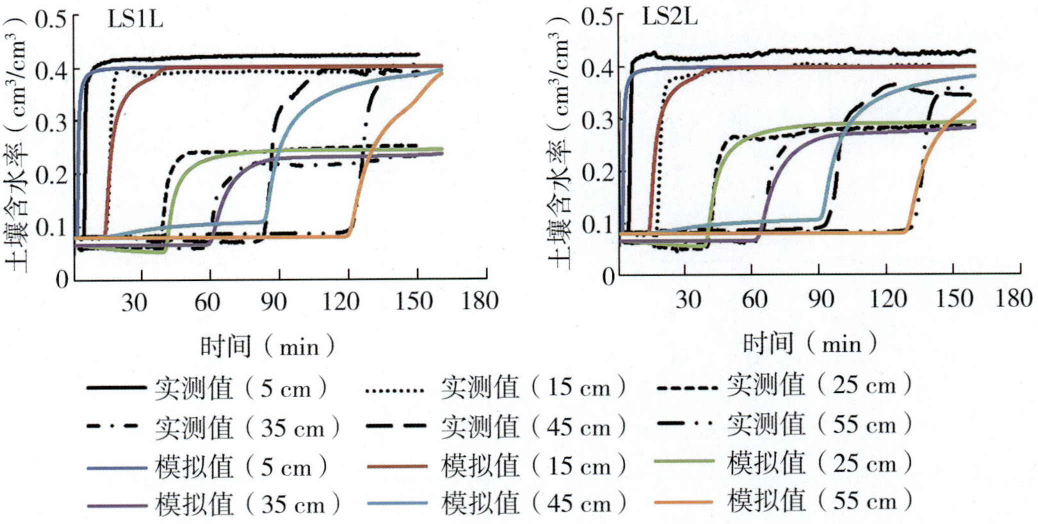

图 4-9　层状土柱（L1S1L1 和 L1S2L1）不同深度处土壤含水率实测结果与 LAWSTAC 模型模拟结果对比

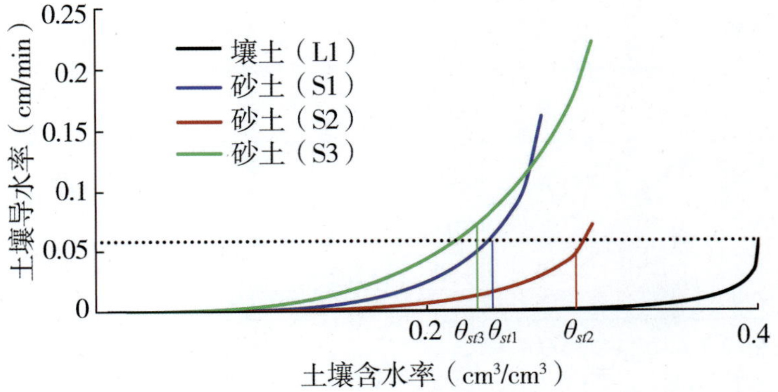

图 4-14　壤土（L1）和砂土（S1、S2 和 S3）非饱和导水率与含水率函数关系曲线

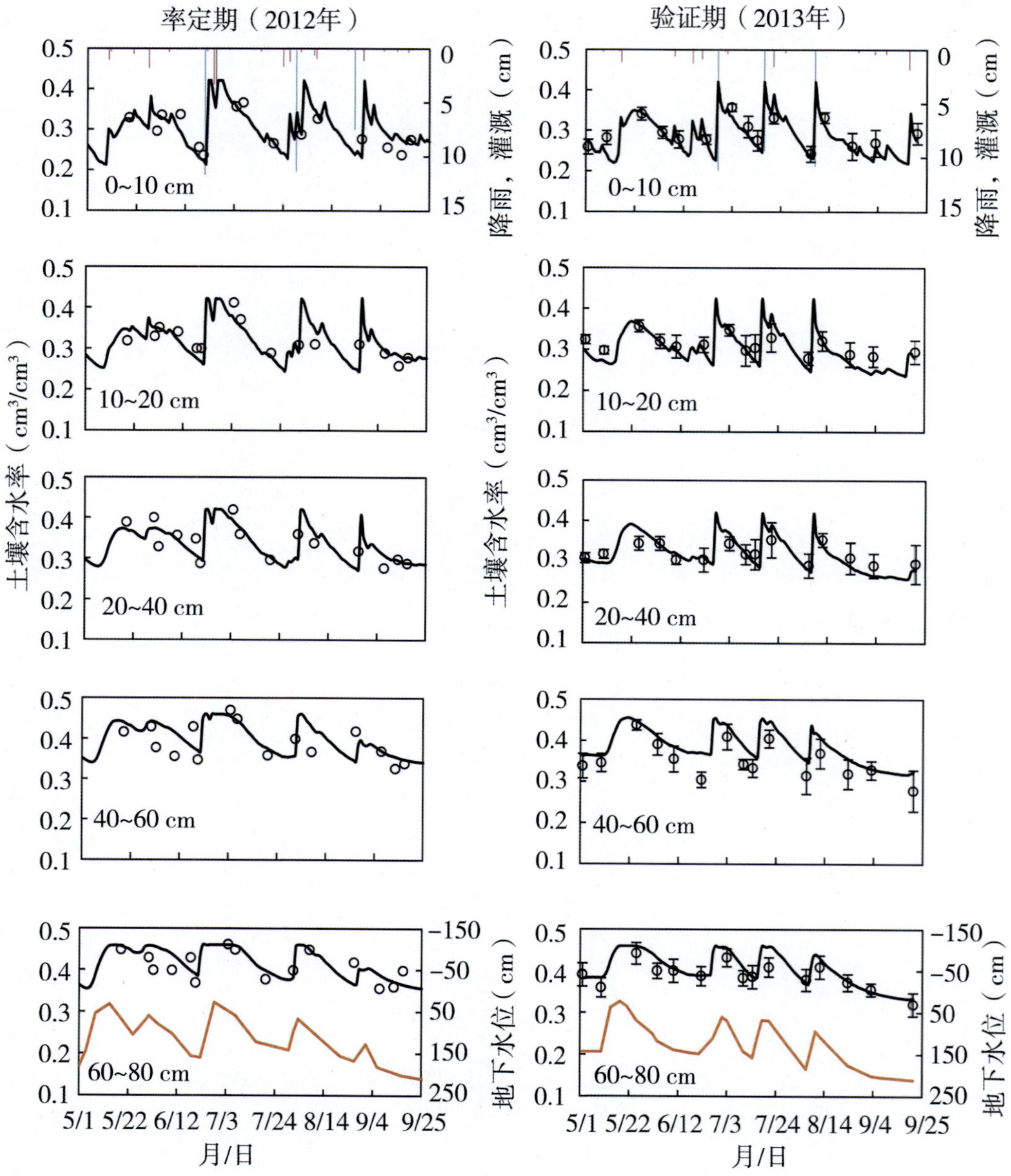

注：降雨量（｜）、灌溉量（｜）和地下水位埋深（—）

图 5-3　率定期和验证期不同深度土壤含水率的实测值（o）与模拟值（—）对比

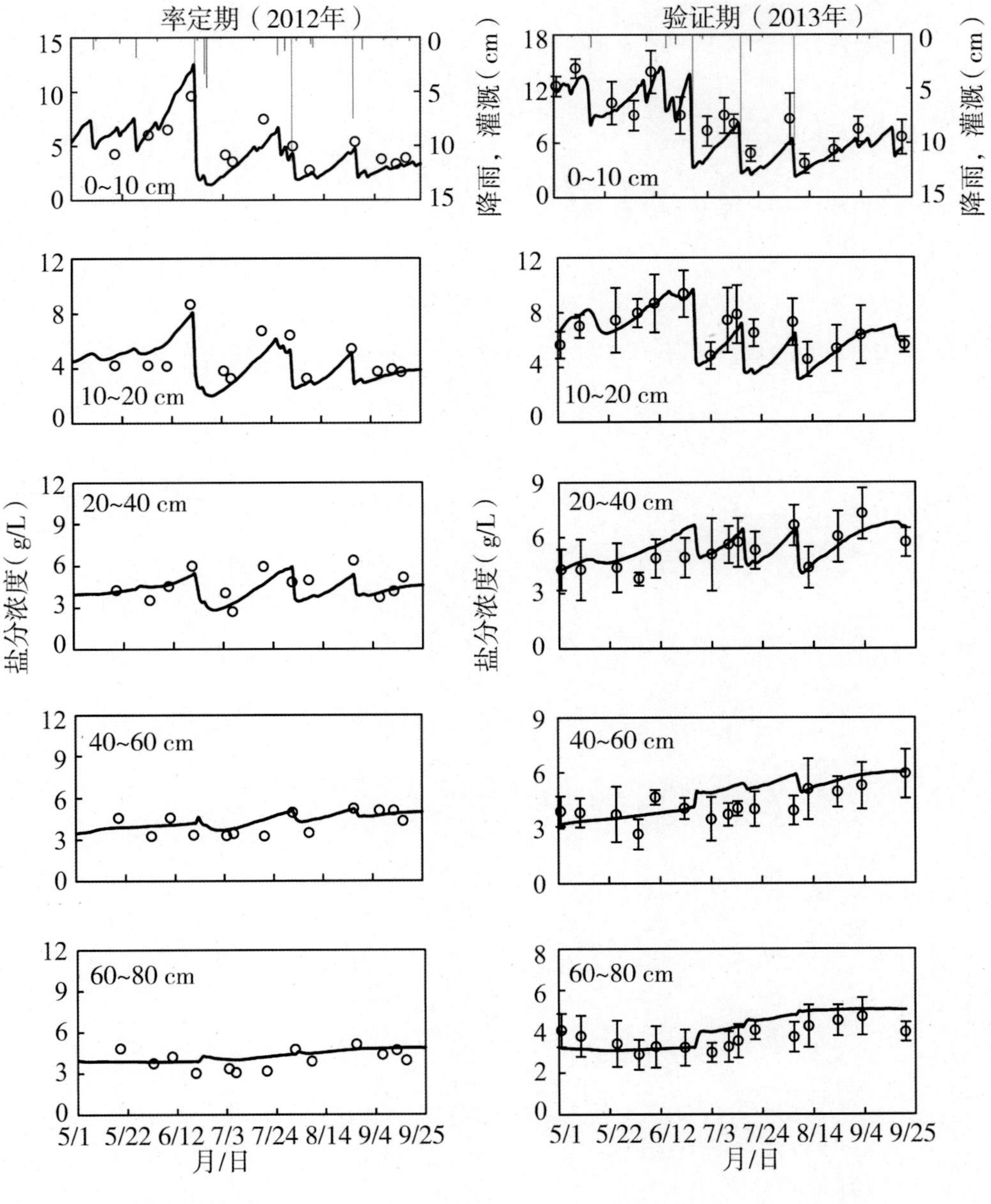

注:降雨量(│)和灌溉量(┃)

图 5-4　率定期和验证期不同深度土壤盐分浓度的实测值(o)与模拟值(—)对比

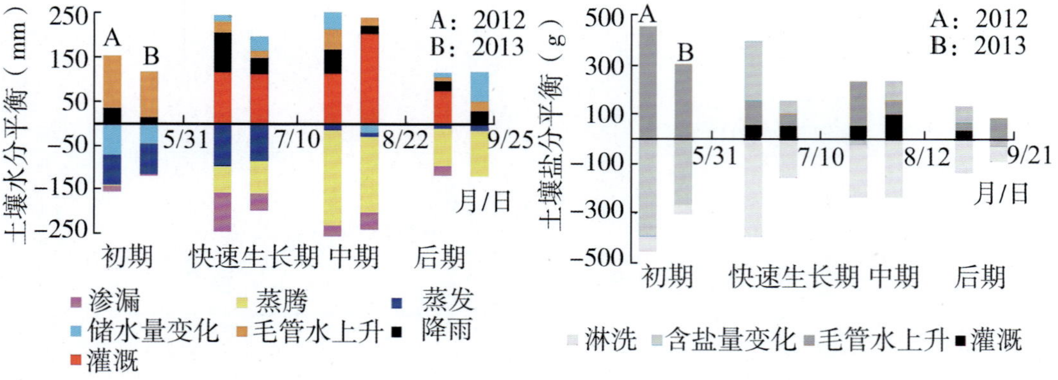

注：土壤盐分平衡中的单位 g，是指 0～90 cm 深度单位面积（1 m^2）土壤的总含盐量。

图 5-6　2012 年和 2013 年不同作物生长阶段内 0～90 cm 深度土壤的水分和盐分平衡

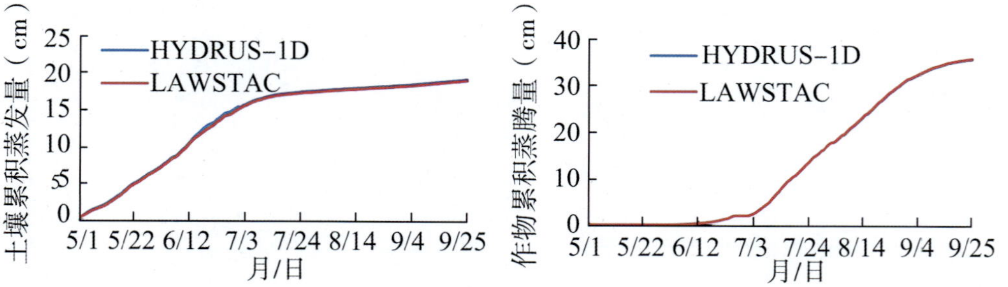

图 5-7　HYDRUS-1D 模型和 LAWSTAC 模型模拟的土壤累积蒸发量、作物累积蒸腾量对比

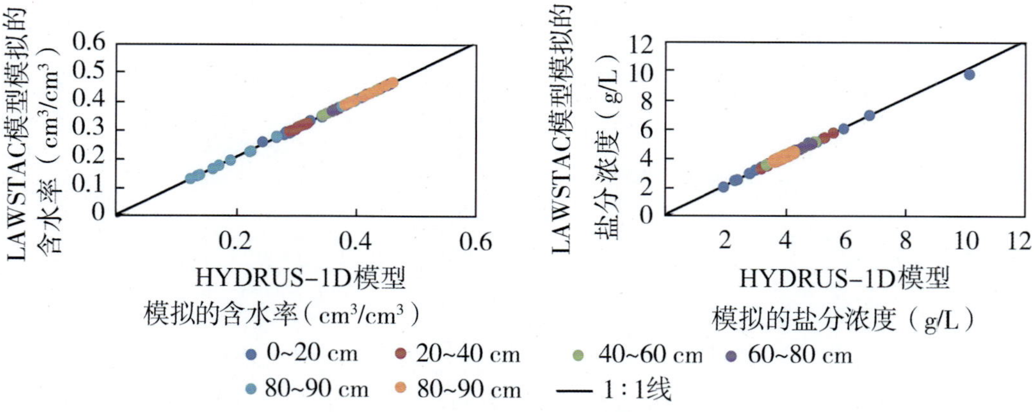

图 5-8　HYDRUS-1D 模型和 LAWSTAC 模型模拟的不同深度土层含水率、盐分浓度对比

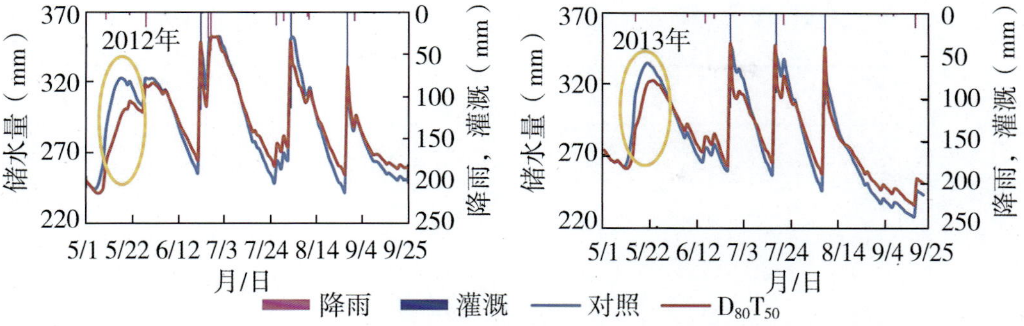

图 5-9　2012 年和 2013 年作物生育期内在根区以下有夹砂层($D_{80}T_{50}$)和无夹砂层(对照)条件下 0~80 cm 深度土层内的贮水量变化

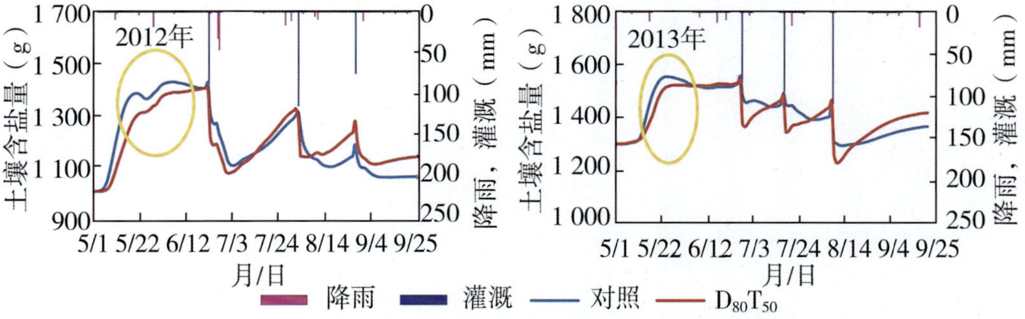

注:土壤含盐量是指盐分在单位面积(1 m^2)和深度为 80 cm 深度土层内的总含量。

图 5-10　2012 年和 2013 年作物生育期内在根区以下有夹砂层($D_{80}T_{50}$)和无夹砂层(对照)条件下 0~80 cm 深度土壤含盐量变化

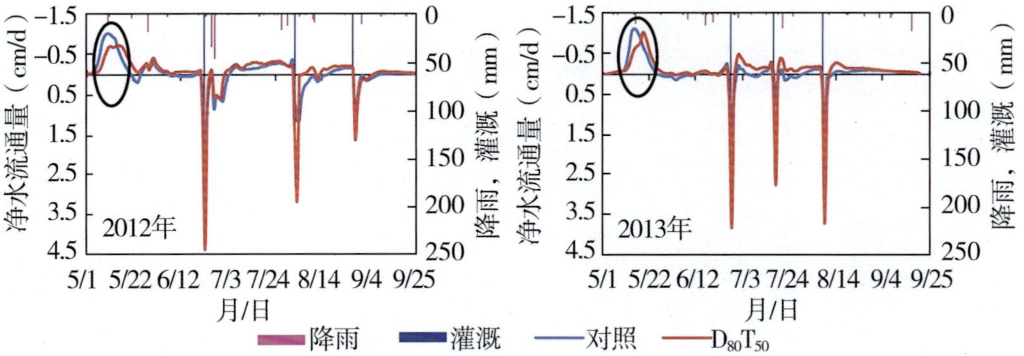

注:正值表示水分向下渗漏,负值表示水分向上运动。

图 5-11　2012 年和 2013 年作物生育期内在根区以下有夹砂层($D_{80}T_{50}$)和无夹砂层(对照)条件下 80 cm 深度土壤净水流通量变化

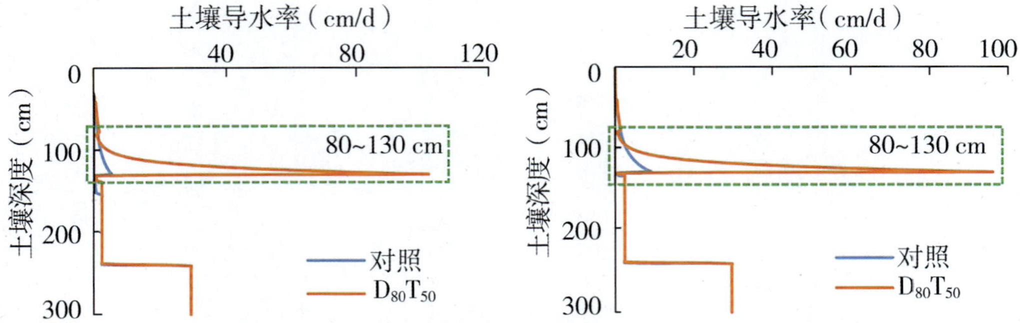

图 5-12　2012 年和 2013 年在根区以下有夹砂层（$D_{80}T_{50}$）和无夹砂层（对照）条件下土壤导水率垂直分布（首次灌溉的前一天）

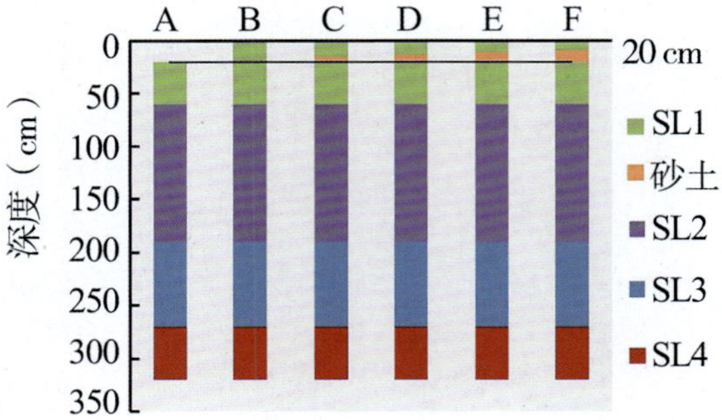

注：图中土壤深度从覆土层表面开始算起。

图 6-2　表层有覆土（B～F）和无覆土（A）条件下土壤质地分布

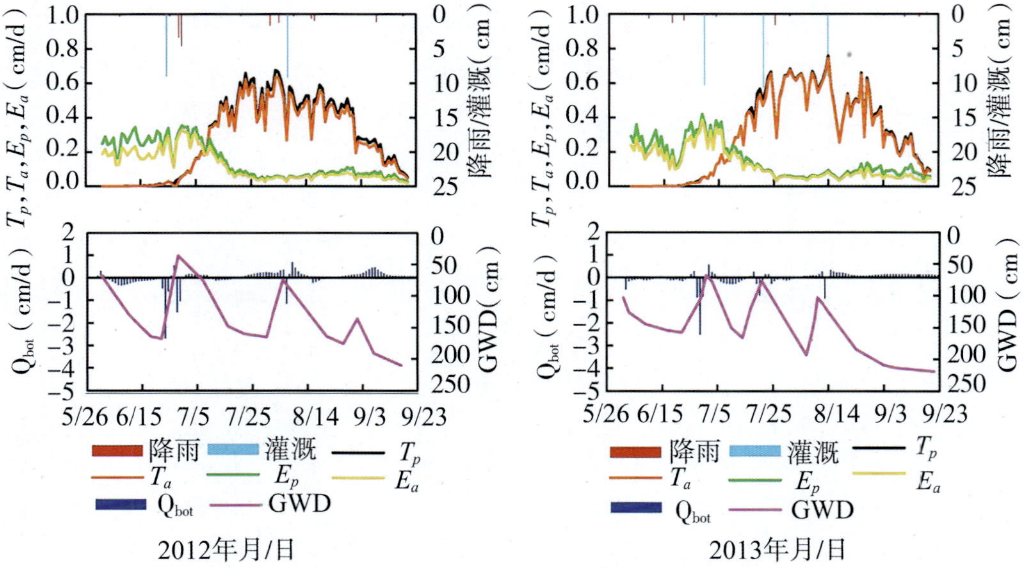

注：图中还给出了降雨量、灌溉量和地下水位埋深（GWD）变化情况。

图 6-7　2012 年和 2013 年在向日葵生育期内实际和潜在作物蒸腾量（T_a、T_p）、实际和潜在蒸发蒸发量（E_a、E_p）和根区底部垂向水流通量（Q_{bot}）变化

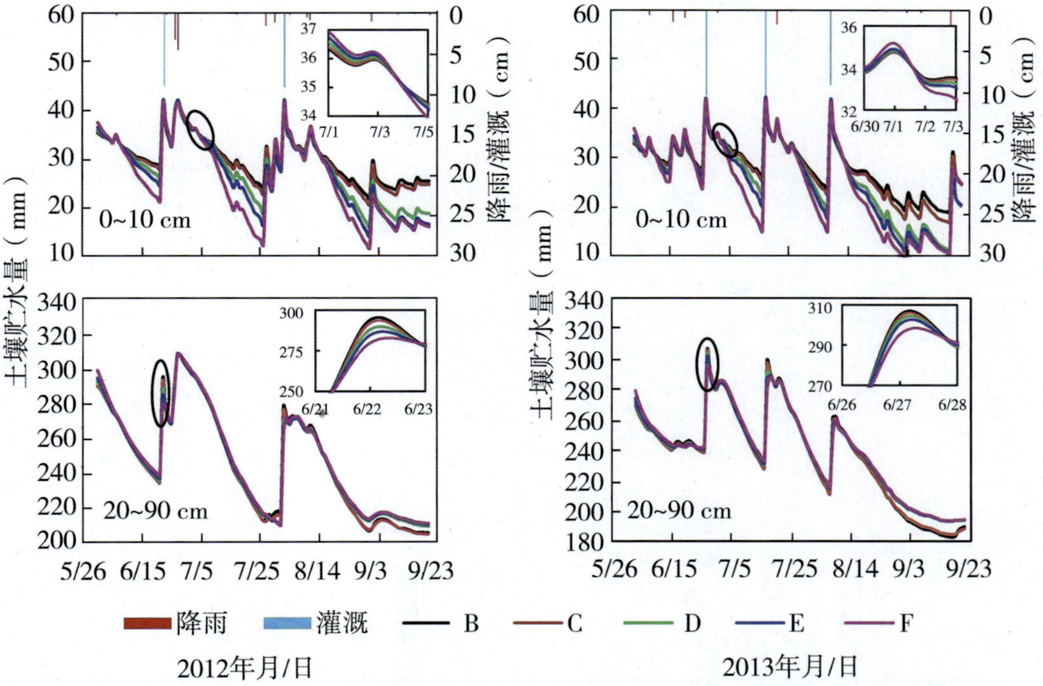

图 6-8　2012 年和 2013 年土壤剖面 B ~ F 处理中 0 ~ 10 cm 和 20 ~ 90 cm 土层贮水量随覆土层中砂土厚度的变化

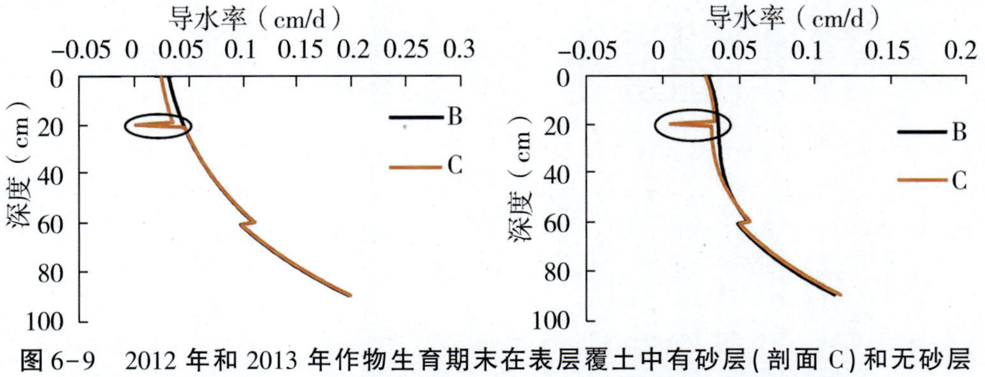

图 6-9　2012 年和 2013 年作物生育期末在表层覆土中有砂层（剖面 C）和无砂层（剖面 B）根区土壤非饱和导水率的垂向分布

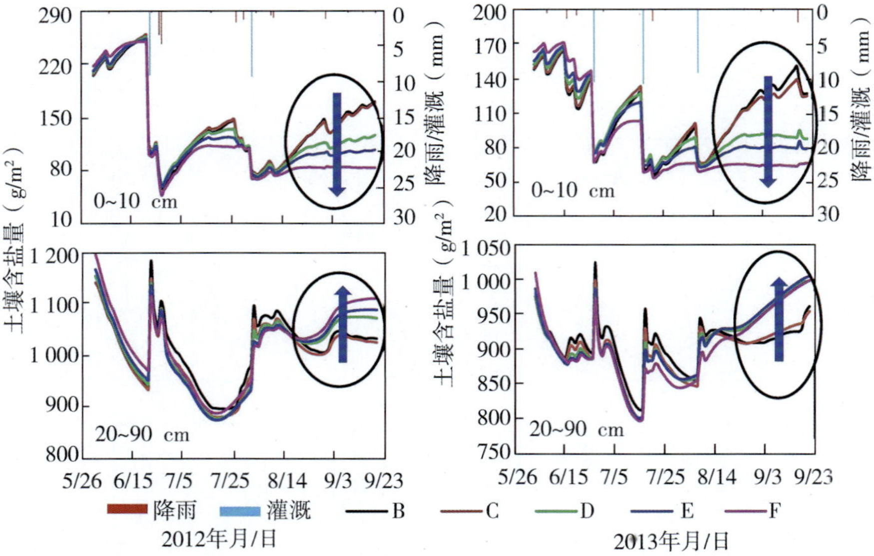

图 6-10　2012 年和 2013 年 B~F 土壤剖面中 0~10 cm 和 20~90 cm 土层盐分含量随覆土层中砂土厚度的变化

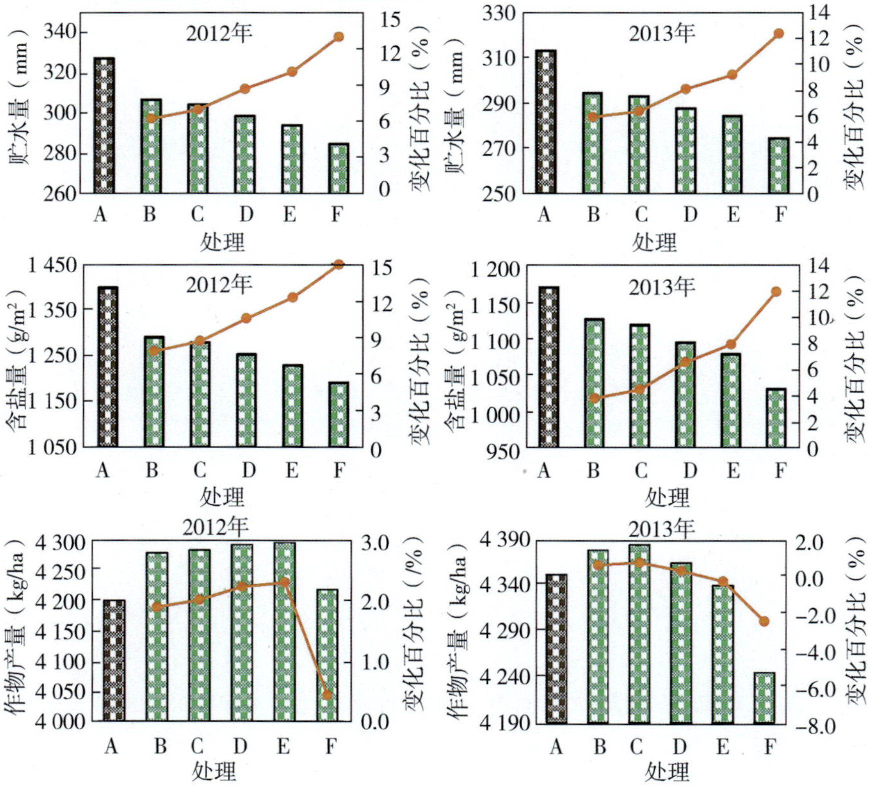

图 6-11　2012 年和 2013 年作物生长季内不同土壤剖面中根区的平均贮水量、含盐量和作物产量，以及土壤剖面 B~F 中根区的平均贮水量、含盐量和作物产量与原 A 土壤剖面中结果相比的变化百分比

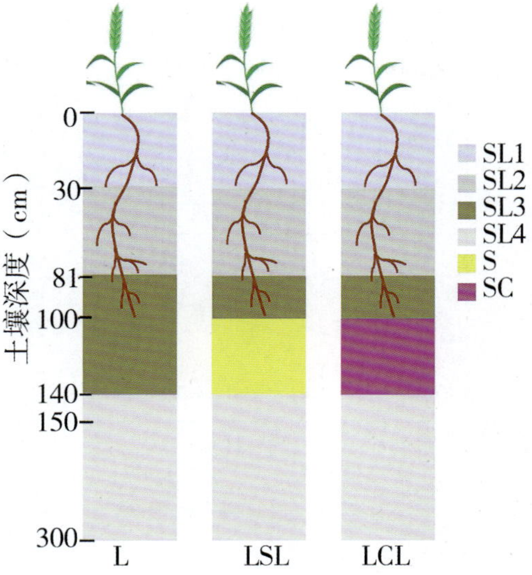

注：L 是由 4 层砂壤土构成的近似均质土壤剖面，LSL 剖面在作物根区之下有一层砂土层，LCL 剖面在作物根区之下有一层粉黏土层。SL1、SL2、SL3 和 SL4 代表试验地现有的 4 层砂壤土，S 代表砂土，SC 代表粉黏土。

图 7-2　土壤剖面情景

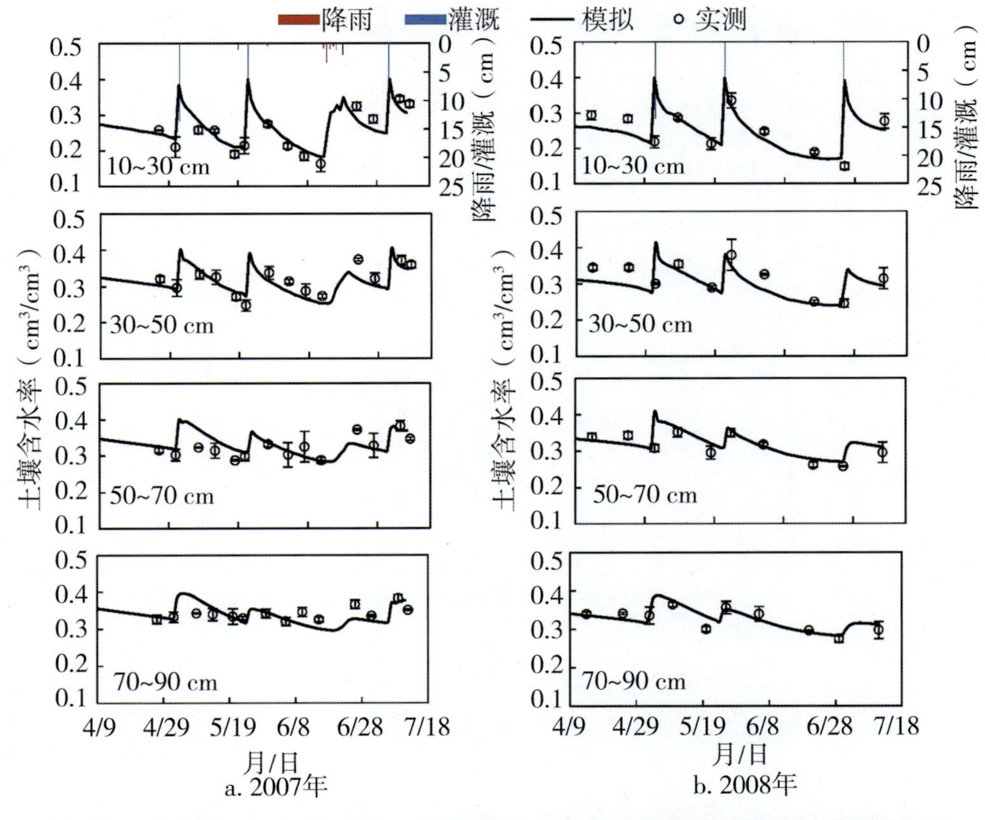

图 7-3　率定期(a)和验证期(b)不同深度土层内含水率的实测值与模拟值对比

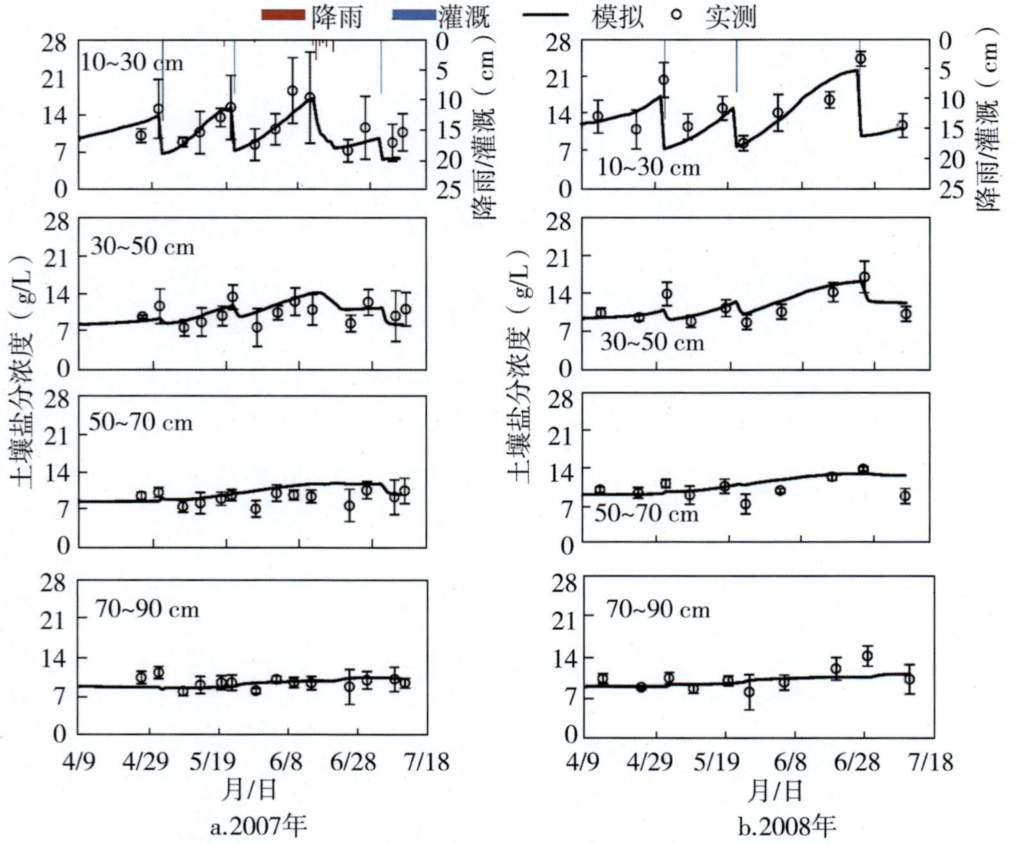

图 7-4　率定期(a)和验证期(b)不同深度土层内盐分浓度的实测值与模拟值对比

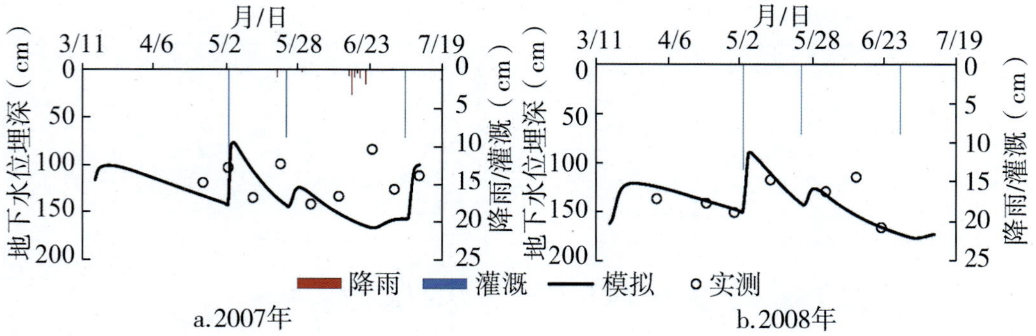

注：图中竖线代表灌水量(>5 cm)和降水量(<5 cm)。

图 7-6　率定期(a)和验证期(b)地下水位埋深的实测值与模拟值对比

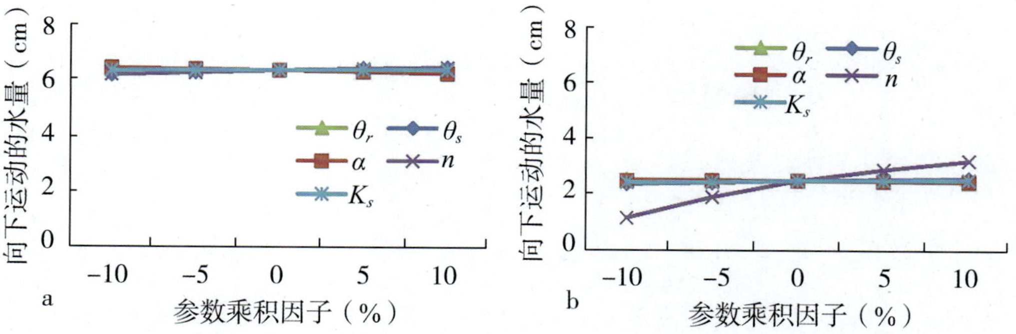

图 7-7　LSL 和 LCL 剖面中砂土(a)和粉黏土(b)水力特性参数的改变对作物根区底部的向下运动水量的影响

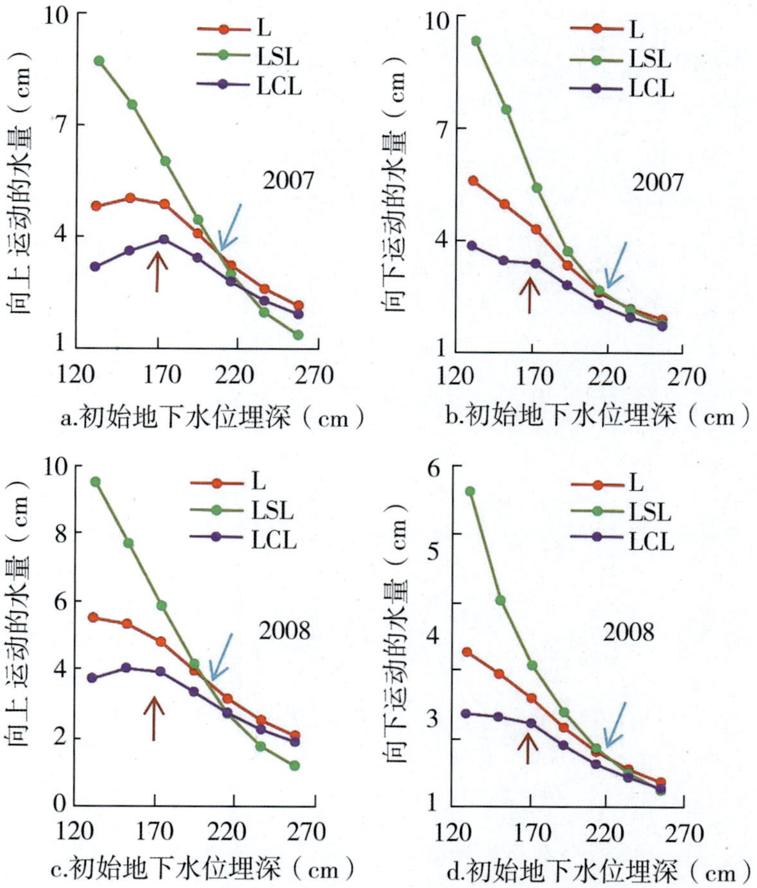

图 7-8　2007 年和 2008 年作物生育期内 L、LSL 和 LCL 剖面作物根区底部向上和向下运动的水量随初始地下水位埋深的变化情况

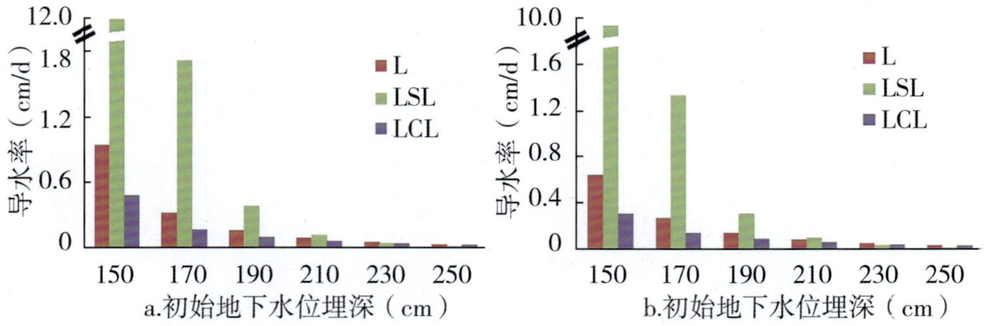

图 7-9　2007 年和 2008 年作物生育期内 L、LSL 和 LCL 剖面中 100～140 cm 深度处的砂壤土、砂土和粉黏土的平均导水率随初始地下水位埋深的变化情况

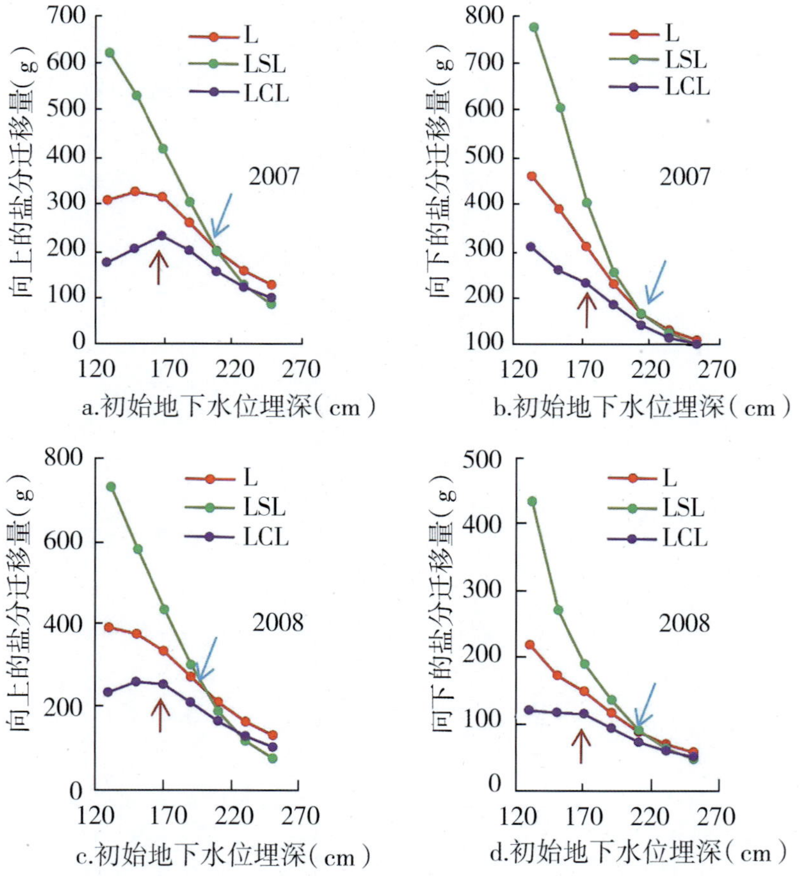

图 7-10　2007 年和 2008 年作物生育期内 L、LSL 和 LCL 剖面作物根区底部单位面积向上和向下的盐分运移量随初始地下水位埋深的变化情况

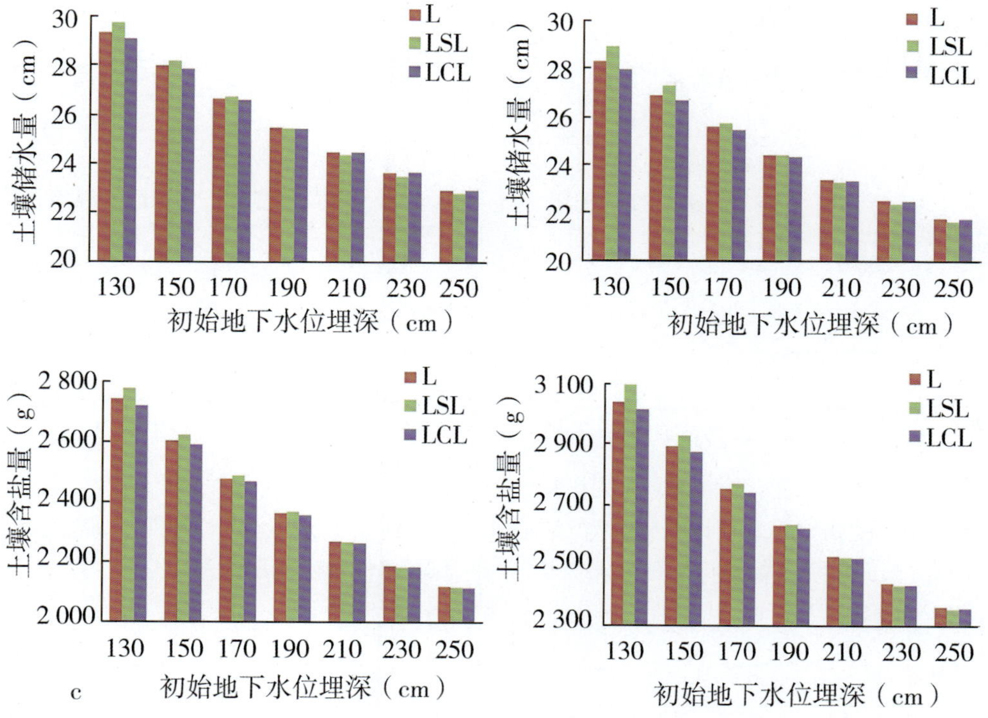

图 7-11　2007 年和 2008 年作物生育期内 L、LSL 和 LCL 剖面作物根区平均贮水量和平均含盐量随初始地下水位埋深的变化情况

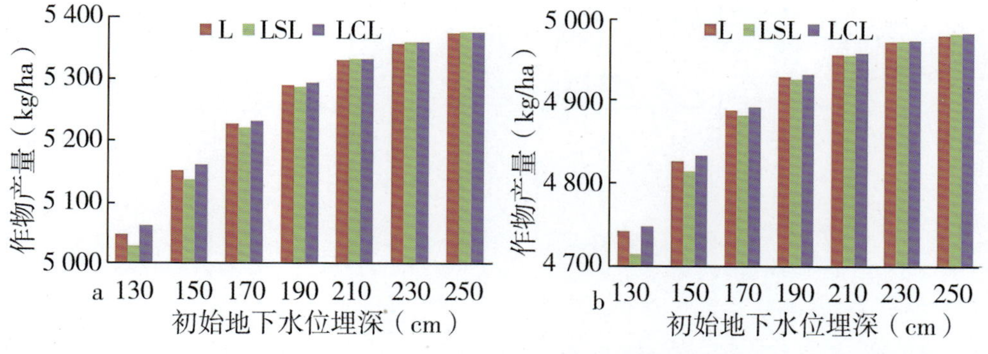

图 7-12　2007 年和 2008 年 L、LSL 和 LCL 剖面的春小麦产量随初始地下水位埋深的变化情况

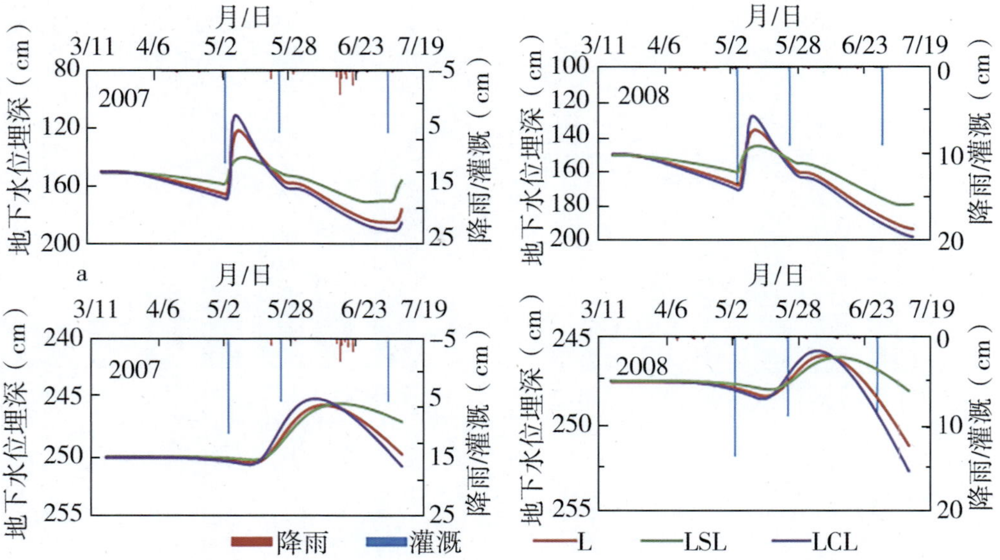

注：图中竖线代表灌水量(>5 cm)和降水量(<5 cm)。

图 7-13　初始地下水位埋深分别为 150 cm(a 和 b)和 250 cm (c 和 d)条件下，在 L、LSL 和 LCL 剖面中模拟的地下水位埋深 2007 年和 2008 年作物生育期内的变化

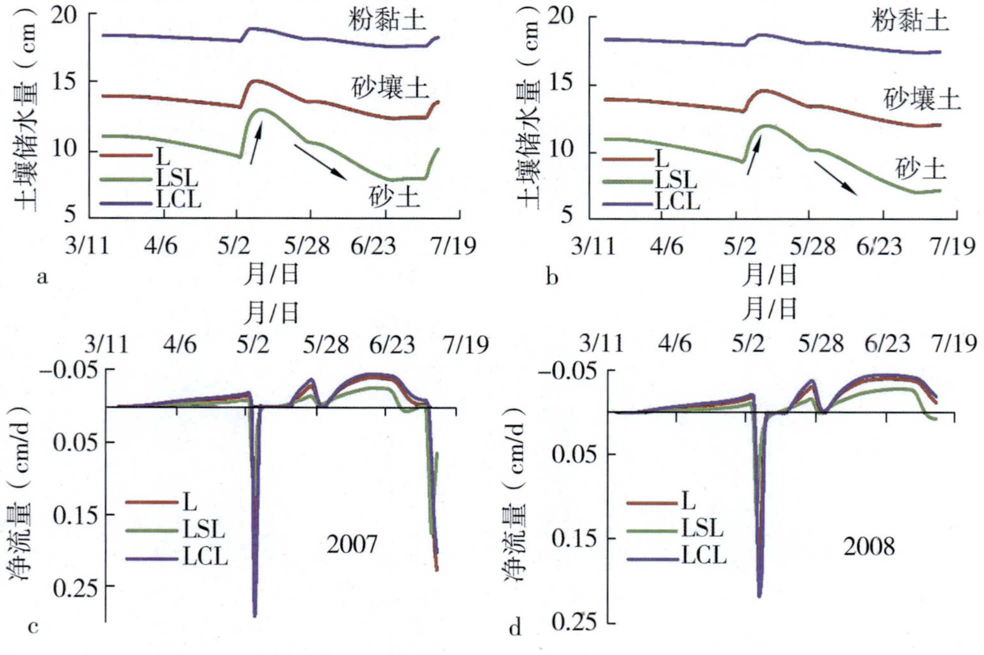

图 7-14　2007 年和 2008 年作物生育期内在初始地下水位埋深为 150 cm 条件下，L、LSL 和 LCL 剖面中 100～140 cm 深度处砂壤土、砂土和粉黏土层贮水量和 140 cm 深度处净流量(以深层渗漏为正)变化